全国科学技术名词审定委员会

公　　布

科学技术名词·工程技术卷（全藏版）

36

水　产　名　词

CHINESE TERMS IN FISHERY

水产名词审定委员会

国家自然科学基金资助项目

科　学　出　版　社
北　京

内 容 简 介

本书是全国科学技术名词审定委员会审定公布的水产名词，内容包括水产基础科学、渔业资源学、捕捞学、水产养殖学、水产生物育种学、饲料和肥料、水产生物病害及防治、水产品保鲜及加工、渔业船舶及渔业机械、渔业工程与渔港、渔业环境保护、渔业法规等 12 大类，共 3 321 条。本书对每条词都给出了定义或注释。这些名词是科研、教学、生产、经营以及新闻出版等部门应遵照使用的水产规范名词。

图书在版编目(CIP)数据

科学技术名词. 工程技术卷：全藏版 / 全国科学技术名词审定委员会审定. —北京：科学出版社，2016.01

ISBN 978-7-03-046873-4

I. ①科… II. ①全… III. ①科学技术–名词术语 ②工程技术–名词术语 IV. ①N-61 ②TB-61

中国版本图书馆 CIP 数据核字(2015)第 307218 号

责任编辑：李玉英 / 责任校对：陈玉凤
责任印制：张 伟 / 封面设计：铭轩堂

科学出版社 出版
北京东黄城根北街 16 号
邮政编码：100717
http://www.sciencep.com
北京厚诚则铭印刷科技有限公司印刷
科学出版社发行 各地新华书店经销
*
2016 年 1 月第 一 版 开本：787×1092 1/16
2016 年 1 月第一次印刷 印张：16 3/4
字数：371 000

定价：7800.00 元(全 44 册)

(如有印装质量问题，我社负责调换)

全国科学技术名词审定委员会
第四届委员会委员名单

特邀顾问：吴阶平　钱伟长　朱光亚　许嘉璐

主　　任：路甬祥

副 主 任(按姓氏笔画为序)：

于永湛　马　阳　王健儒　王景川　朱作言　江蓝生
李宇明　汪继祥　张尧学　张先恩　宣　湘　章　综
潘书祥

委　　员(按姓氏笔画为序)：

马大猷　王　夔　王大珩　王之烈　王永炎　王国政
王树岐　王祖望　王铁琨　王窩骧　韦　弦　方开泰
卢鉴章　叶笃正　田在艺　冯志伟　冯英涛　师昌绪
朱照宣　仲增墉　华茂昆　刘　民　刘瑞玉　祁国荣
许　平　孙家栋　孙敬三　孙儒泳　苏国辉　李行健
李启斌　李星学　李保国　李焯芬　李德仁　杨　凯
吴　奇　吴凤鸣　吴志良　吴希曾　吴钟灵　汪成为
沈国舫　沈家祥　宋大祥　宋天虎　张　伟　张　耀
张广学　张光斗　张爱民　张增顺　陆大道　陆建勋
陈太一　陈运泰　陈家才　阿里木·哈沙尼　范少光
范维唐　林玉乃　季文美　周孝信　周明煜　周定国
赵寿元　赵凯华　姚伟彬　贺寿伦　顾红雅　徐　僖
徐正中　徐永华　徐乾清　翁心植　席泽宗　黄玉山
黄昭厚　康景利　章　申　梁战平　葛锡锐　董　琨
韩布新　粟武宾　程光胜　程裕淇　傅永和　鲁绍曾
蓝　天　雷震洲　褚善元　樊　静　薛永兴

水产名词审定委员会委员名单

顾　问：刘恬敬　　乐美龙

主　任：贺寿伦

委　员（按姓氏笔画为序）：

王尧耕	王昭明	左文功	乔庆林	庄　平
刘焕亮	李晓川	吴婷婷	辛洪富	沈自申
陈大刚	陈松林	柳　正	袁有宪	袁蔚文
聂　品	徐世琼	唐金龙	黄锡昌	雷霁霖

秘　书：赵文武

卢嘉锡序

科技名词伴随科学技术而生,犹如人之诞生其名也随之产生一样。科技名词反映着科学研究的成果,带有时代的信息,铭刻着文化观念,是人类科学知识在语言中的结晶。作为科技交流和知识传播的载体,科技名词在科技发展和社会进步中起着重要作用。

在长期的社会实践中,人们认识到科技名词的统一和规范化是一个国家和民族发展科学技术的重要的基础性工作,是实现科技现代化的一项支撑性的系统工程。没有这样一个系统的规范化的支撑条件,科学技术的协调发展将遇到极大的困难。试想,假如在天文学领域没有关于各类天体的统一命名,那么,人们在浩瀚的宇宙当中,看到的只能是无序的混乱,很难找到科学的规律。如是,天文学就很难发展。其他学科也是这样。

古往今来,名词工作一直受到人们的重视。严济慈先生60多年前说过,“凡百工作,首重定名;每举其名,即知其事”。这句话反映了我国学术界长期以来对名词统一工作的认识和做法。古代的孔子曾说“名不正则言不顺”,指出了名实相副的必要性。荀子也曾说“名有固善,径易而不拂,谓之善名”,意为名有完善之名,平易好懂而不被人误解之名,可以说是好名。他的“正名篇”即是专门论述名词术语命名问题的。近代的严复则有“一名之立,旬月踟躇”之说。可见在这些有学问的人眼里,“定名”不是一件随便的事情。任何一门科学都包含很多事实、思想和专业名词,科学思想是由科学事实和专业名词构成的。如果表达科学思想的专业名词不正确,那么科学事实也就难以令人相信了。

科技名词的统一和规范化标志着一个国家科技发展的水平。我国历来重视名词的统一与规范工作。从清朝末年的科学名词编订馆,到1932年成立的国立编译馆,以及新中国成立之初的学术名词统一工作委员会,直至1985年成立的全国自然科学名词审定委员会(现已改名为全国科学技术名词审定委员会,简称全国名词委),其使命和职责都是相同的,都是审定和公布规范名词的权威性机构。现在,参与全国名词委领导工作的单位有中国科学院、科学技术部、教育部、中国科学技术协会、国家自然科学基金委员会、新闻出版署、国家质量技术监督局、国家广播电影电视总局、国家知识产权局和国家语言文字工作委员会,这些部委各自选派了有关领导干部担任全国名词委的领导,有力地推动科技名词的统一和推广应用工作。

全国名词委成立以后,我国的科技名词统一工作进入了一个新的阶段。在第一任主任委员钱三强同志的组织带领下,经过广大专家的艰苦努力,名词规范和统一工作取得了显著的成绩。1992年三强同志不幸谢世。我接任后,继续推动和开展这项工作。在国家和有关部门的支持及广大专家学者的努力下,全国名词委15年来按学科共组建了 50 多个学科的名词审定分委员会，有 1800 多位专家、学者参加名词审定工作，还有更多的专家、学者参加书面审查和座谈讨论等，形成的科技名词工作队伍规模之大、水平层次之高前所未有。15 年间共审定公布了包括理、工、农、医及交叉学科等各学科领域的名词共计 50 多种。而且，对名词加注定义的工作经试点后业已逐渐展开。另外，遵照术语学理论，根据汉语汉字特点，结合科技名词审定工作实践，全国名词委制定并逐步完善了一套名词审定工作的原则与方法。可以说，在 20 世纪的最后 15 年中，我国基本上建立起了比较完整的科技名词体系，为我国科技名词的规范和统一奠定了良好的基础，对我国科研、教学和学术交流起到了很好的作用。

在科技名词审定工作中，全国名词委密切结合科技发展和国民经济建设的需要，及时调整工作方针和任务，拓展新的学科领域开展名词审定工作，以更好地为社会服务、为国民经济建设服务。近些年来，又对科技新词的定名和海峡两岸科技名词对照统一工作给予了特别的重视。科技新词的审定和发布试用工作已取得了初步成效，显示了名词统一工作的活力，跟上了科技发展的步伐，起到了引导社会的作用。两岸科技名词对照统一工作是一项有利于祖国统一大业的基础性工作。全国名词委作为我国专门从事科技名词统一的机构，始终把此项工作视为自己责无旁贷的历史性任务。通过这些年的积极努力，我们已经取得了可喜的成绩。做好这项工作，必将对弘扬民族文化，促进两岸科教、文化、经贸的交流与发展作出历史性的贡献。

科技名词浩如烟海，门类繁多，规范和统一科技名词是一项相当繁重而复杂的长期工作。在科技名词审定工作中既要注意同国际上的名词命名原则与方法相衔接，又要依据和发挥博大精深的汉语文化，按照科技的概念和内涵，创造和规范出符合科技规律和汉语文字结构特点的科技名词。因而，这又是一项艰苦细致的工作。广大专家学者字斟句酌，精益求精，以高度的社会责任感和敬业精神投身于这项事业。可以说，全国名词委公布的名词是广大专家学者心血的结晶。这里，我代表全国名词委，向所有参与这项工作的专家学者们致以崇高的敬意和衷心的感谢！

审定和统一科技名词是为了推广应用。要使全国名词委众多专家多年的劳动成果——规范名词——成为社会各界及每位公民自觉遵守的规范，需要全社会的理解和支持。国务院和 4 个有关部委［国家科委（今科学技术部）、中国科学院、国家教委（今教育部）和新闻出版署］已分别于 1987 年和 1990 年行文全国，要求全国各科研、教学、生产、经营以及新闻出版等单位遵照使用全国名词委审定公布的名词。希望社会各界自觉认真地执行，共同做好这项对于科技发展、社会进步和国家统一极为重要的基础工作，为振兴中华而努力。

值此全国名词委成立 15 周年、科技名词书改装之际，写了以上这些话。是为序。

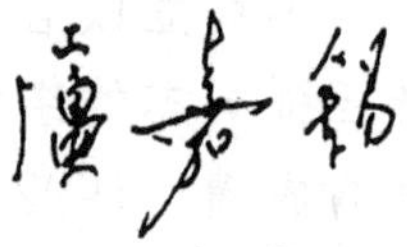

2000 年夏

钱 三 强 序

科技名词术语是科学概念的语言符号。人类在推动科学技术向前发展的历史长河中,同时产生和发展了各种科技名词术语,作为思想和认识交流的工具,进而推动科学技术的发展。

我国是一个历史悠久的文明古国,在科技史上谱写过光辉篇章。中国科技名词术语,以汉语为主导,经过了几千年的演化和发展,在语言形式和结构上体现了我国语言文字的特点和规律,简明扼要,蓄意深切。我国古代的科学著作,如已被译为英、德、法、俄、日等文字的《本草纲目》、《天工开物》等,包含大量科技名词术语。从元、明以后,开始翻译西方科技著作,创译了大批科技名词术语,为传播科学知识,发展我国的科学技术起到了积极作用。

统一科技名词术语是一个国家发展科学技术所必须具备的基础条件之一。世界经济发达国家都十分关心和重视科技名词术语的统一。我国早在1909年就成立了科学名词编订馆,后又于1919年中国科学社成立了科学名词审定委员会,1928年大学院成立了译名统一委员会。1932年成立了国立编译馆,在当时教育部主持下先后拟订和审查了各学科的名词草案。

新中国成立后,国家决定在政务院文化教育委员会下,设立学术名词统一工作委员会,郭沫若任主任委员。委员会分设自然科学、社会科学、医药卫生、艺术科学和时事名词五大组,聘任了各专业著名科学家、专家,审定和出版了一批科学名词,为新中国成立后的科学技术的交流和发展起到了重要作用。后来,由于历史的原因,这一重要工作陷于停顿。

当今,世界科学技术迅速发展,新学科、新概念、新理论、新方法不断涌现,相应地出现了大批新的科技名词术语。统一科技名词术语,对科学知识的传播,新学科的开拓,新理论的建立,国内外科技交流,学科和行业之间的沟通,科技成果的推广、应用和生产技术的发展,科技图书文献的编纂、出版和检索,科技情报的传递等方面,都是不可缺少的。特别是计算机技术的推广使用,对统一科技名词术语提出了更紧迫的要求。

为适应这种新形势的需要,经国务院批准,1985年4月正式成立了全国自然科学名词审定委员会。委员会的任务是确定工作方针,拟定科技名词术语审定工作计划、实施方案和步骤,组织审定自然科学各学科名词术语,并予以公布。根据国务院授权,委员会审定公布的名词术语,科研、教学、生产、经营以及新闻出版等各部门,均应遵照使用。

全国自然科学名词审定委员会由中国科学院、国家科学技术委员会、国家教育委员会、中国科学技术协会、国家技术监督局、国家新闻出版署、国家自然科学基金委员会分别委派了正、副主任担任领导工作。在中国科协各专业学会密切配合下,逐步建立各专业审定分委员会,并已建立起一支由各学科著名专家、学者组成的近千人的审定队伍,负责审定本学科的名词术语。我国的名词审定工作进入了一个新的阶段。

这次名词术语审定工作是对科学概念进行汉语订名,同时附以相应的英文名称,既有我国语言特色,又方便国内外科技交流。通过实践,初步摸索了具有我国特色的科技名词术语审定的原则与方法,以及名词术语的学科分类、相关概念等问题,并开始探讨当代术语学的理论和方法,以期逐步建立起符合我国语言规律的自然科学名词术语体系。

统一我国的科技名词术语,是一项繁重的任务,它既是一项专业性很强的学术性工作,又涉及到亿万人使用习惯的问题。审定工作中我们要认真处理好科学性、系统性和通俗性之间的关系;主科与副科间的关系;学科间交叉名词术语的协调一致;专家集中审定与广泛听取意见等问题。

汉语是世界五分之一人口使用的语言,也是联合国的工作语言之一。除我国外,世界上还有一些国家和地区使用汉语,或使用与汉语关系密切的语言。做好我国的科技名词术语统一工作,为今后对外科技交流创造了更好的条件,使我炎黄子孙,在世界科技进步中发挥更大的作用,作出重要的贡献。

统一我国科技名词术语需要较长的时间和过程,随着科学技术的不断发展,科技名词术语的审定工作,需要不断地发展、补充和完善。我们将本着实事求是的原则,严谨的科学态度做好审定工作,成熟一批公布一批,提供各界使用。我们特别希望得到科技界、教育界、经济界、文化界、新闻出版界等各方面同志的关心、支持和帮助,共同为早日实现我国科技名词术语的统一和规范化而努力。

钱三强

1992年2月

前　　言

水产业是一个非常古老的行业，水产科学也是一门古老的学科。我国水产业历史悠久，早在公元前5世纪的春秋时代，范蠡就编写了养鱼专著《养鱼经》，在世界水产发展史上写下了光辉的一页。水产科学又是一门综合性学科，涉及领域较广，水产名词与很多基础学科相互交叉重叠。随着科学技术的发展，水产名词的统一和规范化对水产科学的发展和水产科学知识的传播，文献资料的编纂、检索，以及国内外的学术交流都具有重要意义。

中国水产学会受全国科学技术名词审定委员会（以下简称全国科技名词委）委托，于1991年成立了水产名词审定委员会（以下简称本委员会）并开始着手水产名词的审定工作。当时，本委员会挂靠在中国水产科学研究设计院，具体工作由该院科技情报研究所负责。1992年到1997年期间，本委员会制订了水产名词的体系表，分专业收集了部分水产名词。本委员会的委员和水产专家在其中做了很多工作。由于机构人员的变化，水产名词审定工作进度受到一定影响。为使该项工作顺利开展，中国水产学会于1998年调整组建了新的水产名词审定委员会，具体工作改由学会秘书处承担。水产名词审定的内容也由原来只列出中英文对照的词条改为同时增加定义或注释。

新一届水产名词审定委员会成立后，于1998年12月编出了《水产名词》初稿。从1999年1月到2000年6月的一年半时间里，该初稿及其修改稿前后四次发给水产名词审定委员会委员和水产专家反复进行补充修改。其间，于1999年8月和2000年5月，还分别在上海和青岛召开了两次水产名词审定委员会工作会议，对《水产名词》修改稿分组进行逐条讨论修改。最后，根据二审会议提出的意见，整理出《水产名词》报批稿。现经全国科技名词委批准，予以公布。

本次公布的水产名词共3 321条。分为水产基础科学、渔业资源学、捕捞学、水产养殖学、水产生物育种学、饲料和肥料、水产生物病害及防治、水产品保鲜及加工、渔业船舶及渔业机械、渔业工程与渔港、渔业环境保护、渔业法规等12部分。其划分主要是为了便于名词的收集、审定和查阅，不是严谨的学科分类。同一名词可能与几个部分相关，但在编排公布时只在一处出现，不重复列出。收录的均为水产领域常用的专业基本词。内容除了汉语名词及其对应的英文词外，对每个汉语名词均附以定义或注释，以便准确地理解名词概念的内涵。为使水产名词规范化，并具备应有的准确性和权威性，在水产名词审定过程中，吸收了现行术语国家标准和相关的水产行业标准，以求两者尽可能协调一致。对与生物学、动物学、海洋学、遗传学等学科名词交叉重叠的部分，则按副科服从主科的原则定名。

在这次水产名词审定过程中，水产学界及相关学科的专家给予了热情的支持。除了历届水产名词审定委员会的委员外，尚有（按姓氏笔画排序）马家海、王如才、王清印、白遗胜、冯志哲、仲惟仁、江尧森、江育林、李爱杰、李德尚、杨先乐、杨丛海、苏锦祥、张剑英、陆承平、陈思行、林洪、战文海、俞开康、郭大钧、黄琪琰、潘光碧等参与审定或提出过修改意见和建议。在此，我们谨向所有帮助完成此项工作的专家学者表示衷心的感谢！希望广大水产工作者在使用本次公布的名词过程中，能继续提出宝贵意见，以便以后修订增补，使之日臻完善。

水产名词审定委员会

2000年10月

编 排 说 明

一、本批公布的是水产基本名词。

二、全书分为水产基础科学、渔业资源学、捕捞学、水产养殖学、水产生物育种学、饲料和肥料、水产生物病害及防治、水产品保鲜及加工、渔业船舶及渔业机械、渔业工程与渔港、渔业环境保护、渔业法规等12大类。

三、正文按汉文名词所属学科的相关概念体系排列，汉文名后给出了与该词概念相对应的英文名。

四、每个汉文名都附有相应的定义或注释。当一个汉文名有两个不同的概念时，则用“(1)”、“(2)”分开。

五、一个汉文名词对应几个英文同义词时，一般将最常用的放在前面，并用“,”分开。

六、凡英文词的首字母大、小写均可时，一律小写。

七、“[ ]”中的字为可省略的部分。

八、主要异名和释文中的条目用楷体表示，“又称”、“简称”、“俗称”可继续使用；“曾称”为被淘汰的旧名。

九、正文后所附的英汉索引按英文名词字母顺序排列；汉英索引按名词汉语拼音顺序排列。所示号码为该词在正文中的序码。索引中带“ * ”者为规范名的异名和在释文中的条目。

目　　录

卢嘉锡序
钱三强序
前言
编排说明

正文

01. 水产基础科学 …… 1
02. 渔业资源学 …… 21
03. 捕捞学 …… 28
04. 水产养殖学 …… 44
05. 水产生物育种学 …… 61
06. 饲料和肥料 …… 73
07. 水产生物病害及防治 …… 79
08. 水产品保鲜及加工 …… 99
09. 渔业船舶及渔业机械 …… 119
10. 渔业工程与渔港 …… 141
11. 渔业环境保护 …… 146
12. 渔业法规 …… 154

附录

英汉索引 …… 158
汉英索引 …… 205

01. 水产基础科学

01.001　水产学　fishery sciences
研究水产生产和技术及其发展规律的综合性学科。

01.002　渔业　fishery
又称“水产业(aquatic product industry)”。是人类利用水域中生物的物质转化功能,通过捕捞、养殖和加工,以取得水产品的社会产业部门。

01.003　海洋渔业　marine fishery
开发利用海洋生物资源的产业。

01.004　远洋渔业　long-distant fishery
在远离本国海岸或渔业基地的海域,利用公海或他国资源的渔业生产活动。

01.005　近海渔业　offshore fishery
一般指在本国领海外专属经济区内从事的渔业生产活动。

01.006　沿岸渔业　inshore fishery
一般指在本国领海内从事的渔业生产活动。

01.007　内陆水域渔业　inland waters fishery
在内陆水域(江河、湖泊、水库、池塘)从事的捕捞和养殖的渔业生产活动。

01.008　群众渔业　small scale fishery
中国渔业经济结构中,集体渔业、合作制渔业和个体渔业的总称。

01.009　水产捕捞业　fishing industry
使用捕捞工具直接获取水产经济动物的生产活动。

01.010　水产养殖业　aquaculture industry
利用自然水域或人工水体从事鱼类及其他水产经济动植物养殖的生产活动。

01.011　水产加工业　aquatic products processing industry
对鱼类等各种水产品进行保鲜、贮藏和加工的生产活动。

01.012　休闲渔业　recreational fisheries
又称“游乐渔业”。以休闲娱乐和体育运动为目的的渔业活动。如游钓、观赏鱼养殖等。

01.013　渔业管理　fishery management
国家通过有关法律法规、技术和经济等措施对渔业生产、分配、交换和消费等实施管理和协调,旨在保护和合理利用渔业资源,维护渔业的可持续发展。

01.014　渔业规划　fishery program
渔业行政主管部门制定的渔业较长时期发展目标和实现该目标的方针、政策和措施。

01.015　渔业区划　fishery regionalization
根据各地渔业自然条件和社会经济基础及其地域差异性进行的渔业资源合理配置和区域划分。

01.016　渔业经济　fishery economic
渔业生产、交换、分配诸领域的经济关系和经济活动的总称。

01.017　渔需物资　fishery materials
渔业生产所必需的生产资料。

01.018　蓝色革命　blue revolution
用高科技手段控制和利用海洋水域,为人类大量生产食物蛋白的技术革命活动。

01.019　水生生物　hydrobiont, hydrobios
生活在水中的各种生物的总称。

01.020　水生生物学　hydrobiology

研究水生生物形态结构、分类、生理、生态、分布等及其与外界环境关系的学科。

01.021 生态学 ecology
研究生物与其周围环境之间相互关系的学科。

01.022 生态系 ecosystem
生物群落及其与地理环境相互作用的自然系统。

01.023 种 species
个体间能进行有性结合、正常繁育后代并且具有相对稳定遗传特性的自然种群。

01.024 亚种 subspecies
种内占据不同分布区、互不重叠、生殖隔离不完善的生物类群。

01.025 群落 community
栖息于某一生境中的各种生物所形成的结构比较松散的群体。

01.026 海洋生物 marine organism
生活于海洋中的各种生物的总称。

01.027 海洋微生物 marine microorganism
分布在海洋中的个体微小、形态结构简单的单细胞或多细胞生物。

01.028 原生动物 protozoan
动物界中最原始的单细胞动物。

01.029 海绵动物 sponges
动物界的一门，最原始的多细胞动物。身体由内外两层细胞构成，无口和行动器官，营固着生活。

01.030 浮游生物 plankton
体形细小、仅有微弱的游动能力、受水流支配而移动的水生生物。

01.031 底栖生物 benthos
完全或经常生活在水域底层的生物。

01.032 浮游植物 phytoplankton
漂浮在水中的微小藻类植物。

01.033 浮游动物 zooplankton
营浮游生活的或浮游生物中体形微小、只有微弱游动能力的水生动物。

01.034 漂浮生物 pleuston
漂浮在水面附近、没有游动能力的浮游生物。

01.035 底栖动物 zoobenthos
生活在水域底表或潜栖在底泥中的水生动物。

01.036 底表动物 epifauna
生活在水底表层的水生动物。

01.037 底内动物 infauna
潜栖于水底泥沙中的水生动物。

01.038 近海生物 neritic organism
生活在水深200m以内海域的生物。

01.039 泥内生物 endopelos
潜栖于泥质滩涂中的生物。

01.040 沙内生物 endopsammon
潜栖于沙质滩涂中的生物。

01.041 穴居生物 burrowing organism
营底内洞穴生活的生物。

01.042 沼泽生物 marsh organism
栖居于沼泽地的生物。

01.043 水生维管束植物 aquatic plant
生长在淡水和浅海水域的大型高等植物的总称。

01.044 浮水植物 floating plant
漂浮于水中生长或根固定在水底、叶浮在水面的水生高等植物。

01.045 沉水植物 benthophyte

又称“水底植物”。生长于河川、湖泊等底部且不露出水面的水生植物。

01.046 挺水植物 emerged plant
湖沼近岸浅水中，根生在水底部分茎叶伸出水面生长的植物。

01.047 附生植物 epiphyte
附着于岩礁或生物体外壳等土壤以外物体上生长的植物。

01.048 固着生物 sessile organism
固着于水体中其他物体上生长的生物。

01.049 嗜盐生物 halophile organism
又称“喜盐生物”。适应在含盐水质中生活的生物。

01.050 广盐种 euryhaline species
能适应并生活于盐度变化范围较大生境中的物种。

01.051 狭盐种 stenohaline species
仅能适应并生活于盐度变化范围很狭小的生境中的物种。

01.052 适温种 thermophilic species
适应在一定温度范围生活的物种。

01.053 广温种 eurythermic species
能在温度变化范围较大的环境中生存的物种。

01.054 狭温种 stenothermal species
仅能适应生境温度变化范围很小的物种。

01.055 变温动物 poikilotherm
体温随外界温度变化而变化的动物。

01.056 栖息习性 habituating bottom
生物对生境的选择与适应属性。

01.057 共栖 commensalism
两种都能独立生存的生物以一定的关系联系在一起的生活方式。

01.058 共生 symbiosis
不同种的生物个体结合在一起共同生活的现象。

01.059 寄生 parasitism
一种生物寄居于另一种生物的体内或体表，以摄食其养分生活，并往往对宿主构成损害的一种生活方式。

01.060 昼夜垂直移动 diel vertical migration
动物依日周期在垂直方向上的迁移。

01.061 生物学特征 biological property
生物固有的形态、生态、生理特性以及遗传性状等特征。

01.062 食性 feeding habit
动物摄取食物的方式和食物种类的特性。

01.063 狭食性 stenophagy
只选食有限种类食物的习性。

01.064 浮游生物食性 plankton feeding habit
以滤食浮游生物为主要食物的习性。

01.065 腐屑食性 detritivorous
以摄取泥土中腐败的动植物和有机物质为主要食物的习性。

01.066 草食性 herbivorous
以海藻或其他植物为主要食物的摄食习性。

01.067 肉食性 carnivorous
以动物为主要食物的摄食习性。

01.068 杂食性 omnivory
兼食动物性和植物性食物的摄食习性。

01.069 同种相残 cannibalism
又称“同类相残”。同种动物个体相互捕食的现象。

01.070 食物链 food chain
生物群落中由摄食而形成的链状食物关系。

01.071 食物网 food web
生态系统中，各种生物纵横交错的食物关系所形成的复杂网状结构。

01.072 食物环节 food link
生物群落内食物链的各个组成部分。

01.073 摄食 feeding
动物吃食的行为与过程。

01.074 生长 growth
生物个体长度与重量的增长。

01.075 生长率 growth rate
动物个体在一定时期内体长（或体重）的增量与其初期体长（或体重）的比值。

01.076 生长系数 growth coefficient
又称“瞬时生产率”。单位时间内，动物末期个体体长（或体重）与初期体长（或体重）比值的对数。

01.077 生长曲线 growth curve
在坐标图上绘制的动物个体体长（或体重）与时间关系的曲线图形。

01.078 繁殖 reproduction
生物为延续种族所进行的产生后代的生理过程。

01.079 性比 sex ratio
动物种群内的雌雄个体数量之比。

01.080 繁殖习性 reproductive habit
生物生殖行为与过程所表现的特性。

01.081 性成熟 sexual maturity
动物发育过程中具有繁殖后代能力的阶段。

01.082 性成熟度 maturity
又称“性成熟期（mature stage）”。根据性腺外表性状和性细胞发育程度划分的性腺发育阶段。

01.083 性成熟系数 mature coefficient
表示动物性腺成熟程度的特征数值。鱼类性成熟系数通常以性腺重量占体重的千分数表示。

01.084 性腺发育周期 gondola development cycle
成熟生物个体从上一次繁殖到下一次繁殖之间的时间间隔。

01.085 卵生 oviparity
动物受精卵在母体外孵化发育成为新个体的一种生殖方式。

01.086 卵胎生 ovoviviparity
动物的受精卵在母体内依靠卵自身营养进行发育，直至孵化出新个体才与母体分离，与母体没有或只有很少营养联系的一种生殖方式。

01.087 胎生 viviparity
动物受精卵在母体子宫内发育，并由母体供应营养的一种生殖方式。

01.088 [性腺]未分化型 undifferentiated gonochorist
所有个体性腺发育初期均分不出性别，当发育到一定阶段后，性细胞才分化为卵细胞或精细胞的一种鱼类性腺分化类型。

01.089 [性腺]分化型 differentiated gonochorist
未分化的性腺直接分化成卵巢或精巢的一种鱼类性腺分化类型。

01.090 全雌型 allfemale type
所有个体的性腺均发育成卵巢，成鱼全部是雌鱼的性腺分化类型。

01.091 同步发育型[卵母细胞] synchronous oocyte development
卵巢内的全部卵母细胞同步发育、生长、成熟、排卵，卵巢内没有补充卵群。

01.092 分批发育型[卵母细胞] group-synchronous oocyte development

卵巢内同时存在着 2 个以上处于不同发育阶段的卵群。

01.093 分散发育型[卵母细胞] asynchronous oocyte development

卵巢内同时存在着各发育阶段的卵母细胞，没有明显的由处于相同发育阶段的卵组成的卵群。

01.094 被卵巢 cystovarian

又称“封闭卵巢”。整体被卵巢膜包裹着的卵巢。

01.095 裸卵巢 gymnovarian

又称“游离卵巢”。没有卵巢膜，卵裸露在体腔内的卵巢。

01.096 不完全裸卵巢 semigymnovarian

卵巢背侧方没有卵巢膜，卵裸露于体腔内的卵巢。

01.097 生态习性 ecological habit

生物与环境长期相互作用下所形成的固有适应属性。

01.098 变态 metamorphosis

某些动物在个体发育过程中的形态与结构变化。

01.099 洄游 migration

一些水生动物在一定季节或发育阶段沿一定路线有规律地往返迁移。

01.100 休眠 dormancy

一般指动物代谢活动极度降低处于昏睡的状态。

01.101 冬眠 hibernation

某些动物为抵御冬季低温等不利生活条件的一种适应性休眠状态。

01.102 夏眠 aestivation

又称“夏蛰”。某些动物为度过夏季高温或干旱等不利生活条件的一种适应性休眠状态。

01.103 集群性 sociability, gregariousness

某些动物或在动物生长的某一阶段、或在一定外界条件下所形成的高度群集习性。

01.104 趋光性 phototaxis, phototaxy

动物在光源刺激下产生定向运动的行为习性。

01.105 趋电性 galvanotaxis

动物在电流刺激下产生定向运动的行为习性。

01.106 趋流性 rheotaxis

鱼类等水生动物在流水中对流向和流速产生行为反应的习性。

01.107 夜行性 nocturnal habit

动物夜间离开栖息地出来活动或集群迁移的习性。

01.108 自切 autotomy

又称“自残”。动物受惊扰、袭击或受伤时，将自身的一部分折断舍弃的现象。

01.109 再生 regeneration

生物体的一部分重新生成完整机体的过程。

01.110 空间分布 spatial distribution

水生生物在水域空间的分布。

01.111 垂直分布 vertical distribution

水生生物在纵向水层的分布。

01.112 鱼类 fishes

用鳃呼吸、以鳍为运动器官、多数披有鳞片和侧线感觉器官的水生变温脊椎动物类群。

01.113 鱼类学 ichthyology

动物学的一个分科。是研究鱼类形态、分类、生态、生理及系统发育的学科。

01.114 鱼类形态学 morphology of fishes

研究鱼类外部形态、内部结构以及各器官、

系统功能的学科。

01.115 鱼类分类学 taxonomy of fishes
研究鱼类的系统分类、各种鱼类在演化上的地位和相互关系的学科。

01.116 鱼类生态学 ecology of fishes
研究鱼类的生活方式、鱼类与环境之间相互作用关系的学科。

01.117 鱼类生物学 biology of fishes
研究鱼类栖息习性、生长发育、摄食、繁殖以及对外界环境条件适应特性等的学科。

01.118 鱼类生理学 physiology of fishes
研究鱼类机体生理活动规律的学科。

01.119 甲胄鱼类 Ostracodermi(拉)
生活在志留纪和泥盆纪、身披骨板的一类古化石鱼类。

01.120 鳍甲类 Pteraspida(拉)
又称“双鼻孔鱼类(Diplorhina 拉)”。头及躯干的前部为坚硬的无骨细胞的骨质甲所包围的一类古化石鱼类。

01.121 头甲类 Cephalaspida(拉)
又称“单鼻孔鱼类(Monorhina 拉)”。存在于上志留纪至上泥盆纪的一类头及躯干前部为坚硬的头甲所覆盖,内有骨细胞的骨骼组成,单鼻孔,歪尾的古化石鱼类。

01.122 盾皮鱼类 Placodermi(拉)
存在于上志留纪至下石炭纪地层中的一类头和肩带被以膜质板的古化石鱼类。

01.123 软骨鱼类 cartilaginous fishes, Chondrichthys(拉)
骨骼全为软骨的鱼类类群。

01.124 板鳃类 Elasmobranchii(拉)
又称“横口类”。软骨鱼类的一个主要类群。口宽大成横裂状,鳃间隔宽大成板状。如鲨、鳐等。

01.125 全头类 Holocephali(拉)
软骨鱼类的一个类群。体侧扁,口下位,鳃外被膜质鳃盖,体外仅露一鳃孔。如银鲛。

01.126 硬骨鱼类 bony fishes, Osteichthyes(拉)
内骨骼大部或全部被骨化、体被硬鳞或骨鳞包围的鱼类。

01.127 总鳍鱼类 fringe-finned, tassel finned fishes, Crossopterygii(拉)
最早出现于泥盆纪的硬骨鱼类古老类群。

01.128 肺鱼类 lungfishes, Dipnoi(拉)
硬骨鱼类的一个古老类群。能在干涸环境中用鳔直接呼吸空气。

01.129 辐鳍鱼类 Actinopterygii(拉)
硬骨鱼类的主要类群。鳍叶有辐射状骨质鳍条支持。

01.130 软骨硬鳞鱼类 chondrostei
内骨骼为软骨、鳞多为菱形硬鳞的鱼类。

01.131 全骨鱼类 holostei
硬骨鱼类的一个古老类群。出现于三叠纪,现只有少数孑遗种类。

01.132 真骨鱼类 teleostei
现代硬骨鱼类的主要类群,占鱼类总数的96%,也是脊椎动物中种类最多的一类。

01.133 圆口鱼类 lampreys, Cyclostomes(拉)
又称“无颌类(Agnatha 拉)”。脊椎动物中最低等的一纲。体鳗形,无鳞,软骨,脊索发达终生存留,无真正脊椎。

01.134 [鱼]头部 head
鱼体由上颌前端至鳃盖骨后缘的部分。

01.135 吻部 snout
头部的最前端到眼的前缘。

01.136 颊部 check

眼的前下方到前鳃盖骨后缘的部分。

01.137 颐部 chin
又称“颏部”。头部腹面下颌联合部之后的部分。

01.138 鳃峡[部] isthmus
颐部之后的部分。

01.139 颏孔 geniopores
鲉虎鱼科、石首鱼科等鱼类头部位于下颏部的小开孔，是侧线管通入齿骨、关节骨管道分支向外的开孔。

01.140 喉板 gular plate
海鲢科和大海鲢科鱼类下颌后方正中的长椭圆薄骨片。

01.141 眼间隔 interorbital space, interorbital width
两眼之间的最小距离。

01.142 眼径 eye diameter, diameter of orbit
由眼前缘到后缘的直线距离。

01.143 耳石 otoliths
内耳中碳酸钙的小结晶体。

01.144 躯干 body, trunk
鱼体由鳃盖骨后缘至肛门的部分。

01.145 尾部 tail
鱼体由肛门至尾鳍末端的部分。

01.146 全长 total length
鱼体由上颌前端到尾鳍末端的直线长度。

01.147 体长 body length, standard length
又称“标准长”。鱼体由上颌前端或吻端到尾椎末端的直线长度。

01.148 叉长 fork length
鱼体由吻端到尾叉最深点的长度。

01.149 肛长 anal length
鱼体由吻端到肛门前缘的长度。

01.150 体盘长 disc length
胸鳍扩大与头相连成体盘的鱼类，由吻端到胸鳍后基的长度。

01.151 胴长 mantle length
头足类胴部背面前端至胴部最后端的中线水平长度（不包括骨针）。

01.152 尾柄 caudal peduncle
鱼体臀鳍后方至尾鳍基底的部分。

01.153 原尾 protocercal
又称“原型尾”。椎骨末端在尾鳍中央平直达于尾端，尾鳍外观和内部解剖均为完全对称上下两叶的一种原始鱼类尾鳍类型。

01.154 歪尾 crookedcercal
又称“歪型尾”。椎骨末端上翘伸入尾鳍上叶，尾鳍外观和内部解剖均为上下叶不对称的一种鱼类尾鳍类型。

01.155 正尾 homocercal
又称“正型尾”。椎骨末端上翘仅及尾鳍基部，外观呈上下叶对称的一种鱼类尾鳍类型。

01.156 鳃 gill
鱼类及两栖类动物幼体的呼吸器官。

01.157 鳃裂 gill cleft
又称“鳃孔（gill opening）”。鱼类呼吸时，水流经鳃、鳃腔排往体外的通道。软骨鱼类多称鳃裂，硬骨鱼类多称鳃孔。

01.158 鳃盖 operculum
覆盖鳃腔、具保护鳃瓣和协助呼吸功能的骨质外壳。

01.159 鳃[盖]膜 branchiostegal membrane
鳃盖后缘的皮褶。

01.160 鳃条骨 branchiostegal ray
用以支持鳃盖膜展开的骨骼。

01.161 鳃瓣 gill lamella

又称“鳃片”。长在鳃弓腹面两侧、按背腹方向排列、形成梳状瓣膜的偏平黏膜褶。

01.162 鳃丝 branchial filament, gill filament

着生于鳃瓣上平行排列的黏膜褶。

01.163 鳃弓 branchial arch

鳃腔内着生鳃瓣的骨骼。

01.164 鳃耙 gill raker

生于鳃弓内侧的刺状、瘤状或其他形状的突起。

01.165 半鳃 hemibranch

鱼类每一鳃弓上一般长有前后2片鳃瓣,每一片鳃瓣称之为半鳃。

01.166 全鳃 holobranch

指固着于鳃弓上的一对鳃瓣。

01.167 假鳃 pseudobranch

位于鳃盖内侧外形似鳃的结构。

01.168 鳃囊 gill pouch

圆口鱼类鳃部扩张成囊状的、司呼吸作用的结构。

01.169 鳃上器官 suprabranchial organ

着生于鳃弓上方,由部分鳃弓和舌弓骨骼转化形成的副呼吸器官或由鳃耙组成的滤食器官。

01.170 外鳃 external gill

丝状或羽状构造全部露于体外的一种鳃。为一些鱼类胚胎或幼体及一些两栖类幼体的呼吸器官。

01.171 副呼吸器官 accessory respiratory organs

又称“辅助呼吸器官”。鱼类能代替鳃进行呼吸的器官。如皮肤、口咽腔黏膜、肠管及鳃上器官等。

01.172 喷水孔 spiracle

软骨鱼类和少数低等硬骨鱼类眼后具有喷水或吸水功能的孔。

01.173 侧线 lateral line

埋在鱼体两侧皮下的能感觉水流方向、强度和振动的皮肤感觉器官。

01.174 罗伦氏瓮群 Lorenzini's ampullae

板鳃鱼类头部类似侧线的感觉器官。

01.175 淋巴心脏 lamph heart

真骨鱼类推动淋巴液循环的器官。

01.176 韦伯器 Weberian apparatus, Weberian organ

鲤形目等鱼类在前面椎骨两侧彼此用韧带相连的4对小骨。它们在内耳与鳔之间起传递感觉作用。

01.177 鳍 fin

由条状鳍条支撑薄膜而成的鱼类的平衡与运动器官。

01.178 鳍条 fin ray

鳍上支持鳍膜的分支或不分支而分节的条状组织。

01.179 角质鳍条 Ceratotrichia(拉)

角质结构的鳍条,分布于软骨鱼类。

01.180 鳞质鳍条 Lepidotrichia(拉)

又称“骨质鳍条”。骨质结构的鳍条,分布于硬骨鱼类。

01.181 鳍棘 fin spine

由鳍条变化而成的不分节、不分支的坚硬鳍条。

01.182 奇鳍 median fin, unpaired fin

鱼类沿身体正中线生长的不对称鳍。

01.183 背鳍 dorsal fin

长在鱼体背部正中线上的奇鳍。

01.184 臀鳍 anal fin

长在鱼体后腹部正中线上肛门与尾鳍之间的奇鳍。

01.185 尾鳍 caudal fin
鱼类尾部末端中央的奇鳍。

01.186 偶鳍 paired fin
鱼类身体两侧对称生长的鳍。

01.187 胸鳍 pectoral fin
长在鱼类头部鳃孔后方或胸部的偶鳍。

01.188 腹鳍 ventral fin
通常长在鱼类身体腹侧、胸鳍下方或后下方的偶鳍。

01.189 副鳍 accessory fin
又称“小鳍”。位于背鳍和臀鳍后方仅有1根鳍条的小型鳍。

01.190 脂鳍 adipose fin
位于背鳍后方正中的由脂肪构成且无鳍条的鳍。

01.191 鳍脚 clasper
由雄性软骨鱼类腹鳍变异成的适应体内受精的交接器。

01.192 鳞 scale
鱼类等动物体表生长的起保护作用的角质或骨质薄片。

01.193 盾鳞 placoid scale
软骨鱼类特有的、与牙齿结构近似、由表皮和真皮共同发生的鳞片。

01.194 硬鳞 ganoid scale
低等硬骨鱼类(如鲟鱼类)所特有的一种由真皮发生的鳞片。

01.195 骨鳞 bony scale
真骨鱼类所特有的、由真皮发生的骨质鳞片。

01.196 圆鳞 cycloid scale
后区边缘光滑的骨鳞。

01.197 栉鳞 ctenoid scale
后区边缘呈栉齿状的骨鳞。

01.198 侧线鳞数 number of lateral-line scale
鱼体侧面侧线管所穿过的鳞片数。

01.199 侧线上鳞数 scale above lateral line
从背鳍起点处的一片鳞斜数到侧线鳞的一片鳞为止的鳞片数。

01.200 侧线下鳞数 scale below lateral line
从接触到侧线鳞的一片鳞斜数到腹鳍起点(腹鳍腹位鱼类)或臀鳍起点(腹鳍胸位鱼类)的鳞片数。

01.201 翼鳞 alae scale
尾鳍基部鳞片状附属物。

01.202 腋鳞 axillary lobe
腹鳍基部扩大的鳞。

01.203 红色肉 red meat
又称“暗色肉(dark meat)”。持久性游泳洄游鱼类体内发达的暗红色肌肉。

01.204 [载]色素细胞 chromatophore, pigment cell
司体色变化和保持色泽的细胞总称。

01.205 虹彩细胞 iridocyte
内含鸟嘌呤颗粒、呈多角形或卵圆形的细胞。

01.206 共栖性发光细胞 commensalism luminescent
与发光细菌共栖而发光的鱼体细胞。

01.207 发光器 luminescent organ, luminous organ
由鱼皮肤衍生成的具有发光功能的器官。

01.208 发电器官 electric organ

由鱼类肌肉组织(多数)衍生或由真皮腺体(少数)衍生的能产生强电流的器官。

01.209 幽门垂 pyloric caeca

又称“幽门盲囊”。硬骨鱼类在胃肠交界处的盲囊状突起。

01.210 鳔 swim bladder, air bladder

鱼类体腔背部主要生理功能为调节鱼体在水中密度的管状或囊状物。

01.211 婚姻色 nuptial coloration

鱼类生殖期体色变深或变得色彩鲜艳的现象。

01.212 追星 nuptial tubercle, pearl organ

又称“珠星”。某些鱼类在生殖时期在头部、鳍上或尾柄上出现的圆锥形角质突起。

01.213 婚舞 nuptial dance

某些鱼类、鸟类等在繁殖高潮前所进行的舞蹈式求偶行为。

01.214 黏液腺 mucous gland

鱼类表皮细胞形成的、能分泌保护鱼体黏液的腺体。

01.215 毒腺 poison gland

由鱼体表皮或真皮的某些特殊细胞演化而成,分泌毒液用以防御敌害和捕食的腺体。

01.216 年轮 annual ring

鱼类等生长过程中在鳞片、耳石、鳃盖骨和脊椎骨等上面所形成的特殊排列的年周期环状轮圈。

01.217 副轮 accessory ring, accessory mark

因环境因子突变或生理非周期性变化在鱼类鳞片等硬组织上留下的类似年轮的印记。

01.218 产卵轮 reproduction ring

鱼类在繁殖期因生长缓慢或停止生长在硬骨质上留下的印记。

01.219 幼轮 young ring

鱼类鳞片第一年轮圈内出现的近似年轮的轮纹。

01.220 海洋鱼类 sea fishes, marine fishes

栖息于海洋水域的鱼类。

01.221 大洋性鱼类 oceanic fishes

长距离洄游于大洋水域的鱼类。

01.222 中上层鱼类 pelagic fishes

一生中大部分时间栖息于海洋或内陆水域中层或上层的鱼类。

01.223 底层鱼类 demersal fishes, bottom fishes

一生中大部分时间栖息于水域底层或近底层的鱼类。

01.224 岩礁鱼类 rocky fishes

栖息于岩礁水域的鱼类。

01.225 深海层鱼类 bathybic fishes

栖息在大洋水深 4000m 以下深海底带(不包括深海海床)的鱼类。

01.226 次深海层鱼类 bathypelagic fishes

主要栖息于 1000 ~ 4000m 深水层的海洋鱼类。

01.227 中海层鱼类 mesopelagic fishes

栖息在外海和大洋的 200 ~ 1000m 水层内的鱼类。

01.228 浅海层鱼类 neritic fishes

主要栖息于 200m 以内浅水层的海洋鱼类。

01.229 珊瑚礁鱼类 coral fishes

生活在热带海洋珊瑚丛中的鱼类。

01.230 淡水鱼类 freshwater fishes

栖息于江河、湖沼、水库等淡水水域的鱼类。

01.231 河流鱼类 river fishes

栖息江河水域的鱼类。

01.232　河口鱼类　estuarine fishes
又称“咸淡水鱼类(brackish fishes)”。栖息于河口区咸淡水水域的鱼类。

01.233　溯河鱼类　anadromous fishes
在海洋中生长发育,性成熟后进入淡水水域繁殖的鱼类。

01.234　降海鱼类　catadromous fishes
在淡水水域中生长发育,性成熟后到海洋中繁殖的鱼类。

01.235　湖沼鱼类　lake fishes, limnetic fishes
栖息于湖沼水域的鱼类。

01.236　定居性鱼类　settled fishes
终生生活在某一特定水域,没有明显迁移活动的鱼类。

01.237　药用鱼类　medicinal fishes
有药用价值的鱼类。

01.238　有毒鱼类　ichthyotoxic fishes
具有毒棘、毒腺或体内具有毒素的鱼类。

01.239　热带鱼类　tropic fishes
常年栖息于热带高温水域的鱼类。

01.240　食用鱼类　food fishes
可提供人们食用的鱼类。

01.241　观赏鱼类　ornamental fishes, aquarium fishes
体色艳丽或姿态优美具观赏价值的鱼类。

01.242　游钓鱼类　game fishes
适宜游钓的鱼类。

01.243　冷水性鱼类　cold water fishes
仅分布或适应在寒冷水域中生活的鱼类。

01.244　温水性鱼类　temperate water fishes
分布温带水域或要求适当温度阈的鱼类。

01.245　暖水性鱼类　warm water fishes
分布在热带和温带要求适当温度阈的鱼类。

01.246　虾类　decapod
甲壳纲、十足目、游泳亚目动物的通称。

01.247　头胸部　cephalothorax
虾类等节肢动物的连在一起、无明显界线的头部与胸部结合。

01.248　头胸甲　carapace
虾、蟹类头胸部上覆盖的坚硬甲壳质外骨骼。

01.249　侧板　lateral plate
虾类每节侧面的体壁。

01.250　复眼　compound eye
甲壳类、昆虫类节肢动物的视觉器官,由多个六角形单眼组成。

01.251　眼柄　eye stalk
虾、蟹类复眼基部可活动的柄。

01.252　眼板　ocular plate, eye plate
虾、蟹类头部中央固着眼柄的关节面。

01.253　第一触角　antennule
又称“小触角”。甲壳类动物两对触角中,位于前方、通常较小的一对触角。

01.254　柄刺　stylocerite
第一触角柄部凹窝外缘的片状刺。

01.255　内侧附肢　prosartema
节肢动物各体节上位于体内侧的附肢。

01.256　平衡囊　statocyst
又称“平衡泡”。无脊椎动物的平衡器官。

01.257　第二触角　antenna
又称“大触角”。甲壳类动物两对触角中通常较大的一对触角。

01.258　柄腕　carpocerite
第二触角的第一节基节。

01.259　基片　basal piece

第二触角的第二节基节。

01.260　大颚　mandible

节肢动物口器的一部分，由头部一对附肢演变而成，用以咀嚼食物。

01.261　第一小颚　maxillula

贴近大颚下方小而扁平的颚片。

01.262　第二小颚　maxilla

位于第一小颚后方，基肢呈片状，边缘密生刚毛，外肢片发达，用以鼓动水流帮助呼吸。

01.263　颚足　maxilliped

胸部的前三对附肢。具有协助呼吸、游泳和抱持食物的功用。

01.264　步足　pereopod

十足类动物颚足后面的 5 对附肢。前 1 ~ 3 对为螯状，可钳持食物；后 2 ~ 4 对为爪状，具游泳或爬行功能。

01.265　腹肢　pleopod

十足类动物的腹部附肢。双肢型，内外肢周缘均密生刚毛，具游泳功能。

01.266　尾肢　uropoda

十足类动物的第六腹节附肢。双肢型，内外肢均呈桨片状。

01.267　尾节　telson

十足类动物最后的体节，即第七腹节。无附肢，呈末端尖的长三角形。

01.268　尾扇　tail fan

十足类动物尾部由尾肢与尾节组成的部分，司身体升降与弹跳运动。

01.269　雄性交接器　petasma

十足类动物雄性个体第一、二腹肢左右内肢联结成的管状交接器。

01.270　雄性附肢　appendix masculina

十足类动物雄性个体演变为雄性交接器的第一、二节腹肢。

01.271　精荚　spermatophore

又称“精包”。包裹精子的囊。

01.272　雌性交接器　thelycum

又称“纳精器”。十足类动物雌性个体第七、八胸节板演变成的交接器。

01.273　侧鳃　pleurobranch

十足类动物每节鳃中位于上方的 1 个鳃。

01.274　关节鳃　arthrobranchia

十足类动物每节鳃中前后顺序排列的 2 个鳃。前面的称前关节鳃，后面的称后关节鳃。

01.275　足鳃　podobranchia

十足类动物每节鳃中位于下方的 1 个鳃。

01.276　Y 器官　Y-organ

甲壳类动物分泌蜕皮激素的器官。

01.277　蜕皮激素　ecdyson

促甲壳类动物脱皮的一种类固醇物质。

01.278　血青素　hemocyanin

又称“血蓝蛋白”。血液中起气体交换作用的色素蛋白，多存在于甲壳类和软体动物血液中。因含铜离子，故呈蓝色。

01.279　靶腺　target gland

接受某种激素等作用的腺体。

01.280　靶腺调控　regulation of the target gland

为使靶腺充分发挥功能而对激素与抑制激素的双重调节。

01.281　软体动物　Mollusca（拉）

通称“贝类(shellfishes)”。无脊椎动物的一门。身体柔软，通常有壳，无体节，有肉足或腕。

01.282　头足类　cephalopod

头足纲(Cephalopoda 拉)动物的总称，属软体动物门。身体两侧对称,分头、足、胴三部分。

01.283 柔鱼类 squids
柔鱼科(Ommastrephidae 拉)动物的总称,属头足纲、十腕目。

01.284 乌贼类 cuttlefishes
乌贼科(Squidae 拉)动物的总称,属头足纲、十腕目。

01.285 枪乌贼类 long-finned squids
枪乌贼科(Loliginidae 拉)动物的总称,属头足纲、十腕目。

01.286 蛸类 octopus
蛸科(章鱼科 Octopodidae 拉)动物的总称,属头足纲、八腕目。

01.287 腹足纲 Gastropoda(拉)
软体动物门的一纲。头部特别发达,腹面有肥厚而宽阔的足。

01.288 瓣鳃纲 Lamellibranchiata(拉)
又称“双壳贝类(Bivalvia)”。软体动物门的一纲。头部不明显,侧扁,左右对称,足呈斧状或具足丝,外有两片贝壳。

01.289 食用贝类 edible shellfishes
可供人食用的贝类。

01.290 药用贝类 medicinal shellfishes
有药用价值的贝类。

01.291 螺层 spiral whorl
腹足纲动物贝壳每旋转一周形成的外壳。

01.292 螺旋部 spire
腹足纲动物内脏团盘曲部分。

01.293 螺顶 apex
螺旋部的最上面一层。

01.294 齿舌 radula
贝类口腔底部的角质齿状咀嚼器。

01.295 生长线 growth line
瓣鳃纲贝类贝壳外面以壳顶为中心呈同心排列的线纹。

01.296 放射肋 radial rib
瓣鳃纲贝类贝壳上以壳顶为起点向腹缘伸出的放射状肋。

01.297 铰合部 hinge
瓣鳃纲贝类左右两壳相结合的部分。

01.298 外套膜 mantle
展附于软体动物体表覆盖内脏囊的膜状物。

01.299 外套腔 mantle cavity
软体动物外套膜和内脏囊之间的空腔。

01.300 内脏团 visceral mass
软体动物消化道和其他内脏器官集中处的总称。

01.301 足丝 bussus
从瓣鳃类足部足丝孔伸出的、以壳基质为主要成分的强韧性硬蛋白纤维束。

01.302 闭壳肌 adductor muscle
瓣鳃类软体动物关闭左右两瓣贝壳的肌肉。

01.303 腕 arm
头足类动物长在口周围由足特化而成的捕食器官。

01.304 茎化腕 hectocotylized arm
头足类动物雄性个体有 1 个或 1 对腕茎转化成的交接器。

01.305 口器 mouth appendage
无脊椎动物,特别是节肢动物口两侧的摄食器官。由头部或头胸部的附肢,或和头部突起部分特化构成。主要用于摄食,并兼有触觉、味觉等功能。

01.306 厣 operculum
(1)腹足类介壳开口处圆片状的盖。(2)蟹腹部折曲的薄壳。

01.307 贝毒 shellfish toxicity
贝类因摄食有毒生物所产生的毒性。

01.308 触手 tentacle
环生于某些无脊椎动物头部或口等周围的单一或分支的柔软细长的结构。有触觉、捕食和运动等功能。

01.309 光感受器 photoreceptor
能感受光刺激,并由此产生向中枢神经冲动的感觉器官。

01.310 化学感受器 chemoreceptor
能感受化学刺激,并由此产生向中枢神经冲动的感觉器官。

01.311 内骨骼 endoskeleton
脊椎动物和头足类动物体内的骨骼。

01.312 外骨骼 exoskeleton
无脊椎动物的甲壳质甲壳或脊椎动物由皮肤衍生的甲胄、鳞片等的统称。

01.313 背甲 tergum
龟、鳖等爬行动物背部拱起的骨质硬甲,由真皮骨质细胞生成。

01.314 鳍脚类 pinnipeds
四肢为鳍状的海洋哺乳动物。

01.315 藻类 algae
泛指具同化色素而能进行独立营养生活的水生低等植物的总称。

01.316 单细胞藻类 unicellular algae
又称“微藻类(microalgae)”。每个细胞均为营独立生活的藻类。

01.317 冷水性藻类 cold water algae
生长在高纬度或冷水团水域适低温的藻类。

01.318 大型藻类 macro-algae
指褐藻、红藻和营固着生活的绿藻。

01.319 孢子体世代 sporophyte generation
植物世代交替中,产生孢子并具二倍染色体的植物体世代。

01.320 配子体世代 gametophyte generation
植物世代交替中,产生配子并具单倍数染色体的植物体世代。

01.321 生活史 life history, life cycle
又称“生活周期”。生物在一生中所经历生长发育和繁殖阶段的全部过程。

01.322 世代交替 alternation of generation
生物的生活史中,无性世代和有性世代有规律地交互轮回的现象。

01.323 分生组织 meristem
植物体内能连续或周期性地进行细胞分裂的组织。

01.324 果胞 carpogonium
红藻的雌性生殖器官。果胞中含一个卵,其顶端延长部分为受精丝。

01.325 果孢子 carpospore
红藻叶体放出的将进行有性生殖的孢子或[红藻]精子经受精丝进入果胞与卵结合形成合子后进一步发育形成的孢子。

01.326 果胞子体 carposporophyte
由果胞子演发的个体。

01.327 四分孢子 tetraspore
褐藻、红藻类的不动孢子,一个母细胞的内部经减数分裂形成的4个孢子。

01.328 四分孢子体 tetrasporophyte
指四分孢子世代中,同时具有原植体的形态结构的藻体。

01.329 孢子体 sporophyte
产生孢子进行无性生殖世代的藻体(核相 $2n$)。

01.330 配子体 gametophyte
形成配子进行有性生殖世代的藻体(核相 n)。

01.331　叶状体　thallus

又称“原植体”。无真正根、茎、叶分化的植物体。

01.332　带状叶片　zonate frond

海带类飘带状叶片。

01.333　海藻柄　stalk

海藻连接假根和叶片的部分。

01.334　附着器　holdfast

低等植物用以附着于生长基质上的特化结构。

01.335　中带部　fascia

海带等藻类的平直部分。

01.336　向光面　phototropic face

海带等藻类叶片迎着光线的一面。

01.337　背光面　shady face

海带等藻类叶片背着光线的一面。

01.338　边缘部　edge part

又称“波褶部（rugose part）”。藻体的边缘游离部分。

01.339　吸盘　sucker

藻类假根上的固着部分。

01.340　生长部　growing part

藻体基部具有分生能力的部位。

01.341　髓部　pith part

植物茎的维管柱中央由基本组织组成的部分。藻类柄中由喇叭丝和髓丝组成的部分。

01.342　喇叭丝　trumpet hyphae

一系列首尾相连的内皮层细胞分化形成的管状组织。

01.343　髓丝　pith filament

分布于髓部的丝状结构。

01.344　黏液腔　mucilage cavity

由许多分泌细胞组成的一种分泌黏液的圆形中空腺体。

01.345　孢子囊群　sporangiorus

内部生有孢子的囊状生殖器官群集。

01.346　隔丝　septum filament

孢子囊之间的棒状体。

01.347　［游］动孢子　zoospore

藻类与真菌无性生殖时生于游动孢子囊中具鞭毛的孢子。

01.348　丝状体　filament

紫菜生活史中有性繁殖的一个阶段，是由叶状体上产生的孢子萌发形成的一种藻体。

01.349　凹凸部　uneven part

海带等藻类叶片侧部凹凸不平的部分。

01.350　平直部　flat part

海带等藻类叶片基部较为平直的部分。

01.351　梢部　tip part

藻体叶片的游离端。

01.352　假根　rhizoid

大型藻类的固着器，无高等植物根的功能。

01.353　小孢子　microspore

当孢子分大小两型时，其中较小者为小孢子。小孢子萌发成雄性原叶体。

01.354　果孢子囊　carpospore cyst

当果孢子放散后培育成丝状体并形成的孢子囊。

01.355　壳孢子囊　conchospore

贝壳内膨大藻丝成熟时形成的含有许多细胞的孢子囊。

01.356　单孢子　monospore

又称“中性孢子(neutral spore)”。红藻孢子体放散的单个孢子，即无性世代孢子。

01.357　贝壳丝状体　shell conchocelis

紫菜着生于贝壳中的丝状体。

01.358　自由丝状体　free conchocelis

紫菜在海水中悬浮生长的丝状体。

01.359　海洋地质学　marine geology

研究海洋地壳的成分、结构及其演变规律的学科。

01.360　海湾　gulf, bay

海或洋伸入陆地的部分。

01.361　海峡　strait

两块陆地(大陆、岛屿、大陆与岛屿)之间连接两个海或洋的狭窄水道。

01.362　河口　river mouth, estuary

河流终段与受水体相结合的地段。

01.363　海岸带　coastal zone

由海岸线向陆海两侧扩展一定宽度的带形区域。

01.364　海滩　beach

由沙或砾石所覆盖的海滨。

01.365　滩涂　infertidal mudflat

最高潮线与最低潮线之间底质为砂砾、淤泥或软泥的岸区。

01.366　底质　bottom quality, bottom sediment

海底地壳的地质特征。

01.367　海岸线　coastline

海和陆地的分界线。

01.368　堡礁　barrier reef

又称“堤礁”。由生物如珊瑚沉积形成的礁石。

01.369　环礁　atoll

礁体呈环带状围绕着封闭、半封闭潟湖生长发育的一种珊瑚礁。

01.370　大陆架　continental shelf

曾称“陆棚”。大陆陆地向海或洋自然延伸的、坡度平缓的海底区域。一般水深不超过200m。

01.371　[大]陆坡　continental slope

大陆架外缘向海洋一侧较陡的斜坡海底区域。

01.372　潮上带　supralittoral zone

不被海水淹没,但受海水及波浪飞溅影响的海滨地带。

01.373　潮间带　intertidal zone

由于潮水的涨落而形成大潮高潮线与大潮低潮线之间的滨海地带。

01.374　珊瑚礁　coral reef

由造礁珊瑚的骨骸与少量石质藻类及贝壳等长期胶结而形成的一种有空隙的石灰质隆起。

01.375　牡蛎礁　oyster reef

由牡蛎壳附着生长与沉积形成的礁区。

01.376　藻礁　algal reef

由藻类在岩石上茂密生长形成的礁区。

01.377　生物碎屑　biological detritus

又称“有机碎屑(organic detritus)”。死亡生物有机体被分解后的颗粒或碎片。

01.378　透光带　photic zone

水层中有光线透过的部分。为海洋生物生态作用最活跃的水层。

01.379　无光带　aphotic zone

海洋中光线不能透入的深水层。

01.380　海洋水文学　marine hydrology

海洋水体的温度、盐度、波浪、潮流等特征要素的形成、分布和变化情况。

01.381　等温线　isotherm

在一定海域,将海水温度相等的点连接而成

的曲线。

01.382 盐度 salinity

衡量海水含盐量的指标。1978 年国际有关海洋机构提出的盐度定义为，在 15℃ 和一个标准大气压下，某一海水样品的实用盐度 S，是以该水样电导率与浓度为 32.4356×10^{-3} 的氯化钾溶液电导率之比 K_{15} 的多项式来表示：

$$S = \sum_{i=0}^{5} a_i K_{15}^{i/2}$$

式中 $a_0 = 0.0080$，$a_1 = -0.1629$，$a_2 = 25.3851$，$a_3 = 14.0941$，$a_4 = -7.0261$，$a_5 = 2.7081$。

01.383 等盐线 isohaline

在一定海域，将盐度相同的点连接成的曲线。

01.384 盐[水]楔 salt water wedge

伸入盐度较低的水团或水系中的高盐度水舌。

01.385 淡水舌 freshwater plume

大陆径流入海尚未与海水混合时形成的水舌。

01.386 温跃层 thermocline

水温在垂直方向出现急剧变化的水层。

01.387 盐跃层 halocline

盐度在垂直方向出现急剧变化的水层。

01.388 深海散射层 deep scattering layer, DSL

又称“深水散射层”。大洋深处因鱼类、水母、甲壳动物等的群集产生的能强烈散射声波的水层。

01.389 水团 water mass

源地和形成机制相近、具有大体相同的物理、化学和生物特征及变化趋势，并与周围水体有明显差异的水体。

01.390 水系 water system

江河干流、支流和流域内的湖泊、沼泽、地下暗河彼此连接组成的系统。

01.391 水温 water temperature

表征水体冷热程度的物理量。

01.392 水色 water color

在阳光不能直接照射的地方，将一白色圆盘沉入透明度一半的深处所观察出的圆盘上显示的颜色。

01.393 透明度 transparency

将直径 30cm 的白色圆盘垂直沉入水中时所能看到的最大深度。

01.394 海流 ocean current

海水因受气象因素和热盐效应的作用沿着一定途径的大规模流动。

01.395 潜流 undercurrent

海洋深处属代偿流性质的海流。

01.396 上升流 upwelling

因表层流体的水平辐散，导致表层以下的海水向上涌升的现象。

01.397 下降流 downwelling

海洋中因水层温度、盐度梯度等因素引起的水体沉降运动。

01.398 沿岸流 coastal current, littoral current

靠近局部浅海海岸流动的海流。

01.399 表层流 surface current

发生于海洋浅层的海流。

01.400 底层流 bottom current

发生于海洋底层的海流。

01.401 暖流 warm current

水温高于沿途周围海水的海流。

01.402 黑潮 Kuroshio current

北太平洋亚热带总环流系统中的西部边界流。由北赤道海流在菲律宾海域北转，主流沿台湾东岸、琉球群岛西侧流向日本东岸，在40°N附近再折向东去成为北太平洋暖流。

01.403 寒流 cold current
水温低于沿途周围海水温度的海流。

01.404 亲潮 Oyashio current, Kurile current
又称"千岛寒流"。北太平洋西北部从俄罗斯堪察加半岛东南海区沿千岛群岛南下的寒流。

01.405 海浪 ocean wave
海水波动现象。

01.406 波浪要素 wave parameters
表征波浪形态和运动特征的主要物理量。

01.407 波高 wave height
相邻上跨零点间一个显著的波峰与显著的波谷间或下跨零点间一个显著的波谷与显著的波峰间的垂直距离。

01.408 平均波高 mean wave height
一定时段内，定点连续观测记录中的所有波高的算术平均值。

01.409 有效波高 significant wave height
在给定波列中的1/3大波波高的平均值。

01.410 波长 wave length
相邻两个波峰(或波谷)之间的水平距离。

01.411 波周期 wave period
波形传播一个波长的距离所需要的时间。

01.412 波速 wave celerity
单位时间内波形传播的距离。

01.413 规则波 regular wave
波列中波形和波要素都相同的波浪。

01.414 不规则波 irregular wave
波列中波形和波要素不相同的波浪。

01.415 驻波 standing wave
可见波形在空间不移动的波。

01.416 碎波 breaker
波浪自深水区传向浅水区时，波面不断变形，最后在海岸附近破碎形成的波浪。

01.417 风浪 wind wave
风直接作用下产生的水面波动。

01.418 波级 wave scale
根据波高定出的波浪等级。

01.419 涌浪 swell
风平息、减弱或改变方向后所遗留下来的波浪，或是从观测海区以外传播到当地的波浪。

01.420 潮汐 tide
海水受月球和太阳等天体的引力作用而发生的周期性升降现象。

01.421 潮位 tide level
受潮汐影响而产生涨落的水位，在某一地点某一时刻相对于基准面的高程。

01.422 高潮 high water
在一个潮汐涨落周期内的最高潮位。

01.423 低潮 low water
在一个潮汐涨落周期内的最低潮位。

01.424 涨潮 flood, flood tide
潮位由低潮逐渐上升到高潮的过程。

01.425 落潮 ebb, ebb tide
潮位由高潮逐渐下降到低潮的过程。

01.426 大潮 spring tide
月相处于朔、望时，因月球与太阳的引潮力叠加而形成的潮差较大的潮流。

01.427 小潮 neap tide
月相处于上下弦时，因月球与太阳的引潮力部分互相抵消而形成的潮差较小的潮流。

01.428 平潮 still tide

当潮位达到高潮或低潮后，海面在一段时间内既不上升也不下降的状况。

01.429 潮差 tide range

相邻高低潮位之差。

01.430 半日潮 semi-diurnal tide

在一个太阴日(24 小时 50 分)内出现两次高潮和两次低潮的潮汐。

01.431 全日潮 diurnal tide

在一个太阴日(24 小时 50 分)内只出现一次高潮和一次低潮的潮汐。

01.432 潮流 tidal current

在日月等天体的引潮力作用下产生的海水周期性水平运动。

01.433 潮隔 tidal rip

相向交流的寒流和暖流之间形成的狭长交汇海区。

01.434 气象潮 meteorological tide

因气象因素(如风、气压、降水等)引起的水面升降现象。

01.435 潮流界 tide current limit

潮流沿入海河道向上游传播时，能到达的河道最远处。

01.436 潮汐表 tide table

根据沿岸各港口的潮汐调和常数和潮汐预报公式制定的预报各港口每一时刻潮位或高潮与低潮出现时间和高度的表格。

01.437 气温 air temperature

表征空气冷热程度的物理量。

01.438 气压 atmospheric pressure

大气的压强。通常用单位横截面积上所承受的铅直气柱重量表示。

01.439 标准大气压 standard atmosphere pressure

压强的一种计量单位。其值等于101 325Pa。

01.440 湿度 humidity

表征空气中水汽含量的物理量。

01.441 相对湿度 relative humidity

空气中水汽压与饱和水汽压的百分比。

01.442 风向 wind direction

风的来向。

01.443 风速 wind speed

空气水平运动的速度。

01.444 最大风速 maximum wind speed

给定时段内的 10 分钟平均风速的最大值。

01.445 风力 wind force

用风级表示的风的强度。

01.446 蒲福风级 Beaufort [wind] scale

英国人 F. 蒲福(Francis Beaufort,1774 ~ 1857)于 1805 年根据风对地面物体或海面的影响程度而定出的风力等级。

01.447 阵风 gust

风速在短时间内突然出现忽大忽小变化的风。

01.448 能见度 visibility

正常人视力能将大小适度的目标物从背景中区别出来的最大距离。

01.449 风暴 storm

泛指强烈天气系统过境时出现的天气过程，特指伴有强风或强降水的天气系统。

01.450 积冰 icing

各种降水或雾滴与地面或空中冷却物体碰撞后冻结在其表面上的现象。

01.451 海雾 sea fog

海面上空形成的平流雾。

01.452 寒潮 cold wave

冬半年自极地或寒带向较低纬度侵袭的强烈冷空气活动。

01.453 热带风暴 tropical storm
中心附近最大风力达 8 ~9 级的热带气旋。

01.454 台风 typhoon
发生在西太平洋和南海，中心附近最大风力 12 级或以上的热带气旋。

01.455 风暴潮 storm surge
由于风暴的强风作用而引起港湾水面急速异常升高的现象。

01.456 赤道无风带 equatorial calms
南北半球之间，无风或风向多变的地区。

01.457 厄尔尼诺 El Niño（西）
西班牙语，意为“圣婴”。赤道东太平洋水域水温度异常增高现象。

01.458 拉尼娜 La Niña（西）
又称“反厄尔尼诺(anti El Niño)”。赤道东太平洋海域水温异常降低的现象。

01.459 信风 trade winds
低层大气中南、北半球到热带高压近赤道一侧的偏东风。北半球盛行东北风，南半球盛行东南风。

01.460 季风 monsoon
大范围区域冬夏盛行风向相反或接近相反的现象。

01.461 无霜期 duration of frost-free period
一年内终霜日至初霜日之间的持续日数。

01.462 地面温度 surface temperature
土壤与大气界面的温度。

01.463 积温 accumulated temperature
某一时段内逐日平均气温的累积值。

01.464 光照长度 illumination length
白昼光照的持续时间。

01.465 冻害 freezing injury
越冬期限间水生动植物因遇到极端低温或剧烈降温所造成的灾害。

01.466 汛期 flood period
流域内由于雨水集中，或融冰、化雪导致河水在一年中显著上涨的时期。

01.467 水化学指标 chemical measurements of water
水质评价指标之一，主要包括酸碱度、硬度、氨氮、亚硝酸盐、硝酸盐、氯化物、溶解氧、化学耗氧量、生物需氧量和总有机碳等指标。

01.468 标准海水 standard sea water
电导率比值 K_{15} 和氯度值被准确测定了的大洋海水，用做测定海水样品的盐度和氯度的标准。由国际专门机构制备。

01.469 氯度 chlorosity
又称“氯量”。沉淀海水样品中所含的卤化物所需原子量纯银的质量与海水质量之比值的 0.328 523 4 倍，以符号“Cl”表示。

01.470 海水营养盐 nutrients in sea water
海水中的氮、磷、硅的无机化合物及微量元素等植物生长所不可缺少的成分。

01.471 人工海水 artificial sea water
为了特殊需要，按一定配方用化学试剂配制成的与海水成分近似的水溶液。

01.472 卤水 brine
含盐量大于 3.5% 的水溶液。

01.473 海洋碎屑 marine detritus
海水中主要以颗粒有机碳形式存在的悬浮物。

01.474 酸碱度 pH value
水中氢离子浓度。

02. 渔业资源学

02.001 渔业资源学 science of fisheries resources

又称“水产资源学”。研究渔业资源在自然环境中以及人为作用下的数量变化规律,并利用这些规律为渔业生产提供依据的科学。

02.002 渔业海洋学 fisheries oceanography

研究与渔业相关的海洋学特征及其规律的科学。

02.003 渔业资源 fisheries resources

又称“水产资源”。天然水域中具有渔业开发利用价值的生物资源。

02.004 鱼类资源 fish resources

天然水域中具有渔业开发利用价值的鱼类种类和数量。

02.005 海洋渔业资源 marine fishery resources

海洋水域中具有开发利用价值的生物种类和数量。

02.006 内陆水域渔业资源 inland water fishery resources

江河、湖泊、水库等水域中具有开发利用价值的生物种类和数量。

02.007 共享资源 common shared resources, shared stocks

栖息于2个以上沿海国专属经济区及公海中的生物资源。

02.008 跨界渔业资源 straddling fisheries resources

栖息于2个以上沿海国专属经济区或一国专属经济区与毗邻专属经济区的渔业资源。

02.009 捕捞资源 fishable resources

水域中已达到捕捞规格、可供捕捞的渔业资源。

02.010 补充群体 recruitment stock

水域中尚未达到捕捞规格的群体。

02.011 补充量 recruitment

首次加入捕捞种群的个体数量。

02.012 原始资源量 virgin abundance, virgin biomass

未经开发的种群生物量。

02.013 资源量 standing crop, present abundance

在特定时间内,一定水域中某种生物或资源种群的生物量。

02.014 平均资源量 average abundance

某一时间段内种群资源量的平均值。

02.015 剩余资源量 surplus yield

又称“剩余渔获量”。渔业最大持续渔获量中未被捕捞的部分,或专属经济区内沿海国不捕或不准备捕捞的那一部分可捕量。

02.016 渔业资源监测 fishery resources monitoring

对渔业资源状况及其环境要素进行连续或定期的观测、测定和分析。

02.017 渔业资源评估 fisheries stock assessment

评价捕捞和环境等因素对渔业资源种群数量和质量的影响程度。

02.018 资源密度指数 density index of resources

单位水体资源丰度或生物量的相对值。

02.019 渔获量 catch yield
在天然水域中采捕的水产经济动植物鲜品的重量或数量。

02.020 渔获量预报 catch forecast
对某种渔业资源未来一个时期的可能渔获量所作的预报。

02.021 可捕量 allowable catch
根据管理目标,可供渔业捕捞的生物量。

02.022 捕捞过度 over fishing
捕捞量超过生物学或经济方面的某一合理水平的现象。

02.023 生物学捕捞过度 biological over fishing
因捕捞量超过渔业资源再生产量,使平均单位捕捞力量渔获量和总渔获量都持续下降的现象。

02.024 生长型捕捞过度 growth over fishing
捕捞死亡超过获得最大单位补充量渔获量时的渔捞死亡,因平均个体体重下降导致使渔获量下降,但不使补充量减少的现象。

02.025 补充型捕捞过度 recruitment over fishing
因捕捞导致产卵亲体数量下降而造成平均补充量不足的现象。

02.026 经济型捕捞过度 economic over fishing
因捕捞努力量过大而引起捕捞作业经济利润消失的现象。

02.027 最大经济渔获量 maximum economic yield, MEY
当渔获物的产值与捕捞作业成本差额最大时的渔获量。

02.028 最适渔获量 optimum yield, OY
又称"最适持续渔获量"。从生物、经济、社会效益等方面综合权衡的最合理利用渔业生物资源的渔获量。

02.029 潜在渔获量 potential yield
在不会导致渔业资源生产量减少的条件下,可持续获得的最大年渔获量。

02.030 最适开捕体长 optimum catchable size
在适宜的捕捞死亡条件下,可以获得最大渔获量的开捕体长。

02.031 总允许渔获量 total allowable catch, TAC
综合平衡生物、经济和社会效益而制定的某一资源某一时期许可捕捞量。

02.032 持续渔获量 sustainable yield
在稳定的生态环境条件下,使种群数量保持一定水平,其年捕捞量持续稳定的渔获量。

02.033 平衡渔获量 equilibrium yield
某一捕捞强度下,渔业资源处于相对稳定状态的渔获量。

02.034 最大持续渔获量 maximum sustainable yield, MSY
在不损害种群生产能力的条件下可以持续获得的最高年渔获量。

02.035 渔获曲线 catch curve
渔获物中各年龄群数量的对数对应年龄的曲线。

02.036 存活曲线 survivorship curve
又称"残存曲线"。一个世代各年龄存活数的对数对应年龄的曲线。

02.037 繁殖模型 reproduction model
又称"亲体补充量模型(stock-recruitment model)"。描述某种群亲体量和补充量之间关系的数学模型。

02.038　平衡渔获量模型　equilibrium yield model

又称"剩余产量模型(surplus yield model)"。描述某一渔业资源处于稳定环境和捕捞平衡时,其资源量、平衡渔获量和捕捞努力量之间关系的数学模型。

02.039　有效种群分析　virtual population analysis, VPA

估算渔业种群捕捞死亡和资源数量关系的方法。

02.040　动态综合模型　dynamic pool model

又称"单位补充量渔获量模型(yield-per recruitment model)"。描述在稳定环境中的生物种群,每单位补充量产量与捕捞努力量和最初被捕捞年龄之间相互关系的一种数学模型。

02.041　补充曲线　recruiting curve

又称"繁殖曲线(reproduction curve)"。表示一种群产卵群体数量与补充量关系的曲线。

02.042　补充体重　weight at recruitment

首次加入捕捞群体时的个体平均体重。

02.043　补充年龄　age at recruitment

首次加入捕捞群体时的平均年龄。

02.044　亲体与补充量关系模型　spawning stock recruitment relationship model

描述种群亲体数量与补充量之间关系的数学表达式。

02.045　巴拉诺夫产量方程　Baranov yield equation, Baranov catch function

原苏联学者巴拉诺夫(Ф. И. Баранов)1918年提出的计算种群中一个世代渔获量的数学表达式。

02.046　拉塞尔种群捕捞理论　Russell's fishing theory of population

英国渔业资源学家拉塞尔(Edward Stuard Russell,1887~1954)1931年提出的渔业种群数量取决于补充、生长、自然死亡和捕捞死亡四大因素的理论。

02.047　捕捞强度　fishing intensity

在单位时间、单位面积水域内投入作业的标准捕捞努力量。

02.048　渔业资源调查　fishery resources survey

对渔业资源进行的考察与评估工作。

02.049　渔业生物学　fishery biology

研究水生经济动植物生活史、种群动态、资源特征及其影响因素的科学。

02.050　渔业生物学取样　sampling of fishery biology

从研究对象总体中抽取一定数量样本进行测定,借以推断总体的一种渔业资源研究方法。

02.051　渔业生物学测定　biological determination of fishery

测量和判定渔获物个体生物学的各种性状。

02.052　渔场学　fishery oceanography

研究捕捞对象集聚的环境条件及其机制与过程的学科。

02.053　渔场环境　fishing ground environment

形成渔场的自然环境和生物学条件。

02.054　饵料基础　feed foundation

饵料生物的种类和数量。

02.055　生态容量　ecological capacity

生态系统所能支持的某些特定种群的限度。

02.056　水域生产力　aquatic productivity

某一水域在一定时间内生产有机物的能力。

02.057　生产者　producer

又称"自养生物"。具有叶绿素等光合色素,能通过光合作用或化学合成，把无机物合成为自身生命物质的各类水生生物。

02.058 初级生产力 primary productivity
水域中的自养生物利用光能或化学能将简单无机物制造成有机物的生产能力。

02.059 初级生产量 gross primary production
自养生物一定时间内制造的总有机物的数量。

02.060 净初级生产量 net primary production
自养生物制造的总有机物减去其维持生命所消耗有机物后剩余的有机物的量。

02.061 次级生产力 secondary productivity
以自养生物为食的动物的生产能力。

02.062 消费者 consumer
以生物或有机物为食的动物。

02.063 初级消费者 primary consumer
以自养生物为食物的动物。

02.064 次级消费者 secondary consumer
主要以初级消费者为食的动物。

02.065 分解者 decomposer
又称“还原者”。以动植物残体、排泄物中的有机物质为生命活动能源，并把复杂有机物分解成简单无机物的异养生物。

02.066 异养生物 heterotroph
从降解其他生物合成的有机物质中获得能量以维持生命的生物。

02.067 同化效率 assimilation efficiency
摄入食物的能量中被有机体吸收的能量所占的比例。

02.068 生长效率 growth efficiency
有机体用于体重增长和性腺生产的能量与其摄入总能量的比值。

02.069 水域生态演替 aquatic ecological succession
一种生物群落类型转变成另一种类型的顺序过程，或是在一定区域内群落的彼此替代。

02.070 水域生态效率 aquatic ecological efficiency
在水域生态系统能量传递过程中，后一营养级的年生产量与前一营养级的年生产量的比值。

02.071 水域生态平衡 aquatic ecological equilibrium
水域生态系统的能量和物质的输入、输出，系统的结构和功能等都处于相对稳定的状态。

02.072 鱼类区系 fish fauna
历史形成的生存于某一水域的一定地理条件下的所有鱼类及其组成。

02.073 地方种 endemic species
在一定地理范围内分布的特有物种。

02.074 指示种 indicator species
在一定水域内，能指示环境或其中某项因子的生物种类。

02.075 稀有种 rare species
某群落或地理域中罕见的物种。

02.076 优势种 dominant species
群落中占优势的能决定群落性质或外貌的生物种类。

02.077 代表种 representative species
群落中典型性或地理域中具代表性的物种。

02.078 广布种 cosmopolitan species
广泛分布在世界广阔地区的物种。

02.079 种群 population
种内具有相同繁殖习性、产卵场所、生态习

性和形态特征的区域性群体。

02.080 群体 colony
种群不同生活阶段个体的集合，或几个生活在特定水域的种群的集合。

02.081 种群生态学 population ecology
研究种群生态特性、数量变化及与环境相互关系的科学。

02.082 地方种群 endemic population
仅局限分布于某一地理域的独立种群。

02.083 外来种群 allochthonous population, exotic population
从异地迁入的生物种群。

02.084 种群特性 population characteristics
特定种群所固有的形态、生态和遗传学特征。

02.085 种群动态 population dynamics
又称“种群数量变动”。由于自然环境的变化和人类的捕捞而引起的种群数量的变化。

02.086 种群密度 population density
种群在单位面积内的数量或重量。

02.087 种群繁殖力 population fecundity
以产卵群体中所有雌性个体的总产卵数来量度的鱼类群体的繁殖能力。

02.088 *r* 选择 *r* selection
水生生物在进化中形成的以增加生殖能力为生态特征的适应类型。

02.089 *K* 选择 *K* selection
水生生物在进化中形成的以有效利用种类有限能量为生态特征的适应类型。

02.090 生物区系 biota
给定区域内动物和植物的种类组成及其生态特征。

02.091 鱼类生殖群体类型 types of spawning stock
根据鱼类群体中性未成熟、初次性成熟、重复生殖类群个体比例划分的鱼类群体类型。

02.092 声学调查 acoustic survey
一种用探鱼回声积分系统进行渔业资源调查的方法。

02.093 标志放流 tagging and releasing
将带有标志物或其他标记的水生动物放回水域中，再根据回捕的时间、地点来研究渔业资源的一种方法。

02.094 回捕率 recapture rate
放流的水生动物，经过一定时间后回捕的个体数与总放流个体数之比的百分率。

02.095 体内标志 internal tag
包埋于生物体内的标志物或其他标记。

02.096 体外标志 external tag
穿挂于生物体表的标志物或其他标记。

02.097 生殖洄游 spawning migration
又称“产卵洄游”。水生动物在性腺成熟过程中按一定路线向适宜产卵的水域所作的洄游。

02.098 索饵洄游 feeding migration
水生动物向饵料生物丰富的水域所作的洄游。

02.099 降海洄游 catadromous migration
某些水生动物在淡水中生长，繁殖前向海洋所作的洄游。

02.100 溯河洄游 anadromous migration
某些水产动物性成熟时，从海中向原出生的江湖水域所作的洄游。

02.101 回归率 homing rate
溯河洄游水生动物在海洋中生长成熟后，返回原孵化场所个体所占的比率。

02.102 越冬洄游 over wintering migration

水产动物为觅求冬季适宜水温所作的洄游。

02.103 垂直移动 vertical migration
水生动物为追索饵料或适应环境所作的周日性水深的变换。

02.104 鱼群集散 fish gathering and dispersing
鱼类群体集结和扩散的现象。

02.105 产卵场 spawning ground
水生动物集中产卵的水域。

02.106 索饵场 feeding ground
水生动物集群觅食育肥的水域。

02.107 越冬场 over-wintering ground
水产动物冬季栖息的水域。

02.108 群落演替 community succession
一种生物群落类型被另一种群落类型所替代的过程。

02.109 斑块分布 patchiness
生物群体在空间分布中的一种间断块状集群分布现象。

02.110 鱼类生产力 fish productivity
鱼类单位时间或单位面积的生产量。

02.111 存活率 survival rate
又称"残存率"。给定时期内期末生存个体数与初期总个体数比值的百分率。

02.112 鱼类生长 fish growth
鱼类通过摄食、消化吸收,使食物转化成体长和体重的增长过程。

02.113 生长方程 growth equation
描述动物年龄和体长(体重)关系的数学模型。

02.114 渐近体长 asymptotic length
动物生长方程中的一个参数,即按该生长方程生长的极限体长。

02.115 临界体长 critical size
当自然死亡系数与瞬时生长率相等时的平均体长。

02.116 体长组成 length composition
同一群体中各体长组个体数占总个体数的比例。

02.117 年龄组成 age composition
同一群体中各年龄个体数占总个体数的比例。

02.118 年龄体长换算表 age-length key
根据各体长组的年龄组成绘制的表格。

02.119 鱼类肥满度 fish fullness
鱼体重量与鱼体体长立方数的比值,是反映鱼类肥瘦程度和生长情况的指标。

02.120 年龄鉴定 age determination
根据渔获物的鳞片、耳石、鳍条、骨骼及体长等特征对渔获物年龄的测定。

02.121 拐点年龄 age of inflecting point, age at inflection point
体重绝对生长速度达到最大时的年龄。

02.122 胃含物分析 analysis of stomach content
对胃内所含食物的种类和数量进行鉴定和计量。

02.123 胃饱满度 degree of stomach contents, feeding intensity
又称"摄食强度"。依胃内饵料的充满程度所划分的摄食等级。

02.124 亲体数量 parent stock
种群在繁殖季节参加生殖活动的雌雄个体的数量。

02.125 个体绝对繁殖力 absolute fecundity
雌性个体在一个生殖季节中的产卵数。

02.126 个体相对繁殖力 relative fecundity

一个生殖季节里雌性个体单位重量或单位体长的产卵数。

02.127 营养级 trophic level
生态系统的食物能量流通过程中,按食物链环节所处位置而划分的等级。

02.128 被食者 prey
被其他动物捕食的生物。

02.129 捕食者 predator
捕食其他生物的动物。

02.130 丰度 abundance
某一水域单位水体或生物群落中某一种生物的个体数量。

02.131 生物圈 biosphere
自然界中生物可以生存的水、陆地和大气对流圈空间。

02.132 死亡率 mortality
水生动物种群在一定时期内个体减少的数量与初期该种群个体总数量之比值。

02.133 总死亡系数 total mortality coefficient
又称"瞬时死亡率(instantaneous mortality rate)"。存活率的自然对数。为自然死亡系数和捕捞死亡系数之和。

02.134 自然死亡 natural death
除人为捕捞因素外,水生动物种群因环境因子及其他原因造成的死亡。

02.135 自然死亡率 natural mortality rate
水生动物种群个体自然死亡的数量与初期该种群个体数量之比值。

02.136 自然死亡系数 natural mortality coefficient
又称"瞬时自然死亡率"。由敌害、疾病、衰老等自然因子引起的瞬时死亡系数,其数值为总死亡系数与捕捞死亡系数之差。

02.137 捕捞死亡 fishing death
因捕捞造成的群体数量的减少。

02.138 捕捞死亡率 fishing mortality rate
又称"开发率(exploitation rate)"。水生动物种群在一定时间内因捕捞造成的个体减少的数量与初期个体数量的比值。

02.139 捕捞死亡系数 fishing mortality coefficient
又称"瞬时捕捞死亡率(instantaneous fishing mortality rate)"。总死亡系数中由捕捞引起的部分,其数值为总死亡系数与自然死亡系数之差。

02.140 捕捞能率 catch ability
又称"可捕系数(catch ability coefficient)"。单位时间内(一般为一年)一个单位捕捞作业量对捕捞对象产生的捕捞死亡系数。

02.141 捕捞努力量 fishing effort
又称"捕捞作业量"。在特定时间内投入捕捞生产的作业单位数量。

02.142 单位捕捞努力量渔获量 catch per unit effort, CPUE
在规定时期内,平均一个作业单位捕获的重量或数量。通常用做资源密度的指标。

02.143 单位网次渔获量 catch per haul
平均一网次渔获捕捞对象的重量或数量。

02.144 捕捞能力指数 power factor
某种渔船(或渔具)与选定的标准渔船(或标准渔具)在相同的渔业资源密度和相同的渔场条件下,单位时间渔获量的比值。

02.145 轻度开发 under exploitation
资源开发初期或开发程度不高,尚有进一步利用潜力的开发状态。

02.146 充分开发 full exploitation
资源开发已达到某一管理目标,无进一步开发潜力的状态。

02.147　转换效率　conversion efficiency
生态系统中各营养级之间食物能量的转化率。

02.148　生物学最小型　biological minimum size
水生动物首次达到性成熟的最小体长。

02.149　人工放流　artificial releasing
将人工繁育的苗种放回天然水域以增殖资源的活动。

02.150　[渔业]资源增殖　enhancement of fishery resources
用人工的方法直接在自然水域中放流经济水生生物种群或移入新的种群,增加其数量,提高其质量的经济活动。

02.151　参考点　reference points
从技术分析出来的代表渔业或种群状况的常规值。

02.152　预防性参考点　precautionary reference points
通过假定的科学程序和模型推算得出的代表渔业资源状况的估计数值。

02.153　极限或养护参考点　limit or conservation reference points
为把捕捞限制在产生最高可持续产量的安全生物量限度内,防止出现过度开发危险而规定的养护界限。

02.154　指标或管理参考点　target or management points
用以满足管理目标、表明渔业处于理想状况的数值。

02.155　兼捕渔获物　bycatch, incidental catch
又称"副渔获物"。与主要捕捞对象一起捕获的其他种类渔获物。

03. 捕　捞　学

03.001　水产捕捞学　piscatology
根据捕捞对象的种类、数量、分布及自然环境的特点,研究渔具、渔法的适应性以及渔场形成和变迁的科学。

03.002　渔具　fishing gear
直接捕捞水产经济动物的工具。

03.003　网具　fishing net
以网衣为主体构成的渔具。

03.004　刺网　gill net
以网目刺挂或网衣缠络原理进行捕捞作业的一类网具。

03.005　定置刺网　set gillnet
用桩、锚等固定装置敷设的刺网。

03.006　流刺网　drift net
又称"流网"。随水流漂移作业的刺网。

03.007　围刺网　surrounding gillnet
以包围方式作业的刺网。

03.008　拖刺网　dragging gillnet
以拖曳方式作业的刺网。

03.009　无下纲刺网　without footline drift net
又称"散腿刺网"。网衣下缘不装纲索的刺网。

03.010　三重刺网　trammel net
由两片大网目网衣夹一片小网目网衣组成的刺网。

03.011　框刺网　frame gillnet
网衣被细绳索分隔成若干框格的刺网。

03.012 围网 purse seine

用渔船进行包围作业捕捞集群鱼类的一类网具。

03.013 光诱围网 light-purse seine

用灯光诱集捕捞对象后进行包围作业的围网。

03.014 阴凉围网 shade-purse seine

在水面用物体造成的阴影诱集捕捞对象后进行包围作业的围网。

03.015 无囊围网 non-bag purse seine

仅有取鱼部和网翼而无网囊的围网。

03.016 有环围网 ring purse seine

下纲有底环的无囊围网。

03.017 无环围网 non-ring purse seine

下纲无底环装置的无囊围网。

03.018 有囊围网 bag seine

由网囊和网翼组成的围网。

03.019 大围缯 daweizeng net

原为福建渔民使用、现江浙沿海渔民普遍使用的一种有囊围网。

03.020 地拉网 beach seine

在近岸水域或冰下放网，在岸、滩或冰上曳行起网的网具。

03.021 拖网 trawl

用渔船拖曳作业，迫使捕捞对象进入网囊的一类网具。

03.022 两片式拖网 two-panel trawl

网身由背、腹两片网衣构成的拖网。

03.023 多片式拖网 multi-panel trawl

网身由背、腹、侧等网衣构成的拖网。如四片式拖网、六片式拖网等。

03.024 网板拖网 otter trawl

用网板使网口获得横向扩张的拖网。

03.025 桁拖网 beam trawl

用桁杆或桁架使网口扩张的单船底层拖网。

03.026 底[层]拖网 bottom trawl

网具下方结构接触水域底部作业的拖网。

03.027 表层拖网 floating trawl

又称“浮拖网”。网具上方结构贴近水面作业的拖网。

03.028 中层拖网 mid-water trawl

又称“变水层拖网”。在水域底层和表层之间可调节作业水层的拖网。

03.029 百袋网 multi-codend seine

两船拖曳 1 排或 2 排底部多囊网列的一种作业方式。

03.030 张网 stow net

定置在水域中，利用水流迫使捕捞对象进入网囊的一类网具。

03.031 锚张网 anchored stow net

用锚(桩)固定网具的张网。

03.032 鮟鱇网 angler stow net

用单锚固定的一种锚张网，因网口形似鮟鱇张口而得名。

03.033 潮帆张网 canvas spreader stow net

用单锚固定网具、靠潮流作用于网口两侧对称安装的帆布横向扩张网口的一种锚张网。

03.034 桩张网 peg stow net

用桩固定网具的张网。

03.035 架子网 framed stow net

以捕捞毛虾为主的一种单桩张网。

03.036 樯张网 stake-set stow net

用插杆固定网具的张网。

03.037 船张网 boat-set stow net

在锚泊渔船两侧设置的张网。

03.038 框架张网 frame swing net, frame stake net
网口装有框架的张网。

03.039 桁杆张网 two-stick swing net
网口装有上下桁杆的张网。

03.040 竖杆张网 two-stick stow net
网口装有左右竖杆的张网。

03.041 敷网 lift net
将网片预先水平敷设在水中,等待、诱集或驱赶捕捞对象进入网片上方,迅即将该网片提出水面捞取渔获物的一类网具。

03.042 舷敷网 stick-held lift net
方形或簸箕状网具设于舷侧水中,辅以灯光诱集捕捞对象的一种敷网。

03.043 扳罾 stationary lift net
网具敷设水中,待鱼类游到网的上方,及时提升网具,再用抄网捞取渔获物的一种敷网。

03.044 掩网 cast net
将网缘有褶边的圆锥形网由水面向下撒开,罩捕捕捞对象的一类网具。

03.045 抄网 dip net, scoop net
由网兜、撑架和手柄组成,以舀取方式作业的一类网具。

03.046 陷阱渔具 entrapping gear
利用水域地理环境特征,将网具固定设置成特殊形状,诱陷、拦集鱼类进入网内进行捕捞的一类渔具。

03.047 箔筌 bamboo screen pound
用栅箔敷设成固定形状,拦截、诱导鱼类陷入集鱼部位以达到捕捞目的的渔具。

03.048 鱼梁 weir
在溪流、河汊或浅滩处,用石块或竹、木等材料筑成坝堰横截水流,中留缺口,使捕捞对象随水流入网内或鱼篓内进行捕捞的设施。

03.049 建网 trap net, pound net, set net
由网墙、网圈或网箱等部分组成,作业时定置在近岸水域中,利用网墙的阻拦和引导作用使捕捞对象陷入网内的网具。

03.050 插网 stick-net
用插杆将长带形网片固定在潮差大的浅滩上,以拦截捕捞对象为目的的网具。

03.051 钓[渔]具 lines, hook and line
以钓钩、钓线为主体构成,以钓饵引诱捕捞对象吞食而达钓获目的的渔具。

03.052 手钓 hand line
用手直接悬垂钓线作业的钓具。

03.053 天平钓 balance line
钓线下端连接形似天平的架子,架子端再系钓线和钓钩的一种手钓钓具。

03.054 竿钓 rod line
用钓竿悬垂钓线作业的钓具。

03.055 曳绳钓 troll line, trolling line
又称“拖钓”。由渔船拖曳方式作业的钓具。

03.056 延绳钓 long line
用干线和支线连接钓钩、卡或钓饵进行作业的钓具。

03.057 浮延绳钓 float long line, surface longline
靠近水域表层作业的延绳钓。

03.058 底延绳钓 bottom long line
靠近水域底层作业的延绳钓。

03.059 卡钓 gorge line
由钓线和弹性卡子组成的钓具。

03.060 滚钓 jig
由干线和较密的支线连接锐钩直接刺捕捕捞对象的渔具。

03.061 笼壶渔具 basket and pot

利用笼状、壶状器具进行诱捕作业的渔具。

03.062 渔笼 fishing pot

由竹篾或其他材料制成笼状的器具(入口处常有倒须),诱捕有钻穴习性捕捞对象为目的的渔具。

03.063 耙刺渔具 rake

利用特制的鱼叉、耙齿、钩、铲等工具,以投刺、耙掘或铲刨方式采捕水产经济动物的渔具。

03.064 耙齿网 rake net

网口装有耙齿框架的网具,用以掘捕贝类。

03.065 鱼叉 spear

由叉刺、叉柄等部分组成,作业时操纵叉柄,利用锋利叉尖刺捕捕捞对象的渔具。

03.066 挟具 clamping apparatus

用头部夹子捕捉鱼、虾、贝等的手工渔具。

03.067 捕鲸炮 gun-harpoon

由炮、铦和铦索等部分组成,用于猎捕鲸类的渔具。

03.068 网图 net diagram

标明网具结构和尺寸的图纸。

03.069 网袖 wing

拖网网口前方两侧用以扩大捕捞范围和引导捕捞对象进入网内的部件。

03.070 网翼 wing

在围网、张网取鱼部或网口的一侧或两侧,用以拦截和引导捕捞对象进入网内的部件。

03.071 网盖 square net

突出在拖网网口上前方并与网身连接,用以防止捕捞对象向上逃逸的部件。

03.072 网身 body main net

位于网口与网囊之间用以引导捕捞对象进入网囊的部件。

03.073 网囊 cod-end

网具后部集中渔获物的袋形部件。

03.074 取鱼部 bunt

无囊网具作业时集中渔获物的部件。

03.075 网墙 leader

建网网门前方或插网中用以阻拦捕捞对象外逃并导入网内的部件。

03.076 网圈 hoop

建网或插网的网墙一侧或两侧围成圈状,用以集中捕捞对象的部件。

03.077 网导 lead net

建网网门内外一侧或两侧用以阻拦捕捞对象外逃并导入网内的部件。

03.078 网坡 slope, ladder

建网网圈内或网口前方用以引导捕捞对象向上进入网内的斜坡状部件。

03.079 网底 net bottom

建网网圈底部或拖网网口下前方用以防止捕捞对象向下逃逸的部件。

03.080 网衣 netting

直接组成网具部件的网片。

03.081 防擦网衣 chaffer

紧贴拖网网囊外围用以防止网囊与海底直接摩擦的网衣。

03.082 缘网衣 selvedge

网衣边缘为增加强度而采用的粗线或双线编结的网衣。

03.083 漏斗网衣 funnel

网身内用以防止已入网的捕捞对象向外逃逸的漏斗状网衣。

03.084 舌网衣 flapper

网身内用以防止已入网的捕捞对象掉头逃逸的舌状网衣。

03.085 三角网衣 gusset

三角形或近似三角形的网衣的统称。

03.086 上纲 headline

网衣或网口上缘承受网具主要作用力的纲索。

03.087 下纲 foot line

网衣或网口下缘承受主要作用力的纲索。

03.088 浮[子]纲 float line

网衣上缘或网具上方结缚浮子的纲索。

03.089 沉[子]纲 ground rope

网衣下方边缘或网具下方结缚沉子,或者本身具有沉子作用的纲索。

03.090 空纲 leg

拖网上下纲在网袖前端不装网衣的延伸部分。

03.091 袖端纲 wingtip line

网袖前端增加网衣边缘强度的纲索。

03.092 翼端纲 wingtip line

网翼前端增加网衣边缘强度的纲索。

03.093 叉纲 cross rope

连接网具或网具部件时使用的 V 字形纲索。

03.094 缘纲 bolt line, bolt rope

用以增加网衣边缘强度纲索的统称。

03.095 力纲 belly line

网衣中间或其缝合处承受作用力和避免网衣破裂扩大的纲索。

03.096 囊底纲 cod line

网囊末端限定囊口大小和增加边缘强度的纲索。

03.097 网囊束纲 splitting strop

圈套在拖网网囊外围,起网时束紧网囊或分隔渔获物便于起吊操作的纲索。

03.098 引扬纲 quarter rope

通常装在网具袖端与网囊间,起网时用以牵引网具的纲索。

03.099 网囊抽口绳 zipper line

网囊末端通常用活络扣封闭的绳索。

03.100 手纲 sweep line

网板拖网中用以连接网袖和网板的纲索。

03.101 游纲 pendant

网板拖网中用以连接曳纲和手纲的纲索。

03.102 曳纲 warp

拖曳网具的纲索。

03.103 带网纲 bush rope

刺网、张网作业时用于连接网具和渔船的纲索。

03.104 侧纲 side rope

装在网具侧缘的纲索。

03.105 浮标绳 buoy rope

连接浮标和渔具的绳索。

03.106 底环绳 purse ring bridle

有环围网中,连接底环和下纲的绳索。

03.107 跑纲 bridle

围网作业时用以连接围网翼网端和放网船的纲索。

03.108 括纲 purse line

有环围网作业起网时用以收拢网具底部的穿过底环的纲索。

03.109 网口纲 opening rope

装在网口上用以限定网口大小和加强边缘强度的纲索。

03.110 锚纲 anchor rope

连接锚和渔具的纲索。

03.111 桩纲 stake rope

连接桩和渔具的纲索。

03.112 钓钩 hook

通常由钩轴、钩尖等部分组成，用以钓获捕捞对象的钩状金属制品。

03.113 复钩 multiple hooks

一轴多钩或由多枚单钩组合成的钓钩。

03.114 拟饵复钩 lure multiple hooks

由多枚单钩组合成类似鱼饵的鱿鱼钓专用复钩。

03.115 钓线 line

连接钓钩的丝、线或细绳。

03.116 钩线 hook line

由金属丝或金属细链等高强度材料制成的、直接连接钓钩的一段钓线。

03.117 支线 branch line

钓线的干支结构中，连接钓钩或钓饵的钓线。

03.118 干线 mainline

钓线的干支结构中，连接支线、承受钓具主要作用力的钓线。

03.119 属具 accessory

网具和钓具中，起辅助作用部件的统称。

03.120 滚轮 bobbin, disc roller

底拖网中，起沉子作用并能够滚动的部件。

03.121 围网底环 purse ring

围网下方供括纲穿过的金属圆环。

03.122 竖杆 stick

拖网袖端和张网网口两侧，用以支撑其纵向高度的杆状部件。

03.123 桁杆 beam

拖网和张网的网口上部，用以支撑网口横向宽度的杆状部件。

03.124 网板 otter board

利用拖行中产生的横向水动力，使网具获得水平扩张的属具。

03.125 椗 wooden anchor

固定渔具用的木制锚状部件。

03.126 钓竿 rod

垂钓时用于连接钓线的杆状部件。

03.127 海锚 sea anchor

又称“阻力伞”。一种在风浪中抛入海中，通过缆绳系在船舶或救生筏上用以调节漂流速度或减小纵摇的帆布伞状器具。

03.128 网片 meshes

由网线编织成的一定尺寸网目结构的片状编织物。

03.129 网片编结 braiding

简称“结网”。网线结成网目制成网片的工艺。

03.130 网片纵向 N-direction

符号 N。网片中，与结网网线总走向相垂直的方向。

03.131 网片横向 T-direction

符号 T。网片中，与结网网线总走向相平行的方向。

03.132 网片斜向 AB-direction

符号 AB。网片中，与目脚相平行的方向。

03.133 行 column

在网片纵向直线上排列的网目。一行网目由两行半目组成。

03.134 列 row

在网片横向直线上排列的网目。一列网目由两列半目组成，一列半目又称一节。

03.135 纵向目数 N-meshes

网片纵向一行的网目数。

03.136　横向目数　T-meshes

网片横向一列的网目数。

03.137　起编　starting braiding

开始作结构成网片边缘网目的工艺。

03.138　增目　gaining

手工结网时,使网衣横向目数增加的工艺。

03.139　减目　losing

手工结网时,使网衣横向目数减少的工艺。

03.140　增减目线　gaining-losing locus

增目或减目位置在网衣纵向或横向的联线。

03.141　增减目比率　gaining-losing ratio

在有增目或减目的网衣中,横向增目或减目的总目数对纵向节数的比率。

03.142　增减目周期　gaining-losing cycle

网衣增减目线上,按一定规律重复增目或减目时,前后增目或减目位置相隔的节数或目数。

03.143　挂目增目　hang-gaining

网目悬垂在网结上的增目方法。

03.144　并目减目　incorporation-losing

合并相邻网目的减目方法。

03.145　单脚减目　bar-losing

网衣边缘编结成3个目脚结构的减目方法。

03.146　飞目减目　fly-losing

网衣边缘留出横向一目的减目方法。

03.147　网片剪裁　cutting

按要求裁剪目脚,将网片加工成网衣的工艺。

03.148　边傍　point

网片边缘纵向相邻两根目脚组成的结构。

03.149　边傍剪裁　N-cut

符号N。沿网结外缘剪断纵向相邻两根目脚的剪裁工艺。

03.150　全边傍剪裁　AN-cut

符号AN。始终连续的边傍剪裁。

03.151　宕眼　mesh

网片边缘横向相邻两根目脚组成的结构。

03.152　宕眼剪裁　T-cut

符号T。沿网结外缘剪断横向相邻两根目脚的工艺。

03.153　全宕眼剪裁　AT-cut

符号AT。始终连续的宕眼剪裁。

03.154　单脚　bar, halfer

网片边缘三个目脚和一个网结组成的结构。

03.155　单脚剪裁　B-cut

符号B。沿网结外缘剪断一根目脚的剪裁工艺。

03.156　全单脚剪裁　AB-cut

符号AB。沿目脚联线相平行的方向始终连续的单脚剪裁。

03.157　混合剪裁　mixed cut

交替进行边傍剪裁、宕眼剪裁或单脚剪裁的工艺。

03.158　剪[裁]边　cut ting edge

通过剪裁形成的网衣边缘。

03.159　剪裁斜率　taper ratio

网衣斜剪边的斜度。用横向目数与纵向目数的比率表示。

03.160　剪裁循环　cutting sequence

符号C。在有规律的混合剪裁中,每次重复采用的边傍剪裁、宕眼剪裁或单脚剪裁的排列组合。

03.161　对称剪裁　symmetrical cutting

网衣剪口的一侧反向后,两边的边、宕眼和单脚和排列组合相同的剪裁。

03.162　网衣缝合　joining

网衣相互连接的工艺。

03.163　缝线　joining yarn

网衣缝合或装配所用的网线。

03.164　缝[合]边　joining edge

网衣相互缝合的边缘或部位。

03.165　编结缝　sewing

缝线在网衣间编结一行或一列半目的缝合。

03.166　绕缝　seaming lacing

缝线在网衣上不逐目作结，或逐目作结而网衣间不增半目的缝合。

03.167　活络缝　loose joining

利用缝线（绳）作成的线（绳）圈穿套缝边，既使网衣连接起来，又能抽拉缝线即可将缝合网衣分开的缝合。

03.168　纵缝　N-joining

网衣纵向边缘间的缝合。

03.169　横缝　T-joining

网衣横向边缘间的缝合。

03.170　纵横缝　NT-joining

网衣纵向边缘和横向边缘间的缝合。

03.171　斜缝　R-joining

网衣斜向边缘间的缝合。

03.172　缝合比　joining ratio

为使两片不同长度或不同网目的网衣均匀缝合，用少目边数对多目边数或短缝边拉直尺寸对长缝边拉直尺寸的比率表示的每组缝边比例关系。

03.173　网衣补强　reinforcing

增加网衣边缘强度的工艺。

03.174　镶边　edging

网衣边缘用网线重合编结或加绕网线补强的工艺。

03.175　扎边　binding

网衣边缘用线将两根以上目脚依次对应合并缠扎补强的工艺。

03.176　缘编　hem braiding

网衣边缘用粗线或双线另行编结半目或若干目新网衣的补强工艺。

03.177　网衣装配　mounting

用缝线将网衣固定在纲索或框架上的工艺。

03.178　网衣缩结　netting hanging

以一定的长度比例将网衣装在纲索上或框架上的工艺。

03.179　缩结系数　hanging ratio

符号 E。纲索长度对网衣长度的比值。

03.180　水扣　loose

又称“档”。网具装配时，纲索（或粗线）在网衣边缘和每档纲索之间形成的弧形结构。

03.181　纵目使用　N-using

对于直立水中的网衣，指网衣纵向与水平方向垂直；对于做前进运动或迎流敷设的网衣，指网衣纵向与运动方向或水流方向平行。

03.182　横目使用　T-using

对于直立水中的网衣，指网衣横向与水平方向垂直；对于做前进运动或迎流敷设的网衣，指网衣横向与运动方向或水流方向平行。

03.183　网衣修补　mending

又称“补网”。修复网衣破损部位的工艺。

03.184　修剪　pruning

根据网衣破损情况和修补要求，剪掉网衣多余部分的工艺。

03.185　编结补　darning

用编结方法修复破损部位的工艺。

03.186　嵌补　inlaying

用另一块网衣嵌入破损部位的修补工艺。

03.187 贴补 covering
用另一块网衣覆盖破损部位的修补工艺。

03.188 渔具材料 fishing gear material
直接用来装配成渔具的材料。

03.189 渔用纤维材料 fibril materials for fishing purpose
用来制造渔具的纤维材料。

03.190 单纱 single yarn
由短纤维(须加捻)或长丝(可加捻或不加捻)组成的具有一定粗度和强度的连续长条,是网线的基本组成部分。

03.191 短纤纱 spun yarn
又称"*牵切纱*"。由短纤维经加捻纺成的具有一定粗度的单纱。

03.192 长丝纱 filament yarn
一根或多根连续长丝加捻或不加捻形成的具有一定粗度的单纱。

03.193 单丝纱 monofilament yarn
一根长丝加捻或不加捻所形成的单纱。

03.194 复丝纱 multifilament yarn
两根或两根以上长丝加捻或不加捻所组成的单纱。

03.195 混纺纱 mixed yarn
用两种以上不同种类的纤维混合纺成的单纱。

03.196 网线 netting twine, fishing twine
直接用于编织网片和缝扎渔具的丝、线和细绳。

03.197 [线]股 strand
组成网线的单纱、捻线等半成品。

03.198 单丝 monofilament
具有足够强度和韧性、可直接作为单纱或网线使用的单根长丝。

03.199 捻线 twisted netting twine
将线股用加捻方法制成的网线。

03.200 单捻线 single twisted netting twine
将若干根单纱或单丝并合在一起,经过一次加捻而成的网线。

03.201 复捻线 folded twisted netting twine
将若干根单纱或单丝加捻成线股,再将数根线股以与线股相反的捻向加捻而成的网线。

03.202 复合捻线 cable twisted netting twine
将数根复捻线以其相反的捻向加捻制成的网线。

03.203 编线 braided netting twine
由若干根偶数线股成对或单双股配合相互交叉穿插编制而成的网线。

03.204 线芯 core
在编线或多股复捻线的中央部位,配置的若干根单纱、长丝或线填充物。

03.205 混合线 mixed netting twine
用两种或两种以上的纤维混合制成的网线。

03.206 粗度 thickness
纤维、单纱、网线、绳索等的粗细程度。通常以支数、旦[尼尔]和特[克斯]为表示单位。

03.207 支数 count
符号 N。纤维、单纱等纺织材料粗细程度的非法定计量单位。

03.208 公制支数 metric count
符号 N_m。以公制单位表示的支数。即在公定回潮率时每克纤维、单纱的长度米数。

03.209 公称支数 nominal count
单纱名义上的支数。

03.210 设计支数 systematic count
纺纱工艺中,为使单纱成品支数符合公称支

数而定的纺纱支数。

03.211　实测支数　actual count
纤维、单纱实际测得的支数。

03.212　线密度　line density
符号 ρ_x。纤维、单纱、网线、绳索等单位长度的质量。

03.213　旦[尼尔]　denier
线密度的单位。纤维、单纱、网线、绳索等在公定回潮率时每 9 000m 长度的质量克数。

03.214　特[克斯]　tex
线密度的单位。纤维、单纱、网线、绳索在公定回潮率时定长 1 000m 的质量克数。

03.215　总线密度　total linear density
网线、绳索加捻前各根单纱(或单丝)线密度的总和。

03.216　综合线密度　resultant linear density
符号 ρ_z。网线、绳索的线密度。

03.217　结构号数　structure number
表示网线粗度和结构的号数。

03.218　实际号数　actual number
符号 H_s。实测条件下网线单位质量的长度(m/g)。

03.219　标准号数　standard number
符号 H_b。标准条件下网线单位质量的长度。

03.220　捻度　amount of twist
符号 T_m。单纱、网线或绳索上一定长度内的捻回数。

03.221　加捻　twisting
对并合的单纱、网线或绳索加以一定捻回的工艺过程。

03.222　退捻　twist off
退去单纱、网线或绳索上的捻回。

03.223　捻回　twist
在单纱、网线或绳索上所加捻的每一扭转。

03.224　捻向　twist direction
单纱或网线上捻回的扭转方向。

03.225　左捻　Z-twist
又称"Z 捻"。捻向从左下角倾向右上角。

03.226　右捻　S-twist
又称"S 捻"。捻向从右下角倾向左上角。

03.227　初捻　initial twist
将单纱并合加捻成线股的捻合工艺。

03.228　复捻　folded twist
将线股或绳股并合加捻成复捻线或复捻绳的捻合工艺。

03.229　同向捻　twist in same direction
初捻与复捻的捻向相同的捻合。

03.230　交互捻　twist in different direction
初捻与复捻的捻向相反的捻合。

03.231　复合捻　cable twist
将复捻线(或复捻绳)并合中捻成复合捻线(或复合捻绳)的捻合工艺。

03.232　外捻　outer twist
符号 T_w。网线、绳索成品的捻度。

03.233　内捻　inner twist
符号 T_n。构成网线、绳索各股的捻度(复合捻线的内捻为其中复捻线的捻度)。

03.234　公称捻度　nominal twist
纱线名义上的捻度。

03.235　实测捻度　actual twist
实际测得的捻度。

03.236　计算捻度　calculational twist
根据加工机械传动系统的参数计算的捻度。

03.237　临界捻度　critical twist

断裂强力达到最高值时的捻度。

03.238 捻系数 twist factor
符号 α。捻度对支数(或网线的实际号数)平方根的比值,或捻度与线密度(特数)平方根的乘积。表示加捻时的相对数值。

03.239 捻回角 twist angle
符号 β。由线股(或绳股)与网线(或绳索)的轴线构成的夹角。

03.240 捻距 pitch of twist
符号 h。网线上线股(或绳索上绳股)一个捻回的升距长度。

03.241 捻度比 ratio of twist
符号 T_b。内捻与外捻的比值。

03.242 捻缩 twist shrinkage
加捻网线(或线股)所引起的线股(或单纱)长度缩短现象。

03.243 捻缩率 percentage of twist shrinkage
符号 u。单纱加捻成网线后长度的缩短值对其原长度的百分率。

03.244 捻缩系数 coefficient of twist shrinkage
符号 K_u。单纱加捻成网线后的长度对其原长度的百分率。

03.245 松紧度 tightness
符号 S_j。编线的松紧程度。对于结构相同的编线,是用单位长度内的花节数量来表示。

03.246 花节 pick, stitch
编线表面由线股穿插构成的花纹。

03.247 花节长度 stitch length
符号 L_h。编线上线股形成一个完整编结圈的螺距长度。

03.248 [网]结 knot
有节网片中目脚间的连接结构。

03.249 网目 mesh
用网线按设计形状组成的一个孔状结构。

03.250 目脚 bar
网目中相邻两结或连接点间的网线线段。

03.251 连接点 joint
无结网片中目脚间的连接结构。

03.252 网目长度 mesh size
又称"网目尺寸"。当网目充分拉直而不伸长时两个对角结或连接点中心之间的距离。

03.253 目脚长度 bar size
网目中两个相邻结或连接点中心之间目脚充分拉直而不伸长时的距离。

03.254 网目内径 inner diameter of mesh
当网目充分拉直而不伸长时两个对角结或连接点内缘之间的距离。

03.255 网片方向 netting direction
菱形网目网片尺度的方向。

03.256 网片尺寸 size of netting
网片的宽度和长度(两个尺寸数字间用乘号连接表示)。

03.257 网片长度 netting length
网片的纵向尺度。用网目数或网片充分拉直而不伸长时的长度表示。

03.258 网片宽度 netting width
网片的横向尺度。用网目数或网片充分拉直而不伸长时的宽度表示。

03.259 有结网片 knotted netting
用网线通过作结构成的网片。

03.260 活结网片 reef knotted netting
采用活结编成的网片。

03.261 死结网片 English knotted netting
采用死结编成的网片。

03.262 双死结网片 double English knotted netting

采用双死结编成的网片。

03.263 无结网片 knotless netting

用网线或网线的各线股相互交织而构成的没有网结的网片。

03.264 经编网片 raschel netting

又称“套编网片”。由两根相邻的网线，沿网片纵向各自形成线圈并相互交替串连而构成的网片。

03.265 辫编网片 braiding netting

由两根相邻网线的各线股作相互交叉并辫编而构成的网片。

03.266 绞捻网片 twisting netting

由两根相邻网线的各线股相互交叉并捻合而构成的网片。

03.267 插捻网片 inserting-twisting netting

纬线插入经线的线股间，经捻合经线而构成的网片。

03.268 平织网片 plain netting

经线与纬线一上一下相互交织而构成的平布状网片。

03.269 成型网片 shaping netting

用热塑性合成材料经挤压成型制成的网片。

03.270 网梭 netting shuttle

织网时牵引纬线的工具。

03.271 渔具力学 mechanics of fishing gear

研究渔具受力后强度和形状变化规律的学科。

03.272 吸湿性 hydroscopicity, hydroscopic property

纤维材料及其制品在空气中吸收和放散水蒸气的性能。

03.273 吸水性 water imbibition

纤维材料及其制品在水中吸收水的性能。

03.274 含水重量 weight in wet case

纤维材料及其制品含有水分时的重量。

03.275 干[燥]重[量] dry weight

纤维材料及其制品经一定方法除去水分后的重量。

03.276 回潮率 moisture regain

纤维材料及其制品的含水重量与干燥重量的差数对其干燥重量的百分率。

03.277 标准回潮率 standard equilibrium regain

纤维材料及其制品在标准温度、湿度条件下达到吸湿平衡时的回潮率。

03.278 公定回潮率 official regain, convention moisture regain

为贸易和检验等要求，对纤维材料及其制品所规定的回潮率。

03.279 实测回潮率 actual regain

在某一温度、湿度条件下实际测得的回潮率。

03.280 含水率 moisture content

纤维材料及其制品的含水重量与干燥重量的差数对其含水重量的百分率。

03.281 吸水率 water content

纤维材料及其制品浸入水中所吸收水的重量对其浸水前实测重量的百分率。

03.282 断裂强度 breaking strength

纤维材料强度的一种表示方法。即材料单位截面积或单位纤度所能承受的最大负荷。网线和绳索断裂强度以牛顿/特表示。

03.283 断裂长度 breaking length

网线、绳索等材料的自身重力等于其断裂负荷值时所具有的长度(km)。

03.284 断裂应力 tensile strength

纤维材料被拉伸至断裂时,其单位横断面积上所承受的最大拉应力。

03.285 干强度 dry strength
纤维材料在自然干燥状态下的断裂强度。

03.286 湿强度 wet strength
纤维材料在浸湿状态下的断裂强度。

03.287 结强度 knot strength
单丝、网线、绳索打结后在打结处的断裂强度。

03.288 干结强度 dry knot strength
在自然干燥状态下的结强度。

03.289 湿结强度 wet knot strength
在浸湿状态下的结强度。

03.290 定伸长负荷 load at certain elongation
在规定条件下,使纤维材料及其制品达到一定伸长时所需的力。

03.291 修正强度 corrected strength
在非标准条件下测得的强度,按规定的修正系数修正后的强度值。

03.292 束纤维强度 bundle strength
成束纤维试样测得的断裂强度。

03.293 强度利用率 rate of utilization of strength
材料经试验后的剩余强度对其原强度的百分率。

03.294 网目强度 mesh strength
单个网目的断裂负荷。

03.295 网片断裂强度 netting breaking strength
在规定条件下,拉断矩形网条试样所需的负荷。

03.296 网片撕裂强度 netting tearing strength
在规定条件下,连续撕破网片试样上若干个结所需的负荷。

03.297 结牢度 knot stability, knot fastness
网结抵抗滑脱变形的能力。以网结在拉伸中出现滑移时所需的负荷表示。

03.298 收缩率 shrinkage
材料经处理(浸水、热定型或树脂处理等)后长度的缩小值对其原长度的百分率。

03.299 缩水率 water shrinkage
材料浸水后长度的缩小值对其原长度的百分率。

03.300 索具 rigging
网具上的绳索部件。

03.301 单捻绳 simple twisted rope
由若干根绳纱(或钢丝)经一次加捻制成的绳索。

03.302 复捻绳 folded twisted rope
由若干根绳纱(或钢丝)加捻制成绳股,再将若干根绳股加捻制成的绳索。

03.303 缆绳 cable twisted rope
又称"复合捻绳"。用复捻绳为绳股,采用与复捻绳相反的捻向加捻制成的绳索。

03.304 绳纱 rope yarn
纤维经梳理、并条,或由若干根长丝一次加捻制成的具有一定粗度和强度的粗纱。是绳索的基本组成部分。

03.305 绳股 rope strand
将若干根绳纱(或单丝、钢丝)并合,加捻或编织在一起的具有一定长度、粗度和强度的制绳用半成品。

03.306 绳芯 core of rope
沿绳索纵轴配置在绳索中央部位的芯子。

03.307 股芯 core of strand

沿绳股的纵轴配置在绳股中央部位的芯子。

03.308 钢丝绳 wire rope
由钢丝捻合制成的绳索。

03.309 混合绳 mixed rope
用植物纤维或合成纤维与钢丝按一定比例混合制成的绳索。

03.310 包芯绳 compound rope
以钢丝绳为绳芯,外围包以植物纤维或合成纤维绳股的复捻绳。

03.311 夹芯绳 combination rope
以钢丝绳为股芯,外层包以植物纤维或合成纤维绳纱捻制成绳股的复捻绳。

03.312 白棕绳 manila rope
以龙舌兰麻或蕉麻等植物纤维为原料制成的绳索。

03.313 编绳 braided rope
由若干根绳股采用编织或编绞方式制成的有绳芯或无绳芯的绳索。

03.314 八股编绞绳 8 strands plaited rope
由 4 根左捻和 4 根右捻的绳股成对交叉编制成的绳索。

03.315 浮子 float
在静水中具有浮力或在运动中能产生升力,使渔具在水中保持一定深度和形状的属具。

03.316 静水力浮子 hydrostatic float
在静水中具有浮力的浮具。

03.317 水动力浮子 hydrodynamic float
具有特别的形状或结构,在水中运动时能产生升力的浮具。

03.318 塑料浮子 blowing float
经吹塑成型或注射成型的中空硬质塑料浮子。

03.319 泡沫浮子 foam plastic float
经发泡成型的塑料浮子。

03.320 浮标 buoy
装有旗号或灯具、电波发射装置等附件,浮在水面用以标识渔具在水中位置的装置。

03.321 沉子 sinker
在水中具有沉降力,或在运动中能产生下沉力使渔具在水中保持一定形状和深度的属具。

03.322 水动力沉子 hydrodynamic sinker
具有特别的形状或结构,在水中运动时产生下沉力的沉子。

03.323 浮力 buoyancy
渔具材料在水中的负重能力。数值等于渔具材料沉没在水中所排开水的重力与其在空气中原有重力(牛顿)的差值。

03.324 浮率 buoyancy rate
渔具材料单位重量所具有的浮力。亦即渔具材料的浮力对其在空气中重力的比值。

03.325 沉降力 sinking force
渔具材料在水中的重力。数值等于渔具材料在空气中的重力与其沉没在水中所排开水的重力的差值(牛顿)。

03.326 沉降率 rate of sinking force
渔具材料单位重力所具有的沉降力。亦即渔具材料的沉降力对其在空气中重力的比值。

03.327 沉降速度 sinking speed
渔具材料单位时间在水中下沉的距离。

03.328 网目选择性 mesh selectivity
网渔具中,不同网目尺寸对捕捞对象品种及其体长、体形的选择性能。

03.329 渔具力学模拟 fishing gears mechanic simulation
模拟渔具作业过程中外力与其形状变化关

系的试验方法。

03.330 渔具模型风洞试验 model test of fishing gears in wind tunnel

测试渔具的模拟方法之一。将渔具模型置于专用的风洞中,模拟实际作业进行测试和观察、研究模型受力和形状变化之间的关系,为设计和改进渔具提供依据。

03.331 渔具模型水池试验 model test of fishing gears in tank

测试渔具的模拟方法之一。将渔具模型置于专用的试验水池中,模拟实际作业进行测试和观察、研究模型受力和形状变化之间的关系,为设计和改进渔具提供依据。

03.332 网渔具模型试验准则 model test principles of fishing gears

又称"网渔具模型试验相似律"。网渔具在模型试验中有关实物网和模型网之间的形状,相应运动速度、加速度和力的比例,及其相互换算关系。

03.333 渔具水动力 hydrodynamics of fishing gears

渔具的流体力学性能。

03.334 网板展弦比 aspect ratio

网板最大宽度的平方与网板平面面积之比。

03.335 海洋捕捞 marine fishing

在海洋中采捕水生经济动物的生产活动。

03.336 远洋捕捞 distant fishing

在远离本国陆地的大洋或别国管辖水域采捕水生经济动物的生产活动。

03.337 外海捕捞 offshore fishing

在100m等深线以外海域采捕水生动物的生产活动。

03.338 近海捕捞 inshore fishing

在100m等深线以内海域采捕水生动物的生产活动。

03.339 淡水捕捞 fresh water fishing

在内陆淡水水域采捕水生动物的生产活动。

03.340 渔场 fishing ground

鱼类或其他水生经济动物滞留、栖息或洄游经过并具有捕捞价值的水域。

03.341 渔场海况预报 forecast of fisheries oceanographic conditions

根据有关资料对渔场的未来海洋状况进行的预测和报告。

03.342 渔场类型 fishing ground type

根据作业水域特征、捕捞对象或作业方式划分的渔场的类别。

03.343 底拖网渔场 bottom trawling ground

可用于底拖网生产的水域。

03.344 上升流渔场 upwelling fishing ground

由底层水向上层流动所构成的上升流并能从事捕捞生产的水域。

03.345 底层鱼渔场 demersal fishing ground

可从事捕捞底层鱼的水域。

03.346 中上层鱼渔场 pelagic fishing ground

可从事捕捞中上层鱼类的水域。

03.347 刺网渔场 drift net fishing ground

可从事刺网捕捞生产的水域。

03.348 深海渔场 deep sea fishing ground

水深一般在200m以上可从事捕捞生产的水域。

03.349 大陆架渔场 shelf fishing ground

位于大陆架区域内的可从事捕捞生产的水域。

03.350 钓渔场 hooking ground

从事钓具作业生产的水域。

03.351 围网渔场 purse seine fishing ground

可从事围网捕捞作业的水域。

03.352 **礁盘渔场** coral reef fishing ground
可从事捕捞生产的礁盘水域。

03.353 **渔场图** fishing chart
标明渔场位置、范围、捕捞对象等的海图。

03.354 **渔区** fishing area
(1)为便于渔业管理、渔获统计和渔业资源调查评估而按一定范围划分的渔业生产水域单位。(2)渔业生产集中的地区。

03.355 **渔汛** fishing season
捕捞对象在渔场群集,能取得高产的时期。

03.356 **渔汛预报** forecast fishing season
对某一渔业资源形成渔汛的时间、中心渔场位置、鱼群数量等有关情况进行的预测和报告。

03.357 **春汛** spring fishing season
捕捞生产的最盛期在春季的渔汛。

03.358 **夏汛** summer fishing season
捕捞生产的最盛期在夏季的渔汛。

03.359 **秋汛** autumn fishing season
捕捞生产的最盛期在秋季的渔汛。

03.360 **冬汛** winter fishing season
捕捞生产的最盛期在冬季的渔汛。

03.361 **旺发** peak period of fishing season
渔汛中捕捞对象群体最密集的时期。

03.362 **渔情** fishing condition
渔场内有关捕捞对象和水域环境变化的情况。

03.363 **渔情预报** fishing condition forecast
预测捕捞对象种类、数量、集群水域和时间及其变动趋势的报告。

03.364 **探捕** exploratory fishing
对有可能形成渔场的水域进行的试探性捕捞。

03.365 **鱼眼** mast man
渔船上侦察鱼群的人。

03.366 **渔法** fishing method
用渔具采捕水生动物的方法和技术。

03.367 **光诱渔法** light fishing
利用捕捞对象的趋光习性,用灯光将其诱集后运用网具、鱼泵或钓具进行捕捞。

03.368 **电渔法** electric fishing
利用鱼类或其他水产经济动物对电刺激的行为反应所采取的辅助捕捞手段。

03.369 **音响渔法** acoustic fishing
利用鱼类或其他水生经济动物自身的声音或对声音的正负行为反应,以提高捕捞效率的辅助捕捞手段。

03.370 **瞄准捕捞** aimed fishing
利用各种探鱼器具探明捕捞对象所在位置后进行的主动性捕捞。

03.371 **鱼群侦察** fish detection
使用科学仪器和观察海上征兆等方法,对水域中鱼群数量和分布进行探测、分析和判断。

03.372 **相对捕捞能力** relative fishing power, relative fishing capacity
给定渔船的捕捞能力与标准渔船捕捞能力之比。

03.373 **捕捞日志** fishing log
按规定时间记录捕捞作业的位置、渔获物种类、渔获量和环境因子等与生产活动有关的记录簿。

03.374 **渔获物** catch
在天然水域采捕的水生动物。

03.375 **年渔获量** annual catch

一个鱼种或一种作业一年的渔获物重量。

03.376 单船渔获量 catch per boat
一艘渔船在某一时段(一个航次、一个渔汛、一年等)的渔获量。

03.377 单产 catch per unit
单位时间(一般为一年)内一个捕捞作业单位的渔获量。

03.378 航次 voyage
渔船捕捞作业时间单位。从渔船出港赴渔场作业到返港卸下渔获物为一个航次。

03.379 拖速 towing speed
单位时间内渔船拖曳网具的距离。

03.380 拖力 towing power
渔船在一定拖速下所承受的渔具阻力。

03.381 空网 abortive haul
经过一次放网和起网所得到的渔获物数量为零的无效捕捞。

03.382 空网率 abortive haul rate
渔获物数量为零的起(放)网次数占总起(放)网次数的比率。

03.383 拖围兼作 trawling-seining combination
渔船根据捕捞季节、捕捞对象的不同,既可进行拖网作业,又可进行围网作业的多种作业方式。

03.384 上钩率 hook rate
单位作业时间内,有渔获的钓钩数与钓钩总数之比的百分率。

03.385 水库联合渔法 combinated multi-gear fishing in reservoir
水库中采用赶鱼设备、拦网、刺网、张网等渔具联合作业的一种捕捞方法。

03.386 冰下捕鱼 under-ice fishing
在冰封的江河、湖泊或水库,从凿开的冰孔用地拉网或钓具捕鱼。

03.387 冰孔 ado
冰下捕鱼时在冰上凿开的用来起放网的洞。

04. 水产养殖学

04.001 水产养殖学 science of aquiculture, aquaculture science
研究水产经济动植物养殖原理与技术的学科。

04.002 水产养殖 aquiculture, aquaculture
利用各种水域或滩涂养殖经济水产动植物的生产活动。

04.003 粗[放]养[殖] extensive cultivation
在天然水域投放一定数量苗种、利用天然饵料或以天然饵料为主、管理粗放的一种水产经济动物养殖方式。

04.004 集约养殖 intensive cultivation
又称"精养"。单位水体苗种密度高、物质和能量投入多、管理精细的一种水产经济动物养殖方式。

04.005 半集约养殖 semi-intensive cultivation
又称"半精养"。介于粗放养殖和集约养殖之间的一种养殖方式。

04.006 工厂化养殖 industrial aquaculture
在车间内养殖水产经济动物的一种集约养殖方式。

04.007 封闭式水循环系统 closed circulating water system

养殖用水经过前后处理、在完全封闭的条件下循环使用的系统。

04.008 多级养殖 multi-class culture
又称"反馈养殖(feedback culture)"。根据物种代谢产物或残余有机质的利用价值及其在食物链中所处的级次，依次放养相应生物，构成多级次地循环利用营养物质的一种养殖方式。

04.009 生态系养殖 ecosystem culture
根据生物共生和物质循环原理，通过人工调节，使养殖生物和养殖水体整个生态系统达到良性循环，从而提高水体生产力和经济效益的一种养殖方式。

04.010 池塘养殖 pond culture
利用人工开挖或天然池塘进行水产经济动植物养殖的一种生产方式。

04.011 养成池 growing pond
用来将水产养殖动物苗种饲养到商品规格的水池或池塘。

04.012 暂养池 storage pond, holding pond
用来短期饲养水产养殖动物苗种或成品的水池或池塘。

04.013 越冬池 wintering pond
供水产养殖动物越冬的水池或池塘。

04.014 网箱养殖 culture in net cage
利用网箱养殖水产经济动物的一种养殖方式。

04.015 网箱 net cage
用网片和支架制成的箱状水产动物养殖设施。

04.016 浮式网箱 floating net cage
浮在水面的网箱。

04.017 沉式网箱 submerging cage
沉在水面以下的网箱。

04.018 固定网箱 fixed cage
固定在水底的一种网箱。

04.019 围栏养殖 enclosure culture, net enclosure culture
在湖泊、水库、浅海等水域中围拦一定水面养殖水产经济动物的一种养殖方式。

04.020 养殖技术 cultivation techniques
根据养殖学理论和养殖生产实践经验发展的操作方法与技能。

04.021 养殖规程 aquaculture regulation, aquaculture routine
对规范化养殖过程各个生产环节所做的系统规定。

04.022 养殖模式 aquaculture model
在某一特定条件下，使养殖生产达到一定产量而采用的经济与技术相结合的规范化养殖方式。

04.023 健康养殖 healthy aquaculture
为防止暴发性水生养殖生物疾病发生而提出的从亲体选择、苗种生产，到养成阶段水质管理、饲料营养诸方面均有严格要求的养殖方式。

04.024 温室 green house
养殖动植物的、能透光、控温的设施。

04.025 单养 monoculture
养殖水体中只放养一种水产动物的养殖方式。

04.026 混养 polyculture
根据水生动物的不同食性和栖息习性，在同一水体中按一定比例搭配放养几种水生动物的养殖方式。

04.027 套养 intercropping
在养成池中同时放养一定数量同种或不同种苗种的养殖方式。

04.028　贝藻套养　shellfish-algae intercropping

又称“贝藻间养”。利用贝藻代谢类型不同的特点，在藻类养殖区同时养殖贝类的一种养殖方式。

04.029　轮养　rotational culture

利用同一水域或同一设施，于不同时期、季节或年份，轮流养殖两种以上生物的一种养殖方式。

04.030　暂养　temporary culture, relaying

(1)水产动物苗种放流或移至养成池养殖之前进行的适应性短期饲养。(2)贝类净化中，在主管当局监督下，为除去体内污染物将活贝移至指定区域进行的短期放养。

04.031　苗种培育　seed rearing

把水产经济动植物的幼苗培育为商品规格苗种的过程。

04.032　自然繁殖　natural propagation

在自然环境条件下生物亲体自行交配生产后代的过程。

04.033　天然苗种　natural seeding, wild fry

天然水域自然繁殖的苗种。

04.034　苗种捕捞　seed catching

在天然苗种集中的自然水域捕捞养殖用苗种的生产活动。

04.035　半人工采苗　semi-artificial collection of seedling

在贝、藻类繁殖季节，向自然海区人工投放采苗器，使贝类幼体附着变态或人工采孢子放回海中萌发、生长的一种获得养殖苗种的方法。

04.036　全人工采苗　complete artificial collection of seedling

从种藻、亲贝培育到投放采苗器采集孢子和贝类幼体均在人为控制下进行的采苗过程。

04.037　生长基质　substratum

又称“附着基”。海藻和某些贝类生长的附着物。

04.038　人工生长基质　artificial substrate

又称“采苗器”。人工制造的海藻和某些贝类生长的附着物。

04.039　育苗器　breeding device

培育养殖幼苗用的附着器。

04.040　自然纳苗　stocking by natural, receive natural seed

在鱼虾等水生动物繁殖季节开闸进水，使其幼苗随水流入养殖场所。

04.041　人工繁殖　artificial propagation

在人工控制条件下促使亲体的性产物达到成熟、排放和产出，并使受精卵在适宜的条件下发育成为苗种的过程。

04.042　全人工育苗　artificial seedling rearing

在人工控制的环境条件下，采取水产增殖和养殖对象的卵或孢子，使之受精孵化或萌发、生长，培育成养殖苗种的方法。

04.043　人工苗种　artificial seed

人工繁殖的苗种。

04.044　工厂化育苗　industrial seedling rearing

在车间人工控制条件下进行的养殖苗种生产。

04.045　育苗室　seedling rearing room

人工繁育动植物苗种的温室。

04.046　土池育苗　seedling rearing in earth ponds

利用土池进行虾、蟹、贝类等水生生物养殖苗种培育和生产的一种方式。

04.047　亲体培育　parents culture

人工饲养条件下培育性成熟亲体的过程。

04.048 亲体池 brood pond

培育或养殖供繁殖苗种用水产动物亲体的水池。

04.049 产卵池 spawning pond

供水产养殖动物亲体产卵用的水池。

04.050 孵化池 hatching pond

供水产养殖动物卵孵化的水池。

04.051 孵化产卵池 breeding pond

产卵、孵化合用的水池。

04.052 孵化环道 circular hatching channal

用于孵化水产动物卵的圆环形或椭圆环形的流水设施。

04.053 孵化槽 incubation tank

用于孵化水产动物受精卵的长方形水槽。

04.054 孵化器 incubator

用于孵化动物受精卵的器具。

04.055 孵化桶 hatching barrel

用于鱼类等水产动物受精卵人工孵化的桶状流水器具。

04.056 育苗池 nursery pond

培育水产养殖动物幼体的水池。

04.057 中间培育 intermediate rearing

将孵化不久的幼苗培育成适合放养规格苗种的过程。

04.058 放养量 stocking rate

单位水面(或水体)放养水产养殖动物的重量。

04.059 放养密度 stocking density

单位水面(或水体)放养水产养殖动物的尾(只)数。

04.060 放养比例 stocking ratio

鱼类或水产动物混养时,各种鱼或动物的放养量占总放养量的百分比。

04.061 放养规格 stocking size

放养苗种的长度或体重。

04.062 水体施肥 fertilization in aquaculture

在养殖水体投放肥料以增殖水产动物天然饵料和增加水体营养盐的措施。

04.063 袋肥法 fertilizing by plastic bag

将装有肥料的带孔塑料袋挂在筏式养殖的吊绳下端,使肥料在水中缓慢析出的一种施肥方法。

04.064 泼肥法 sprinkling fertilization

将肥料水溶液均匀泼洒在养殖水体的一种施肥方法。

04.065 浸肥法 soaking fertilization

把养殖海带放在肥料水溶液中短时间浸泡的一种施肥方法。

04.066 投饵 feeding

给水产养殖动物投喂饵料。

04.067 投饵量 daily ration, feeding quantity

在养殖水体投放饵料的数量。

04.068 投饵率 feeding rate

投饵量占养殖水产动物总体重的百分率。

04.069 投饵台 feeding hack, feeding platform, feeding tray

设于养殖水体或网箱中供盛放饵料的设施。

04.070 养殖周期 culture cycle

某一生物从投放苗种养殖到商品规格所需的时间。

04.071 海水养殖 mariculture, marine aquaculture

利用浅海、滩涂、港湾、池塘等水域养殖海洋水产经济动植物的生产活动。

04.072 海洋牧场 marine ranching
以丰富水产资源为目的，采用渔场环境工程手段、资源生物控制手段以及有关的生产支持保障技术，在选定海域建立起来的水产资源生产管理综合体系。

04.073 半咸水养殖 brackish water aquaculture
在河口淡水和海水交汇处养殖水产经济动植物的生产活动。

04.074 港[塭]养[殖] marine pond extensive culture
利用沿海港汊或河口地带的潮间带滩涂，筑堤、蓄水、纳苗进行水生动物粗养的一种养殖方式。

04.075 筏式养殖 raft culture
在浅海与潮间带设置浮动筏架，筏上挂养养殖对象的一种生产方式。

04.076 养殖筏 culturing raft
设在养殖海区一定水层的养殖用筏式装置。

04.077 单筏 single raft
独立设置的只有一根浮绠的浮筏。

04.078 浮绠 floating rope
靠浮子浮在水面、用以悬挂苗绳的绳索。

04.079 橛缆 rope on fixed peg
连接浮绠和海底固定木橛或石砣的绳索。

04.080 吊绳 hang rope
连接浮绠与苗绳或网笼的绳索。

04.081 苗绳 rope for inserting seedling
夹持养殖海带等养殖藻类苗的绳索。

04.082 坠石 weight stone
系在苗绳上防止苗绳、海带缠绕的沉子。

04.083 棚架养殖 rack culture
在底质平坦、风浪较小的浅海，由固定桩和横杆或网帘搭成的棚架上垂吊苗绳或网笼进行贝类养殖的一种方式。

04.084 滩涂养殖 intertidal mudflat culture
在潮间带滩涂上进行水产经济动植物养殖的生产活动。

04.085 浅海养殖 shallow sea culture
在潮下带至15m等深线以内海域进行水产经济动植物养殖的生产活动。

04.086 深水养殖 deep water culture
在水深15m以下海域进行水产经济动植物养殖的生产活动。

04.087 岩礁养殖 on-bottom culture, rock-base culture
利用浅海岩礁作为海藻附着基进行繁殖生长的海藻养殖方式。

04.088 藻类养殖学 science of algae culture, phycoculture
研究藻类养殖原理与技术的学科。

04.089 藻类养殖 algae culture
在浅海、滩涂、海港等水域，将具有经济价值的藻类人工培育成为食品或工业原料的生产活动。

04.090 孢子水 spore fluid
含有藻类孢子的海水。

04.091 泼孢子水采苗 seeding by sprinkling spore fluid
将孢子水喷洒在附着基上的一种采苗方法。

04.092 室内采苗 indoor seeding, indoor seed collection
在育苗室内人工采集藻类孢子。

04.093 育苗帘 breeding screen
用来附着养殖藻类孢子的片状编织物。

04.094 海区育苗 breeding in sea
室内采孢子后移至海上育成幼苗的过程。

04.095　附着量　number of adhered spore

采孢子时镜检育苗器单位面积上的孢子数量。

04.096　出苗量　output of seedling

肉眼见苗后育苗器单位面积上的实际幼苗数量。

04.097　幼苗出库　bringout seedling from storage

室内培育的养殖藻类幼苗移到海上培育的过程。

04.098　幼苗暂养　temporary culture of seedling

养殖藻类幼苗在海上长到分苗标准的过程。

04.099　海带养殖　laminaria culture

根据海带的繁殖生长习性，人工培育海带的生产活动。

04.100　一年生海带　annual laminaria

当年长成的海带。藻体较薄，边缘部波幅明显。

04.101　二年生海带　biennial laminaria

翌年从海带生长部再生长成的海带。藻体较厚，边缘部波幅不明显。

04.102　营养生长　vegetative growth

植物营养细胞的增殖生长。

04.103　幼龄期　juvenile stage

海带从孢子体形成至10cm以内、体薄而无凹凸的阶段。

04.104　凹凸期　uneven stage

海带孢子体长度达10cm以上，叶片基部出现两排凹凸部的阶段。

04.105　薄嫩期　mushroom stage

海带体长达1m以上，基部平直，为海带快速生长期。

04.106　厚成期　adult stage

海带基部扁圆、生长减慢，体增厚而有韧性的阶段。

04.107　成熟期　mature stage

海带中止生长，叶片出现孢子囊斑阶段。

04.108　衰老期　oldest stage, eldest stage

基部呈心形，孢子囊大片出现，假根抓空，根部开始腐烂阶段。

04.109　种海带　main laminaria

性状优良、用来放散游孢子进行人工育苗的成熟海带。

04.110　秋苗　autumn seedling

利用秋季成熟的种海带孢子在海上培育长成的幼苗。

04.111　夏苗　summer seedling

利用夏季成熟的海带孢子体采集孢子，在人工低温条件培育的海带幼苗。

04.112　春苗　spring seedling

利用春季成熟的种藻放散的孢子育成的幼苗。

04.113　二年苗　biennial seedling

翌年从海带生长部再生出的海带苗。

04.114　自然光育苗法　natural light seedling rearing method

利用自然光源培育海带夏苗的方法。

04.115　分苗　separating seedling

又称“夹苗(insert seedling)”。将棕绳上的海带苗剔下，按一定距离再夹到苗绳上。

04.116　单夹　insert single frond

单颗海带苗按一定距离夹在苗绳上的一种夹苗方法。

04.117　簇夹　insert frondose

3～4颗海带苗为一簇按一定距离夹在苗绳上的一种夹苗方法。

04.118 绑苗投石法 tying sporelings to rocks

将附有海带苗的竹片或棕绳绑在石块上，投放到海底进行海带养殖的一种方式。

04.119 阴干刺激 dry in the shade stimulation

在育苗室将成熟适度的种海带用冷却海水洗刷后离水阴干，促使海带放散孢子的措施。

04.120 海带淋水育苗 laminaria breeding by sprinkling method

将长有海带苗的育苗器吊挂在育苗池上空，不断用海水淋洒，使孢子直接萌发生长的一种海带育苗方法。

04.121 洗帘 screen washing

养殖海藻育苗帘下海初期，去除泥污及其他有害附着动植物的措施。

04.122 垂养 hanging culture

海带分苗后，将苗绳垂直挂在筏下的筏式养殖方式。

04.123 平养 flat culture

海带分苗后，将苗绳平挂在两行浮筏间吊绳上的筏式养殖方式。

04.124 斜平养殖 oblique flat culture

海带垂养后期，将苗绳斜平放置筏下的筏式养殖方式。

04.125 延绳式养殖 long line culture

又称"一条龙式养殖"。海带分苗后，苗绳沿浮绠平吊，连接成与浮绠近似平行长苗绳的一种筏式养殖方式。

04.126 苗绳倒置 seedling rope inverting

将苗绳上下颠倒以调节垂养海带光照的措施。

04.127 切尖 tip cutting

为避免海带生长后期梢部组织腐烂，从梢部1/3或1/4处切割下来加以利用的增产措施。

04.128 间收 interharvesting

分批及时收割达到成熟标准的海带收割方法。

04.129 紫菜养殖 laver culture

根据紫菜的繁殖生长习性，人工培育紫菜的生产活动。

04.130 菜坛养殖 laver culture on rocks

人工清除潮间带岩礁上的附着生物，让自然界紫菜孢子附着生长的一种紫菜养殖方式。

04.131 插篊养殖 twig bundle culture

又称"支柱式养殖(pillar type culture)"。在潮间带滩涂上设置的成排木桩或竹桩为支柱，将长方形网帘水平张挂到支柱上养殖紫菜的一种方式。

04.132 半浮动[筏式]养殖 semifloating [raft] culture

涨潮时靠筏架浮在水面，退潮时筏架露出水面靠短支柱支撑在海滩上的一种紫菜筏式养殖方式。

04.133 全浮动[筏式]养殖 floating [raft] culture

又称"浮流养殖(beta current culture)"。紫菜网帘水平张挂在梯形筏架内，始终淹没在水面以下的一种紫菜筏式养殖方式。

04.134 紫菜叶状体 thallus of porphyra

又称"膜状体(membranate)"。紫菜孢子附着在基质上长成的叶状配子体世代。

04.135 紫菜丝状体 conchocelis of porphyra

紫菜果孢子在石灰质基质内长成的丝状孢子体世代。

04.136 丝状体培育 conchocelis breeding

自果孢子萌发开始至丝状体形成、膨大、藻丝成熟的整个培育过程。

04.137 孢子放散日周期 daily release cycle of spore

壳孢子成熟季节固定在每日 7~14 时放散的现象。

04.138 早礵 early rocks

朝向为南北的菜礵。附苗早,产量高。

04.139 中礵 middle rocks

朝向东与东南的菜礵。附苗稍晚,产量稍次。

04.140 晚礵 late rocks

朝向西与西南的菜礵。附苗少,利用价值低。

04.141 干露 exposure and desiccation

将网帘离水沥干一段时间,是清除杂藻和预防病害的一项措施。

04.142 平面培养 flat cultivate

在浅水育苗池中水平培养紫菜丝状体的一种方式。

04.143 立体培养 stereoscopic cultivate

在水较深的育苗池中成串培养紫菜丝状体的一种方式。

04.144 种紫菜 main laver

制种用的紫菜。

04.145 果孢子水 carpospore fluid

利用成熟种菜放散果孢子制成的孢子水溶液。

04.146 流水刺激 stimulation by running water

在流动海水中促进紫菜丝状体成熟的措施。

04.147 下海刺激 stimulation in the sea

坛紫菜在采壳孢子前采取的促熟措施。

04.148 紫菜淋水育苗法 laver breeding by sprinkling method

紫菜网帘在采孢子后吊挂在喷头下淋水培育紫菜苗的方法。

04.149 种子箱 seed box

用劈竹或塑料制成的盛放紫菜丝状体的容器。

04.150 网帘 net screen

用网片制成的养殖紫菜附着基。

04.151 晒网[帘] sunning net

紫菜出苗阶段用曝晒网帘来消除杂藻的措施。

04.152 冷藏网[帘] cold net

为避开不利紫菜生长的季节和减少病害,将采壳孢子苗后已萌发长成一定大小叶状体的网帘,经自然干燥或脱水处理后入库冷藏的措施。

04.153 石花菜养殖 gelidium culture

根据石花菜的繁殖生长习性,人工培育石花菜的生产活动。

04.154 孢子育苗 seedling from spore

从采孢子开始人工培育石花菜幼体的育苗方法。

04.155 营养繁殖 vegetative reproduction

由根、茎、叶等营养器官形成新个体的一种繁殖方式。

04.156 石花菜匍匐枝 agar stolon, gelidium stolon

石花菜幼体基部沿地面生长的茎。

04.157 匍匐枝繁殖 stolon reproduction

石花菜匍匐枝向下长出假根、向上长出直立新个体的一种营养繁殖方式。

04.158 假根繁殖 rhizoid reproduction

石花菜由假根再生出匍匐枝和直立枝并长成新个体的一种营养繁殖方式。

04.159 劈枝养殖 split branch culture

利用石花菜营养繁殖的特性,采自然海区石

花菜作种菜,切下枝体夹在苗绳上进行养殖的一种石花菜养殖方式。

04.160 江蓠浅滩养殖 tide flat culture of gracilaria
将幼苗连同生长基质撒放在浅滩上养殖江蓠的一种养殖方式。

04.161 竹签夹苗养殖 culturing by insert in bamboo sticker
将夹有幼苗的竹签插植在浅滩上养殖江蓠的一种养殖方式。

04.162 鱼塭撒苗养殖 culturing by sowing-seeding in pen
将幼苗播撒在鱼塭中养殖江蓠的一种养殖方式。

04.163 珊瑚枝养殖 coral branch culture of eucheuma
将种苗绑在作为附着基的珊瑚枝上,插播到珊瑚礁中进行养殖的一种麒麟菜养殖方式。

04.164 潜绳养殖 sinking rope culture
在浮筏的浮绠下一定深度设潜绳,潜绳上另挂苗绳的一种麒麟菜养殖方式。

04.165 海藻林 seaweed woods
又称“海底森林(forest on sea bottom)”。自然形成或人工增殖长成的成片海底海藻。

04.166 虾类养殖 shrimp culture
根据虾类的繁殖生长特性,在人工管理的池塘或水槽中培育商品虾的生产活动。

04.167 亲虾 parent shrimp, parent prawn
用作繁殖虾苗的已达性成熟的雄虾和雌虾。

04.168 亲虾培育 parent shrimp rearing
将拟作为亲虾使用的雄虾和雌虾培育到性腺成熟的过程。

04.169 眼柄摘除 eyestalk ablation
摘除或炙伤虾的眼柄。是一种促进虾类性腺发育成熟的措施。

04.170 带卵雌体 egg-bearing female
性腺已发育成熟但尚未产卵的雌虾。

04.171 虾苗 shrimp seed
用作养殖生产的仔虾或幼虾。

04.172 虾苗培育 shrimp seed rearing
在人工条件下将虾的受精卵培育到商品虾苗规格的过程。

04.173 无节幼体期 nauplius stage
某些甲壳类(十足目)幼体发育早期,体不分节,具3对附肢,无完整口器和消化器官的幼体。

04.174 蚤状幼体期 zoea stage
某些甲壳类(十足目)幼体发育中早期,体分节,出现完整口器和消化器官,具7对附足的幼体。

04.175 糠虾幼体期 mysis stage
某些甲壳类(部分十足类)幼体发育后期,头胸甲部与腹部明显分界,附肢俱全的幼体。

04.176 仔虾期 post larval
已具备成虾基本形态特征的虾类幼体发育阶段。

04.177 幼虾 juvenile shrimp
虾类幼体变态完成到性腺开始发育的阶段。

04.178 成虾 adult shrimp
(1)性腺成熟的虾。(2)达到商品规格的虾。

04.179 贝类养殖 shellfish culture
又称“软体动物养殖(mollusk culture, shellfish farming)”。根据养殖贝类繁殖生长习性,在人工养护的海区或车间培育商品贝类的生产活动。

04.180 养殖贝类 cultivated shellfish
可用于养殖生产的贝类。

04.181 成贝 adult mollusk, commercial mollusk

(1)性腺成熟的贝类个体。(2)达到商品规格的贝类个体。

04.182 亲贝 parent shellfish

可繁殖贝苗的、性腺已成熟的成贝。

04.183 贝苗 spat

由受精卵发育经变态形成的幼贝。

04.184 贝类育苗 shellfish hatchery

贝类进行人工采卵、幼虫培育和采苗的过程。

04.185 野生贝苗 wild spat

海区自然繁殖生长的幼贝。

04.186 采苗海区 seed collection area

潮流畅通、饵料丰富、有足够数量亲贝或贝类幼虫的海区。

04.187 采苗预报 spat collection prediction

根据采苗海区海况、水温和贝类性腺成熟度、贝类幼虫发育状况及密度等的调查分析对采苗事先所作的估计和评价。

04.188 筏式采苗 raft seed collection

贝类繁殖季节,在采苗海区设筏悬挂采苗器进行贝类采苗的一种半人工采苗方法。

04.189 插竹采苗 bamboo sticks spat collection

在牡蛎产卵季节,将成束竹竿成锥形插入采苗海区土中,使牡蛎苗附着在竹竿上的一种采苗方法。

04.190 采苗袋 collector bag

供半人工采苗用的、由窗纱制成内装废旧网衣的袋子。

04.191 采苗季节 seeding collecting season

又称"采苗期"。适宜采苗的贝类繁殖盛期。

04.192 清礁 rock cleaning

利用立石、石板采苗时,预先铲除石上的杂藻和固着、附着生物以利于牡蛎苗固着的措施。

04.193 稚贝 juvenile mollusk, juvenile shellfish

在贝类生活史中,幼虫经变态后形态尚与成贝不同的生长阶段的贝类个体。

04.194 幼贝 young mollusk, young shellfish

形态已与成贝相同,但性腺尚未成熟或尚未达到商品规格的贝类个体。

04.195 固着基 adhesive substrate, adhesive base

提供固着贝类固着的物体。

04.196 固着期 setting period, setting stage

固着贝类幼虫开始营固着生活的季节。

04.197 养蛤埕 clam bed

养殖蛤仔的滩涂或场地。

04.198 投石养殖 stone throwing culture

在牡蛎亲贝排放幼体或卵、精高潮时,向亲贝集中的海区投放石块,使幼体附着其上,再将附着幼体的石块合理放置于适宜海区进行养殖的一种牡蛎养殖方式。

04.199 桥石养殖 recuperate site, bridge stone culture

中潮区沙泥滩上以一定大小的石板为采苗器,幼体长大后将石板分散成排,在排与排之间再架上石板进行养殖的一种牡蛎养殖方式。

04.200 插竹养殖 sticks culture

成束竹杆作为附着基插在风浪小、底质为泥沙的潮间带海域养殖褶牡蛎的一种方式。

04.201 笼养 cage cultivation

利用网衣及隔板制成的数层圆柱形网笼养殖贝类的一种养殖方式。

04.202 单体牡蛎 cultchless oyster
又称“无基牡蛎”。没有固着基的牡蛎。

04.203 珍珠 pearl
某些贝类外套膜受异物刺激或病理变化,分泌珍珠质形成的一种有光泽的圆形固体颗粒。

04.204 天然珍珠 natural pearl
贝类在自然环境条件下生成的珍珠。

04.205 人工珍珠 artificial pearl
人工养殖贝类生产的珍珠。

04.206 珍珠养殖 pearl culture
养殖贝类生产珍珠的生产活动。

04.207 珍珠母贝 mother pearl shellfish
用于人工育珠的贝类的统称。

04.208 珍珠贝 pearl oysters, pearl shell
珍珠贝科能生产珍珠的贝类的总称。

04.209 河蚌育珠 freshwater pearl culture
利用淡水蚌类生产珍珠的生产活动。

04.210 珍珠成因 cause of pearl formation
贝类体内发生和形成珍珠的机理。

04.211 珍珠核 pearl nucleus
人工养殖有核珍珠时植入珍珠母贝外套膜中的用贝壳或其他物质制成的圆形颗粒。

04.212 有核珍珠 nucleated pearl
珍珠母贝在人工植入的珍珠核周围分泌珍珠质而形成的珍珠。

04.213 施术贝 operated shellfish
经插核手术的珍珠母贝。

04.214 施术工具 operating tools
对珍珠母贝实施插核手术的器具。

04.215 施术法 operating method
对珍珠母贝实施插核手术的工艺。

04.216 珍珠囊 pearl sac
珍珠形成过程中,珍珠母贝外套膜小片外侧上皮细胞沿着珠核表面移动并进行增殖,逐渐形成包围珠核、分泌珍珠质的囊状构造。

04.217 插核 nuclei implanting, nucleus insertion
将珠核和小片移植至养殖珍珠母贝外套膜中的手术过程。

04.218 小片 small pieces of net
从珍珠贝外套膜上切取的、插入母贝作为珍珠囊基础的活细胞组织。

04.219 小片贝 piece shell, graft shell
又称“细胞贝”。用来制取外套膜小片的珠母贝。

04.220 正圆珍珠 round pearl
形状标准的圆形珍珠。

04.221 鲍珍珠 abalone pearl
鲍鱼外套膜外侧表皮细胞分泌的珍珠质形成的珍珠。

04.222 附壳珍珠 blister pearl
又称“半圆珍珠(half-round pearl)”。在珍珠母贝贝壳内软体部与贝壳之间由不完整的珍珠囊形成的珍珠。

04.223 复合珍珠 compound pearl
由有机质、棱柱层和珍珠层交织在一起形成的形状不定的珍珠。

04.224 肌肉珍珠 muscle pearl, seed pearl
又称“芥子珠”。在珍珠母贝肌肉中生成的小颗粒畸形珠。

04.225 淡水养殖 freshwater aquaculture
利用内陆淡水水体养殖或栽培水产经济动植物的生产活动。

04.226 综合养殖 integrated culture
以池塘养殖水产动物为主,兼营作物栽培、

畜禽饲养和农畜产品加工的一种生产方式。

04.227 桑基鱼塘 mulberry fish pond
池中养鱼、池埂种桑的一种综合养鱼方式。

04.228 养鱼池 fish pond
培育或养殖鱼苗、鱼种、成鱼、亲鱼或不同规格鱼类的池塘。

04.229 拦鱼设施 barricade
在河道、湖泊、水库等养鱼水域用以拦阻养殖鱼类逃逸的设施。

04.230 气泡幕 air bubble curtain
压缩空气从设在水底的有孔管道中连续排出,形成由下而上的密集气泡,使水中产生骚动、声响及低频振荡,以恐吓、阻拦水产养殖动物外逃的设施。

04.231 拦鱼网 net fish screen
在养鱼湾口或闸门口敷设的防止养殖鱼类外逃的网片。

04.232 拦鱼电栅 blocking fish with electric screen
利用通电的电极栅在水中形成电场,以阻止鱼类外逃的拦鱼设备。

04.233 拦鱼栅 fish screen, fish corral
阻止鱼类逃逸的格栅。

04.234 [拦]鱼坝 barrier dam
设在河道中防止鱼类逃逸的堤坝。

04.235 鱼闸 fish lock
河、湖水道上控制鱼类通过的闸门。

04.236 池堤 pond dike
池塘周围的堤坝。

04.237 清塘 pond cleaning
在水产养殖动物苗种放养前,用生石灰或其他药物杀灭池塘中的有害生物,以提高苗种成活率和产量的措施。

04.238 试水 water testing
用药物清塘后,采用活鱼检验池水中药物毒性是否消失的方法。

04.239 晒池 sun-dried of the pond
排干池水,利用太阳能杀灭池底有害生物的措施。

04.240 投饵场 feeding area, feeding ground
养殖水面较大时专门设置的投饵场地。

04.241 巡塘 pond inspection
清晨、傍晚以及闷热、雷雨天气时,在塘边观察水产养殖动物活动情况和池塘水位、水色变化的管理措施。

04.242 水质管理 water quality management
对养殖水体温度、溶氧量等水质因子进行的人工监测与调控。

04.243 耗氧量 oxygen consumption
水中生物呼吸和非生物氧化所消耗溶解氧的数量。

04.244 氧债 oxygen debt
池塘溶解氧在供应充足情况下的耗氧量和实际耗氧量之差。

04.245 氧亏 oxygen deficit, saturation deficit
水体实际溶氧量和饱和溶氧量之差。

04.246 氧盈 oxygen surplus
水体中溶解氧的过饱和状态。

04.247 换水率 rate of water exchange
池塘中灌入的新鲜水占原池水的百分比。

04.248 浮头 floating
水体中溶解氧降至鱼类或水产动物不能正常呼吸时,鱼类等动物头部浮出水面的现象。

04.249 增氧 enhancement oxygen, oxygenation

人为地增加水中的溶氧量。

04.250　化学增氧　chemical enhancement-oxygen

用投放化学药品的方法增加水中溶氧量。

04.251　机械增氧　mechanical enhancement-oxygen

用机械方法加强水与空气的接触、混合和对流以增加水中溶氧量。

04.252　生物增氧　biological enhancement-oxygen

利用植物光合作用增加水中溶氧量。

04.253　移植　transplantation

将一种经济生物从原栖息水域移放到另一个环境条件相似的水域繁殖生长。

04.254　驯化　domestication, acclimatization

(1)人类将野生生物培育成养殖生物的过程。(2)使生物适应新的环境,或形成一定条件反射的过程。

04.255　防逃　prevent action of fish from escaping

采取措施防止水产养殖动物从养殖水域逃逸。

04.256　鱼类养殖　fish culture, fish farming, piscine culture

根据鱼类的繁殖生长特性,人工繁殖饲养商品鱼的生产活动。

04.257　鱼类养殖学　science of fish culture

研究鱼类人工饲养、繁殖原理与规律的学科。

04.258　池塘养鱼　pond fish culture, farming

利用人工开挖或天然池塘从事商业性鱼类饲养的养殖方式。

04.259　网箱养鱼　cage fish culture, fish culture in net cage

在网箱内进行高密度精养鱼类的一种养殖方式。

04.260　湖泊养鱼　lake fish farming, fish culture in lake

在湖泊中设置拦鱼设施进行的鱼类养殖。

04.261　河道养鱼　river fish culture, stream fish culture, fish culture in channel

在河流、渠道设置拦鱼设施进行的鱼类养殖。

04.262　水库养鱼　reservoir fish farming, fish culture in reservoir

利用水库水体进行的鱼类养殖。

04.263　稻田养鱼　paddy field fish culture, fish culture in paddy field

在水稻田中开挖鱼沟、鱼溜,进行鱼类养殖的一种稻鱼兼作生产方式。

04.264　鱼溜　fish pit

稻田中开挖的养殖小水塘。

04.265　鱼沟　fish ditch

稻田中开挖的连通鱼溜的水沟。

04.266　流水养鱼　fish culture in running water

在流动的水体中进行鱼类高密度精养的一种养殖方式。

04.267　温流水养鱼　fish culture in thermal flowing water

利用温泉或电厂等排出的温水作为水源进行的开放式鱼类养殖方式。

04.268　工厂化养鱼　industrialized fish culture

又称“循环水养殖(circulating water culture)”。以机械、生物、化学与自动控制等现代技术装备起来的一种封闭式循环水鱼类养殖方式。

04.269　综合养鱼　integrated fish farming, comprehensive culture

以池塘养鱼为主,兼营作物栽培、畜禽饲养和农畜产品加工的一种生产方式。

04.270　亲鱼　parent fish, brood stocks

到达性成熟年龄、能进行繁殖的鱼。

04.271　现役亲鱼　active parent fish

正用于人工繁殖的亲鱼。

04.272　后备亲鱼　reserve parent fish

拟用于人工繁殖但尚未完全达到性成熟年龄的亲鱼。

04.273　亲鱼培育　parent fish rearing

在较好的饲养条件下,将达到性成熟年龄的鱼培育至性腺发育成熟的过程。

04.274　鱼类性腺成熟度　maturity of fish gonad

性成熟鱼类性腺发育程度的分级标准。

04.275　鱼类性腺发育周期　cycle of gonad development in fishes

性成熟鱼类两次繁殖的时间间隔。

04.276　卵巢分期　stages of gonad development

根据卵巢的形态特征和组织切片中老一代卵母细胞所占面积对卵巢发育的阶段划分。

04.277　精巢分期　stages of testes development

根据精巢的外观和组织切片中精母细胞等细胞结构特点对精巢发育的阶段划分。

04.278　产卵季节　spawning season

一年一度产卵鱼类每年达性腺成熟产卵的季节。

04.279　周年产卵　year-round spawning

生物一年四季均可产卵繁殖的产卵类型。

04.280　产卵高峰　spawning peak

性成熟雌鱼在整个产卵期内产卵数量最多的阶段。

04.281　诱导产卵　induced spawning

利用生理或生态方法促使动物产卵。

04.282　催产　spawning induction

利用注射外源性激素和适宜的生态环境促使亲本产卵和排精的措施。

04.283　鱼类催产剂　inducing agent for fish, pitocin

促使亲鱼性腺成熟和产卵的药物。

04.284　人绒毛膜促性腺素　human chorionic gonadotropin, HCG

从孕妇尿中提取的一种用于人工繁殖的催产剂。主要成分为促黄体激素。

04.285　[鱼]脑垂体　pituitary gland, hypophysis

鱼脑颅内位于间脑腹面、与丘脑下部相连的内分泌腺体。

04.286　脑垂体促性腺素　gonadotropin hormone, GTH

鱼类脑垂体间叶分泌的一种促进鱼类性腺发育成熟的激素。

04.287　促性腺素释放素　gonadotropin releasing hormone, gonadoliberin, GnRH

又称“促黄体生成素释放素(luteinizing hormone releasing hormone, LHRH)”。鱼类及其他脊椎动物下丘脑分泌的可促进脑垂体中促性腺细胞合成和分泌黄体生成素、促卵泡素的一种多肽激素。

04.288　激素效价　hormone titer

用生物鉴定方法测定出的鱼类催产剂效力。

04.289　催产剂效应时间　pitocin response time

人工繁殖从注射催产剂到亲本出现发情现象的时间间距。

04.290 鱼巢 artificial spawning nest, fish spawning nest
鱼类产卵季节放在水中采集黏性鱼卵的附着物。

04.291 浮性卵 buoyant egg, floating egg, pelagic egg
卵内有油球,卵膜无黏性,静水中漂浮于水表层中的卵。

04.292 半浮性卵 semi-floating eggs
在流水中上浮漂流,在静水中下沉水底的卵。

04.293 沉性卵 demersal eggs
密度大于水、产出后沉于水底的卵。

04.294 黏性卵 adhesive eggs, viscid eggs
卵膜遇水后表面能分泌黏液或黏丝的鱼卵。

04.295 卵子消毒 egg disinfection
用防病药物处理卵子。

04.296 受精 fertilization
精子进入卵子后,雌雄原核相融合形成合子的过程。

04.297 卵水 egg-water
水生动物产过卵并使之含有诱导精子反应活性成分的水体。

04.298 [鱼]自然受精 natural insemination
一定数量雌雄搭配的亲鱼,经人工催产后在产卵池中自行产卵排精并完成受精的过程。

04.299 [鱼]人工授精 artificial insemination
人工采卵、采精后使成熟卵和精液接触完成受精的过程。

04.300 干法人工授精 dry method of artificial fertilization
将亲鱼的卵和精液挤入无水容器中,使其充分接触后加水漂洗的一种人工授精方法。

04.301 湿法人工授精 wet method of artificial fertilization
将亲鱼的卵和精液同时挤入盛水容器中,使精卵在水中结合的一种人工授精方法。

04.302 洗卵法人工授精 washing method of artificial fertilization
用清水反复洗去多余精液的一种干法人工授精方法。

04.303 等渗液洗卵法人工授精 isotonic egg washing method of artificial fertilization
用等渗液洗去多余精液的一种干法人工授精方法。

04.304 受精率 fertilization rate
受精卵数占总卵数的百分比。

04.305 卵裂卵 cleavage egg
卵裂开始至胚体形成的阶段。

04.306 胚胎 embryo
在卵膜内正在发育的受精卵。

04.307 孵化 incubation, hatching
在适宜的温度等环境条件下,受精卵变成幼体的过程。

04.308 人工孵化 artificial incubation
在人工控制条件下,使受精卵正常进行胚胎发育而孵出幼体的过程。

04.309 鱼卵静水孵化 fish egg incubating in still water
在孵化池或网箱等静止水体或容器中使鱼卵孵化的方法。

04.310 鱼卵淋水孵化 sprinkle incubating method of fish eggs
将附有鲤、鲫等鱼卵的鱼巢置于室内孵化架上,淋水使其孵化的方法。

04.311 鱼卵流水孵化 fish egg incubating in running water

在有流水的装置中使鱼卵孵化的方法。

04.312　鱼卵脱黏孵化　deviscidity incubating method of fish eggs

用泥浆或滑石粉等对黏性鱼卵脱黏后进行孵化的方法。

04.313　孵化率　hatchability, hatching rate

孵化出的苗数占受精卵总数的百分比。

04.314　发眼卵　eyed eggs

受精卵发育过程中，透过卵膜可见眼睛黑色素出现的胚胎。

04.315　仔鱼　larva fish

从卵膜内孵化出到卵黄吸收完毕且具奇鳍褶的鱼苗。

04.316　前期仔鱼　prelarva

孵化后至卵黄基本吸收完，消化器官基本构造大体确立，开始吸取外界营养的鱼苗。

04.317　后期仔鱼　postlarva

开始吸取外界营养至体内各器官形成，具备了成鱼相同的消化系统，外部形态开始具备种分类学特征的鱼苗。

04.318　稚鱼　juvenile

以消化系统为主的各种器官已形成，外部形态已经具备种分类学特征的鱼苗。

04.319　幼鱼　young fish

稚鱼性腺形成至性成熟以前整个生长阶段的鱼类个体。

04.320　孵化稚鱼　alevin, sac-fry

鲑科鱼刚孵化的带有卵黄囊、尚不具备摄食能力，但某些可数性状（如鳍条）已达一定程度分化，初步具备种的分类学特征的发育阶段。

04.321　上浮稚鱼　swim-up fry

鲑科鱼类的孵化稚鱼，其卵黄吸收将近终了，开始具备上浮游泳和摄食能力的发育阶段。

04.322　幼鱼斑稚鱼　parr

鲑科鱼类的稚鱼体侧长有椭圆形深色斑的发育阶段。

04.323　银白化幼鱼　smolt

降海型鲑科鱼类其幼鱼降海前全身变成银白色的发育阶段。

04.324　上浮仔鱼　swim-up larvae, emergent larvae

鳔已充气且能水平游动的仔鱼。

04.325　卵黄囊仔鱼　yolk-sac larvae

卵黄囊尚未消失的仔鱼。

04.326　江汛　river flood

又称“发江”。江河中鱼苗大量繁殖、集中张捕的时期。

04.327　野杂鱼　wild fishes

个体小、生长慢、经济价值低及危害养殖鱼类的野生鱼。

04.328　除野　eliminating harmful stocks, fish eradication

从张捕的天然鱼苗中剔除野杂鱼苗。

04.329　低温麻醉　low temperature narcotization

为便于运输或其他操作，在较低温度下对鱼类进行的药物麻醉。

04.330　鱼苗　fish fry

从孵出卵膜后，腰点（鳔）出现、卵黄囊基本吸收、能平游和主动摄食的仔鱼。

04.331　鱼苗培育　fry rearing

鱼苗饲养20天左右，体长达到1.5～3.0cm幼鱼的培育过程。

04.332　鱼苗出池　fry out the ponds

鱼苗培育结束经适应性锻炼后出塘分养的过程。

04.333 鱼苗计数 fry numeration, fry counting

出池时或运到目的地后统计鱼苗的数量。

04.334 鱼苗成活率 survival rate of fish fry

成活的鱼苗尾数占放养鱼苗尾数的百分比。

04.335 鱼种 fish fingerling

鱼苗发育至鳞片、鳍条长全,外观已具备成鱼基本特征,用以养殖成鱼的幼鱼。

04.336 鱼种培育 nurture of fish fingerlings

将夏花鱼种培育成大规格鱼种的过程。

04.337 一龄鱼种 yearlings

又称“当年鱼种”。当年繁殖鱼苗所培育的鱼种。

04.338 二龄鱼种 young fish of two years, fingerlings of two years

一龄鱼种再饲养一年的大规格鱼种。

04.339 夏花 summerlings

春季孵化的鱼苗,经 20 ~ 30 天饲养后在夏季出池的鱼种。

04.340 鱼种池 fingerling pond

培育鱼种的水池。

04.341 鱼种场 fish nursery

生产商品鱼种的企业。

04.342 [鱼种]锻炼 harden

通过拉网等方法提高鱼种对不良环境适应能力的措施。

04.343 锻炼架 hardening shelf

用于鱼体锻炼的网箱架或网架。

04.344 鱼筛 fish grader, sorting box

用以分离鱼苗、鱼种和剔除野杂鱼苗的竹编筛状工具。

04.345 过筛 size sorting, grading

用筛目不同的鱼筛筛选鱼苗鱼种和剔除野杂鱼的过程。

04.346 分塘 deconcentrition of fish into more ponds

将一口塘中的鱼按大小分到不同池塘进行养殖。

04.347 并塘 concentration of fish into less pond

将拟于翌年使用的鱼种集中放养在水较深的池塘中越冬的措施。

04.348 轮捕轮放 multiple stocking and multiple fishing

在一年内分期分批捕捞成鱼,同时适量补放鱼种,以充分利用池塘来提高产量的措施。

04.349 多级轮养 progressive culture

根据鱼类的生长特点,将鱼种和成鱼养殖过程分为若干阶段或级,分在不同池塘进行饲养,并随着鱼种长大和分批捕捞成鱼,依次把相同数量的鱼种转入下一级池塘饲养的一种养殖方式。

04.350 间捕 intermediate fishing

养殖期内将已达到商品规格的鱼捕出销售的措施。

04.351 成鱼 marketable fish, ongrown fish

达到商品规格的鱼。

04.352 活鱼运输 transport of living fish

在向生产单位提供鱼苗、鱼种或亲鱼,鱼类移植、引种和供应市场鲜活商品鱼等过程中的一种活体运输方式。

04.353 河蟹养殖 culture of Chinese mitten crab

人工繁殖、饲养中华绒螯蟹的生产活动。

04.354 蟹苗 crab seed

可以用于养殖生产的大眼幼体期蟹幼体。

04.355 河蟹育苗 crab seedling rearing

人工繁殖和培育中华绒螯蟹苗种的过程。

04.356 亲蟹 parent crab
供人工繁殖用的雌蟹和雄蟹。

04.357 叶状幼体期 phyllosoma stage
特指甲壳纲十足目某些虾类，如龙虾的糠虾幼体期。幼体透明似叶状，营游泳生活。

04.358 大眼幼体 megalopa larva, megalopa
甲壳纲蟹类变态发育中最后的一个幼虫期。已呈蟹形，具全部体节与附肢。

04.359 特种养殖 culture of special species
饲养有特殊营养价值、观赏价值或药用价值生物的生产活动。

04.360 成鳖养殖 marketable turtle culture
将幼鳖饲养到商品规格鳖的生产活动。

04.361 亲鳖 parent turtle
供人工繁殖用的雌鳖和雄鳖。

04.362 蛙类养殖 culture of frog
在人工环境条件下繁殖、饲养蛙类的生产活动。

05. 水产生物育种学

05.001 鱼类遗传学 genetics of fishes, fish genetics
研究鱼类遗传与变异的学科。

05.002 鱼类育种学 fish breeding
应用遗传学方法，研究改造鱼类遗传特性和培育新品种的学科。

05.003 遗传 heredity, inheritance
生物世代之间的连续性和相似性。

05.004 核酸 nucleic acid
由核苷酸通过3′,5′-磷酸二酯键连接而成的生物大分子。

05.005 核苷酸 nucleotide
由碱基（嘌呤碱或嘧啶碱）、戊糖（核糖或脱氧核糖）和磷酸组成的化合物。

05.006 核糖核酸 ribonucleic acid, RNA
主要由4种核糖核苷酸按一定的顺序，以3′,5′-磷酸二酯键连接而成的一类核酸。

05.007 脱氧核糖核酸 deoxyribonucleic acid, DNA
主要由4种脱氧核糖核苷酸按一定的顺序，以3′,5′-磷酸二酯键连接而成的一类核酸，是生物遗传信息的载体。

05.008 染色体 chromosome
由脱氧核糖核酸、蛋白质和少量核糖核酸组成的线状或棒状物，是生物主要遗传物质的载体。因是细胞中可被碱性染料着色的物质，故名。

05.009 染色体基数 basic number of chromosome
在一系列有关的多倍体生物中，最小单倍体所具有的染色体数目。

05.010 常染色体 autosome
生物体内除性染色体以外的所有染色体。

05.011 单套常染色体 haploidy autosome
除性染色体外的单倍染色体组。

05.012 同源染色体 homologous chromosome
形态相同、在减数分裂中能配对的两条染色体。

05.013 性染色体 sex chromosome

雌雄异体动物和某些高等植物中与性别决定直接有关的染色体。

05.014 染色体组 chromosome set

真核生物配子细胞里由全部染色体组成的单元。

05.015 核型 karyotype, caryotype

又称"染色体组型"。将真核生物体细胞中全部染色体按照大小、着丝粒位置以及带型顺序排列起来形成的图像。

05.016 遗传密码 genetic code

包含在脱氧核糖核酸或核糖核酸核苷酸序列中的遗传信息。它决定蛋白质中的氨基酸排列顺序,因而决定蛋白质的化学构成和生物学功能。

05.017 密码子 codon

对应于某种氨基酸的核苷酸三联体。在转译过程中决定该种氨基酸插入生长中多肽链的位置。

05.018 反密码子 anticodon

转移核糖核酸分子中与信使核糖核酸上的密码子专一互相配对的核苷酸三联体,位于转移核糖核酸分子链非螺旋区域的反密码子环上。

05.019 遗传信息 genetic information

生物体内贮存遗传密码的信息系统。

05.020 信使核糖核酸 messenger RNA, mRNA

带有从脱氧核糖核酸得到的肽链基因信息,从而在蛋白质生物合成中决定肽链氨基酸顺序的一类核糖核酸。

05.021 互补脱氧核糖核酸 complementary DNA, cDNA

以信使核糖核酸为模板,在反转录酶作用下进行反转录所得到的脱氧核糖核酸。

05.022 配子 gamete

生物进行有性生殖的生殖细胞。

05.023 合子 zygote

又称"受精卵"。雌配子(卵子)和雄配子(精子)结合形成的双倍体细胞,是子代新生命的起点。

05.024 纯合子 homozygote

由2个遗传型相同的配子结合形成的合子或由这种合子发育而成的个体。

05.025 杂合子 heterozygote

由2个遗传型不同的配子结合形成的合子或由这种合子发育而成的个体。

05.026 基因 gene

存在于细胞内有自体复制能力的遗传物质单位。

05.027 显性基因 dominant gene

杂合状态时表型显示的基因。

05.028 隐性基因 recessive gene

纯合状态能在表型上显示出来,而在杂合状态不显示的基因。

05.029 等位基因 allele

处于一对同源染色体的相同位置上的基因。

05.030 复等位基因 multiple alleles

由2个以上不同成员组成的等位基因系列。

05.031 基因库 gene pool, gene bank

在一个物种群体中,能产生正常配子的全部个体所含有的各种基因的集合。

05.032 基因文库 gene library

某种生物全部脱氧核糖核酸片段的克隆总体。

05.033 基因图[谱] gene map

生物细胞中染色体上所有基因按其具体位置、次序和间隔排列而成的线性图。

05.034 基因作图 gene mapping

根据基因定位数据，把每一染色体上已发现的基因位点绘制成基因图。

05.035 物理图谱 physical map
在脱氧核糖核酸分子水平描述基因与基因间或脱氧核糖核酸片段之间相互关系的图谱。

05.036 遗传图谱 genetic map
由遗传重组测验结果推算出来的、在一条染色体上可以发生的突变座位的直线排列（基因位点的排列）图。

05.037 单倍数 haploidy number
配子细胞核中的染色体数。

05.038 单倍体 haploid
具有配子染色体数（n）的个体。

05.039 二倍数 diploidy number
合子发育产生的体细胞的染色体数。

05.040 二倍体 diploid
具有2个染色体组的生物个体。

05.041 同源二倍体 auto-diploid
具有2个相同染色体组的生物个体。

05.042 三体 trisomics
二倍体生物的体细胞中增加一条染色体，使染色体数目呈 $2n+1$ 的个体。

05.043 缺体 nullisomic
二倍体生物的体细胞中缺少了一对同源染色体，使染色体数目呈 $2n-2$ 的个体。

05.044 单体 monosomic
二倍体生物的体细胞中缺少了一条染色体，使染色体数目呈 $2n-1$ 的个体。

05.045 三倍体 triploid
具有3套染色体组的生物体。

05.046 四倍体 tetraploid
具有4套染色体组的生物体。

05.047 多倍体 polyploid
具有3个或3个以上染色体组的生物个体。

05.048 同源多倍体 autopolyploid
具有3个或3个以上相同染色体组的生物个体。

05.049 异源多倍体 allopolyploid
具有不同物种染色体组的多倍体。多由染色体组有明显差异的物种间杂种一代经染色体加倍形成。

05.050 整倍体 euploid
体细胞内含有完整的染色体组的个体。

05.051 非整倍体 aneuploid
染色体组的染色体数目不成完整倍数的个体。

05.052 雌雄异体 dioecism, gonochorism
雌性和雄性的性腺分别生在不同个体上的生物。

05.053 雌雄同体 monoecism, hermaphrodite
雌性和雄性的性腺生在同一个体上的生物。

05.054 二态现象 dimorphism
一个物种分成2个形态不同类群的现象。

05.055 自体受精 self-fertilization, autofertilization
又称"同体受精"。雌雄同体的生物，同一个体所产的雌雄配子结合的受精现象。

05.056 单精受精 monospermism
只有一个精子进入卵内的受精方式。

05.057 多精受精 polyspermism
有多个精子进入卵内的受精方式。

05.058 受精素 fertilizin
某些动物卵具有的吸引同种动物精子的物质。

05.059 混合精液授精 mixed sperm insemination

用多个父本的精液混合后给母本授精的方式。

05.060 孤雌生殖 parthenogenesis

又称“单性生殖”。卵细胞未经受精，直接发育成新个体的一种无融合生殖方式。

05.061 雌核发育 gynogenesis

经遗传失活动物的精子刺激而使卵子发育的孤雌生殖。

05.062 异精雌核发育 allogynogenesis

用异种精子激活卵子发育的孤雌生殖。

05.063 假受精 pseudogamy, pseudopregnacy

卵子受精子的刺激但不发生精卵融合而发育成胚胎的现象。

05.064 雄核发育 androgenesis

遗传失活的卵子与精子结合，发育成只有父本染色体个体的一种特殊生殖方式。

05.065 雄性不育 male sterility

由于生理或遗传原因造成的精巢或精子没有正常生殖功能现象。

05.066 人工孤雌生殖 artificial parthenogenesis

没有受精的卵通过人为化学或物理因素的刺激而诱发其发育的生殖方法。

05.067 近交 inbreeding

又称“近亲交配”。亲缘关系较近的个体之间的交配。

05.068 全同胞交配 full-sib mating, I-sib mating

同一双亲所生产后代个体之间的交配。

05.069 半同胞交配 half sib mating

同父或同母的个体之间的交配。

05.070 内交 incross

又称“同系交配”。血统或亲缘关系很相近的个体之间的交配。

05.071 近交系 I line, inbred line

养殖动物品系种类之一。利用高度近交使优秀性状的基因迅速地达到纯合而形成的品系。

05.072 异[型杂]交 outcross

遗传上不相关的动物之间的杂交。

05.073 自交 selfing

雌雄同体生物的自体受精。

05.074 自交系 selfing line

生物通过多次自交或近交获得的几乎是同质结合的品系。

05.075 自交不育 self-infertility, self-sterility

自交不能产生子代的现象。

05.076 近交衰退 inbreeding depression

生物自交或近交后代中出现的生活力、适应性、可育性的减退现象。

05.077 随机交配 random mating, panmixis

有性繁殖的生物群体中雌雄个体间的任意交配。

05.078 杂交 cross, hybridization

不同品种或类型生物的配子进行受精结合，从而产生新个体的繁殖方法。

05.079 杂交组合 crosscombination

根据人们的意愿，将不同的性状组合在一起所进行的杂交。

05.080 分子杂交 molecular hybridization

由来源不同的两个脱氧核糖核酸单链或核糖核酸单链结合成双链分子的过程。

05.081 原位杂交 *in situ* hybridization

用来测定染色体上和某一特定核酸分子具有互补结构的部位的技术。

05.082　回交　backcross

子一代杂合子个体与亲本或亲本基因相同的个体的交配。

05.083　互交　intercrossing, intermating

同一杂交子代之间的交配。

05.084　横交　athwart cross

选取优秀的杂种雌雄个体进行自群繁育。

05.085　测交　test cross

为测定杂合个体的基因型而进行的未知基因型杂合个体与有关隐性纯合个体之间的交配。

05.086　测交品系　test strain line

在测交中作为已知基因型亲本的带有许多隐性基因的品系。

05.087　顶交　top cross

一个品种与一个自交系的交配。多用来测定自交系间相互杂交的组合力。

05.088　正反交　reciprocal crosses

2个具有相对性状的品种，相互作为父本和母本进行不同方式的杂交。如把甲×乙称为正交(direct cross)，则乙×甲称为反交(reciprocal cross)。

05.089　正反交杂种　reciprocal hybrid

2个不同物种的亲本通过正反交得到的杂种后代。

05.090　单交　single cross

2个不同品种或种质资源作为亲本进行成对交配的杂交方式。

05.091　单交种　single cross hybrid

2个自交系间杂交所产生的杂交种。

05.092　复交　composite cross

用3个或3个以上品种进行2次或2次以上的杂交方式。

05.093　三交　triple cross

3个亲本进行的复合杂交或1个单交与1个自交系的杂交。

05.094　双交　double cross

2个单交种进行的杂交。

05.095　有性杂交　sexual hybridization

遗传性不同的种或类型或品种之间通过两性细胞的结合形成新个体的杂交方式。

05.096　渐渗杂交　introgressive cross, introgressive hybridization

某一品种的基因逐渐引进到另一品种基因库中的一种杂交方式。

05.097　品种间杂交　intervarietal hybridization

同一物种内不同品种个体之间的杂交。

05.098　系间杂交　line cross

不同品系之间的杂交。

05.099　远缘杂交　distant hybridization, wide cross

亲缘关系较远的生物类型间的杂交。

05.100　改良杂交　improved cross

为改良经济性状基本符合要求品种的某些缺陷而进行的杂交。

05.101　轮回杂交　rotational crossing

杂交的各原始亲本品种轮流与各代杂种(母本)进行回交，以取得优良经济性状的杂交。

05.102　聚合杂交　convergent cross, polymerized cross

又称“多系杂交”。多个基因型不同的亲本通过多次、多向杂交，将所需亲本的基因集中到一个或多个杂种群体中的一种杂交方式。

05.103　种间杂交　species hybridization, species cross

同属不同种之间的交配。

05.104 属间杂交 intergeneric cross
同科不同属之间的交配。

05.105 无性杂交 asexual hybridization
通过嫁接和移植取得杂种的方式。

05.106 体细胞杂交 somatic hybridization
又称"细胞融合技术(cell fusion technique)"。(1)人工方法使2个或几个不同物种的体细胞合并成一个细胞。(2)不同来源的细胞、原生质体结合并增生或形成新生物体的技术。

05.107 核质杂交 cytoplasmic-nuclear hybridization
将一种生物的细胞核移入另一种生物的去核卵中,让其结合并发育成为核质杂种的方法。

05.108 后代 progeny
个体交配所得的子代。

05.109 后代测验 progeny test
通过对后代的研究来推断亲体基因型的方法。

05.110 子一代 first finial generation, F_1
2个性状不同的亲本交配所得杂种子代。

05.111 子二代 second finial generation, F_2
杂种子一代同胞交配所得子代。

05.112 杂种不育性 hybrid sterility
不同物种之间杂交所得子代不能生育的现象。

05.113 品种 variety, breed
来自同一祖先、具有某种经济性状、基本遗传性能稳定一致的一种种养殖生物群体。

05.114 品种资源 variety resources
培育品种用的生物资源。

05.115 种质资源 germplasm resources
一切具有一定种质或基因并能繁殖的生物类型的总称。

05.116 品系 strain, line
源出于同一祖先且具有稳定基因型的一个生物种群。

05.117 引种 introduction
将异地的优良品种、品系或具有某些优良特性的类群引入本地作为育种素材或直接推广应用的育种措施。

05.118 引进种 introduced variety
由外地引进的品种。

05.119 纯种 pure breed
通过连续近交形成的遗传型纯一的个体。

05.120 纯种繁育 pure breeding
在本种群范围内,通过选种选配、品系繁育、改善培育条件等措施,以提高种群性能的育种方式。

05.121 品系繁育 line breeding
在保持某一品种群原有生产性能和体外形基本特点的基础上,按预定目标进行定向培育,创造具有独特性能品系的育种方式。

05.122 原种 stock, original seed
(1)通过原种生产程序繁殖出的纯度较高、质量较好,并且能进一步提供繁殖良种的基本种子。(2)新品种开始生产和推广的最原始的高质量种子。(3)保持一定的基因型,并可供随时取得属于该一基因型生物使用的培养生物。

05.123 杂种 hybrid
由基因型不同的亲本交配而产生的子代。

05.124 劣种 inferior breed, rogue
相对原种性状较差的变异品种。

05.125 单型种 monotypic species
在分类学上只有1个种的物种。

05.126 多型种 polytypic species

在分类学上可区分为若干特化亚种的物种。

05.127 隐秘种 hidden species
表型相似但在自然界中不能形成杂种的物种。

05.128 姐妹种 sister species, sibling species
又称"亲缘种"。表型近似但生殖隔离的物种。

05.129 群型种 cenospecies
杂交以后能产生部分可育杂种后代的一组物种。

05.130 品族 herd of merit dams
源自同一优秀族祖(优秀母本)的母本群。

05.131 纯系 pure line
通过连续近交得到的纯合品系。

05.132 系谱 pedigree
记录祖先信息的图谱。

05.133 改良品种 improved variety
从现有种质资源或人工创造的种质群体内,选择优良变异个体,通过系统的选育过程育成的种养殖品种。

05.134 品种鉴定 variety identification
对人工选育出来的、具有一定形态特征和生产性状的群体进行评定的过程。

05.135 遗传多态性 genetic polymorphism
在 1 个群体中长期存在 2 种或 2 种以上基因型的现象。

05.136 质量遗传 qualitative inheritance
有明显界线、易分类、性状差异不连续的质量性状的遗传。

05.137 数量遗传 quantitative inheritance
界线不明显、不易分类、性状变异呈连续性的数量性状的遗传。

05.138 [后天]获得性遗传 inheritance of acquired characters
生物在个体生活过程中,受外界环境条件的影响,产生带有适应性和方向性的性状变化并能够遗传给后代的现象。

05.139 融合遗传 blending inheritance
子代的某种性状表现为父本与母本之间的中间类型的遗传现象。

05.140 颗粒遗传 particulate inheritance
生物的任何性状都是由一种粒子式的遗传物质所控制的现象。

05.141 返祖遗传 atavistic inheritance
又称"隔代遗传"。相隔多代以后再出现祖先性状的现象。

05.142 偏父遗传 patroclinal inheritance
子代性状偏向父本的遗传现象。

05.143 伴性遗传 sex-linked inheritance
性染色体上的基因所表现的特殊遗传现象。

05.144 交叉遗传 criss-cross inheritance
杂交雄性子代像母本、雌性子代像父本的现象。

05.145 限性遗传 sex-limited inheritance
性状传递受性别限制的一种遗传现象。

05.146 从性遗传 sex-influenced inheritance, inheritance of sex-conditioned characters
基因型的表现受性别影响的现象。

05.147 细胞质遗传 cytoplasmic inheritance
由细胞质基因决定性状表现的遗传现象。

05.148 母体影响 maternal influence
受母体的基因型或代谢产物的影响,子一代某些性状表现与母本相似的现象。

05.149 偏母遗传 matrocliny
子代性状偏向母本的遗传现象。

05.150 单亲遗传 monolepsis

只有1个亲本的性状传给子代的遗传现象。

05.151 双亲遗传 amphilepsis

子代具有父母本性状的遗传现象。

05.152 突变 mutation

遗传物质的结构或成分发生突然变化的现象。

05.153 显性突变 dominant mutation

产生显性遗传效应的基因突变。

05.154 隐性突变 recessive mutation

产生隐性遗传效应的基因突变。

05.155 自发突变 spontaneous mutation

在自然状态下产生的突变。

05.156 诱发突变 induced mutation

利用各种物理化学诱变因素,人为引起生物基因发生的突变。

05.157 变异 variation

群体中个体之间的差异。

05.158 变异系数 coefficient of variability

样本标准差占其相应平均数的百分数。

05.159 选择 selection

使种群个体非随机交配,以提高群体内有利基因的频率,降低不利基因的频率的一种育种方法。

05.160 自然选择 natural selection

生物界适者生存、不适者淘汰的现象。

05.161 人工选择 artificial selection

人类有计划地从生物群体中选择优良变异个体,从而形成生物新类型的过程。

05.162 定向选择 orthoselection, directional selection

使生物类型朝符合人类需要的变异方向发展的选择方式。

05.163 个体选择 individual selection

根据个体表型值进行的选择方式。

05.164 家系选择 line selection, family selection

以家系为单位,根据家系平均值高低进行的选择。

05.165 连续选择 successive selection, tandem selection

对所要改良的性状依次进行选择,每次仅选择改良一种性状的选择方式。

05.166 选择指数 selection index

对多数量性状进行综合选择的指标。

05.167 地理隔离 geographical isolation

受地理条件限制,使2个或几个亲缘关系相近的群体之间不能自由交配和交流遗传物质的现象。

05.168 生殖隔离 reproductive isolation

由于生殖方面的原因,亲缘关系相近的类群之间不易交配成功的隔离机制。

05.169 性[别]决定 sex determination

有性繁殖生物中,产生性别分化,并形成种群内雌雄个体差异的机理。

05.170 性别控制 sex control

通过遗传学或内分泌学等手段对生物体的性别分化进行人工调控。

05.171 性逆转 sex reversal

个体由一种性别转变成另一种性别的现象。

05.172 表型 phenotype

基因型在特定条件下的性状表现。

05.173 基因型 genotype

又称“遗传型”。细胞或机体内基因组成的总和,或控制某一性状的基因组合。

05.174 性状 character, trait

生物的可以鉴别的表型特征。

05.175 质量性状 qualitative character
变异不连续并易于归类和定性的性状。

05.176 数量性状 quantitative character
变异有连续性且不易于归类的定量性状。

05.177 显性性状 dominant character
具有相对性状的亲本杂交所产生的子一代中能显现出的亲本性状。

05.178 隐性性状 recessive character
具有相对性状的亲本杂交后，在子一代中没有显现的亲本性状。

05.179 单位性状 unit character
生物有机体呈独立遗传的外部形态特征和生理特性。

05.180 相对性状 relative character
在不同个体身上相对应地表现出不相同特征的单位性状。

05.181 超显性 over dominant, super dominant
等位基因在杂合时的表现型值或生理功能优于其任一纯合体的现象。

05.182 进化论 evolutionism
关于生物由无生命到有生命，由低级到高级，由简单到复杂逐步演变过程的学说。

05.183 配合力 combining ability
某一杂交组合中后代出现优良性状的能力。

05.184 减数分裂 meiosis
生物细胞中染色体数目减半的分裂方式。

05.185 减数引发 meiotic drive
细胞在减数分裂期间，由于染色体不等分离而导致种群遗传性偏离的现象。

05.186 [遗传]转录 transcription
遗传信息从脱氧核糖核酸转移到核糖核酸的过程。

05.187 转录酶 transcriptase
又称“核糖核酸多聚酶(RNA polymerase)”。将脱氧核糖核酸分子一条单链上的遗传信息转录合成为信使核糖核酸的酶。

05.188 [遗传]翻译 translation
由信使核糖核酸携带的遗传信息指导蛋白质合成的过程。

05.189 分离定律 law of segregation
一对基因在杂合状态中保持相对的独立性，而在配子形成时，又按原样分离到不同配子中去的现象。

05.190 自由组合定律 law of independent assortment
又称“独立分配定律”。细胞内 2 对或 2 对以上的遗传因子(基因)配子形成的过程中，同一对因子独立地相互分离，不同对因子自由组合，并在杂交的子二代(F_2)中，不同显隐性性状按$(3:1)^n$出现各种组合(n为因子对数)的现象。

05.191 连锁遗传 linkage inheritance
2 个或 2 个以上的非等位基因在遗传中结合在一起的频率大于按独立分配规律所期望的频率的现象。

05.192 交换遗传 crossing over inheritance
细胞减数分离过程中同源染色体的非姊妹染色单体间发生分子水平上的局部重组。

05.193 遗传力 heritability
又称“遗传率”。性状的总表型方差中，遗传方差所占的比例。

05.194 生活力 vitality
又称“生活强度”。生物群落中，各种生物的生长发育兴衰程度。

05.195 近亲 consanguinity
亲缘关系很近的个体或群体。

05.196 杂交优势 heterosis, hybrid vigor

具有不同遗传型的物种经过杂交,其后代的某些性状如生长速度、生活力、繁殖率、抗逆性和产量等优于亲本的现象。

05.197 杂交优势强度 heterosis intensity
显优势的杂种子一代某性状平均值与双亲同性状平均值之差,占双亲同性状平均值的百分率。

05.198 遗传效应 genetic effect
基因型对性状形成所起的作用。

05.199 纯系学说 theory of pure line
关于生物性状遗传与环境关系的理论。

05.200 遗传物质 genetic material
能单独传递遗传信息的物质。

05.201 遗传标记 genetic marker
应用于遗传分析的各种表型、细胞、分子标记的总和。

05.202 亲代 parental generation, P
子一代的双亲。

05.203 父本 male parent
动植物有性繁殖过程中亲代的雄性个体。

05.204 母本 female parent
动植物有性繁殖过程中亲代的雌性个体。

05.205 子代 filial generation
动植物有性繁殖所产生的后代。

05.206 远缘杂种 distant hybrid, wide hybrid
远缘杂交所产生的后代。

05.207 抗逆性 stress resistance
生物对逆境的适应能力。

05.208 抗病性 disease resistance
生物抵御病害侵袭的能力。

05.209 抗寒性 cold resistance
生物抵御低温冻害的能力。

05.210 育种 breeding
通过系统选择、杂交、诱变等方法培育人类需要的动植物新品种。

05.211 育种值 breeding value
数量性状遗传值中可遗传、并能通过育种在后代保持下来的部分。

05.212 选择育种 breeding by selection, selective breeding
从现有的种质资源群体中,选出优良的自然变异个体,使其繁殖后代来培育新品种的一种育种方法。

05.213 纯系育种 pure line breeding, pure line selection
在通过高度近交产生的一群个体中选择优良自然变异个体,进而育成纯系品种的育种方法。

05.214 杂交育种 cross breeding, hybridize breeding
通过交配,把 2 个或多个不同遗传型亲本的优良性状结合在一个杂种个体中,其后代再经过选择、鉴定、繁殖而育成新品种的一种育种方法。

05.215 遗传工程 genetic engineering
又称"遗传操作(genetic manipulation)"。用人工手段把一种生物的遗传物质转移到另一种生物的细胞中去,并使这种遗传物质所带的遗传信息在受体细胞中表达的技术。

05.216 克隆 clone
由一个共同祖先无性繁殖的一群遗传上同一的脱氧核糖核酸分子、细胞或个体所组成的特殊生命群体。

05.217 全能性 totipotency
体细胞核具有的发育成完整个体的潜能。

05.218 基因工程 gene engineering

又称“重组脱氧核糖核酸技术(recombinant DNA technique)”。将在体外进行修饰、改造的脱氧核糖核酸分子导入受体细胞中进行复制和表达的技术。

05.219 基因打靶 gene targeting
通过同源重组,用经体外改造过的基因去置换生物细胞基因组中相对应的内源性基因的技术。

05.220 染色体工程 chromosome engineering
又称“染色体操作(chromosome manipulation)”。将一种生物的特定染色体有目的地予以添加、消除或置换成同种或异种染色体的方法和技术。

05.221 染色体加倍 chromosome doubling
通过生物、理化方法使配子或胚胎的染色体成倍增加的过程。

05.222 倍性育种 ploidy breeding
通过改变染色体的数量,产生不同的变异个体,进而选择优良变异个体培育新品种的育种方法。

05.223 多倍体育种 polyploid breeding
通过增加染色体组数以改造生物遗传基础,从而培育出符合人类需要新品种的方法。

05.224 单倍体育种 haploid breeding
通过单倍体培育形成纯系的育种方法。

05.225 分子标记辅助育种 molecular mark assisted breeding
利用与特定性状相关联的分子标记作为辅助手段进行的育种。

05.226 细胞移植 cell transplantation
通过显微操作将一个(或一群)细胞导入受体胚胎的技术。

05.227 [细胞]核移植 nuclear transplantation
通过显微操作将一个细胞核移入另一细胞的细胞质内的技术。

05.228 受体 receptor
存在于细胞膜上的一类能识别一定外界信号并产生相应反应的结构。

05.229 供体 donor
又称“授体”。胚胎移植时提供卵子的母体。

05.230 转基因 transgene
整合到转基因动植物基因组中的外源基因。

05.231 转基因学 transgenics
研究基因转移理论和方法的学科。

05.232 基因转移 transgenosis, gene transfer
将外源目的基因转移到受体细胞、配子或合子并使之表达的技术。

05.233 诱变育种 mutation breeding
以诱发基因突变为目的一种育种方法。

05.234 辐射诱变育种 radiaction mutation breeding
用射线作为基因诱变因素的一种诱变育种。

05.235 激光诱变育种 laser mutation breeding
用激光作为基因诱变因素的一种诱变育种。

05.236 化学诱变育种 chemical mutation breeding
用化学诱变剂处理生物体诱发基因突变的一种诱变育种。

05.237 诱变剂 mutagen
能显著增加基因突变频率的物理、化学和生物因素。

05.238 遗传漂变 genetic drift
由于遗传群体大小有限造成的基因频率随机波动。

05.239 分子遗传学 molecular genetics

在分子水平上研究生物遗传和变异规律的学科。

05.240 生物工程 biotechnology

又称“生物技术”。利用和改造生物体的一些特定功能,生产生物制品和培育新物种的综合性科学技术。

05.241 血清学技术 serological technique

利用抗原抗体反应原理建立的一系列检测技术。

05.242 组织培养 tissue culture

应用无菌操作方法培养生物的离体器官、组织或细胞,使其在人工条件下生长和发育的技术。

05.243 细胞培养 cell culture

在模拟机体内的生理环境中维持细胞生长、繁殖的技术。

05.244 细胞株 cell strain

通过纯系化或选择法从原代培养细胞或细胞系中分离出来的、具有特异性状或标志性状的细胞群体。

05.245 细胞系 cell line

原代细胞培养物经首次传代成功后所繁殖的细胞群体。

05.246 个体发育 ontogeny, ontogenesis

多细胞生物体从受精卵到成体的发育过程。

05.247 系统发育 phylogeny, phylogenesis

(1)生物种族的发生、成长和演变的过程。
(2)地球上生命的起源及演变过程。

05.248 效价 titer

抗原与抗体活性高低的指标。

05.249 酶联免疫吸附测定 enzyme-linked immunosorbent assay, ELISA

将特异性抗原、抗体免疫反应和酶催化反应相结合的一种高灵敏度鉴定和检测抗原或抗体的检测技术。

05.250 放射自显影术 autoradiography, ARG

利用感光材料或特殊的核乳胶记录,检查和测量放射性示踪剂的分布、定位和定量的方法。

05.251 启动子 promoter

对遗传转录起发动作用的基因。

05.252 引物 primer

在多聚酶链式反应中,用于引导脱氧核糖核酸合成的一段核苷酸序列。

05.253 聚合酶链式反应 polymerase chain reaction, PCR

体外酶促合成特异脱氧核糖核酸片段的技术。

05.254 线粒体脱氧核糖核酸 mitochondrial DNA, mtDNA

位于线粒体中独立于核脱氧核糖核酸之外的一套遗传物质。

05.255 显微注射 microinjection

用显微注射仪将外源基因注入细胞或配子的技术。

05.256 探针 probe

用生物素或放射性元素标记的核苷酸片段。

05.257 细胞工程 cell engineering

通过细胞融合、核移植、细胞器移植或染色体操作,产生杂种细胞并发育成个体的技术。

05.258 流式细胞计量术 flow cytometry, FCM

一种自动分离和分析各类细胞、微生物或混合群体的细胞器的技术。

05.259 细胞器 organelle

细胞质内具有某些特殊生理功能和一定化学组成的形态结构单位。

05.260 质粒 plasmid
独立于染色体之外的、能自主复制的双链环状脱氧核糖核酸物质。

05.261 显微操作 micromanipulation
利用显微操作仪对微小物体进行精细处理。

05.262 剂量效应 dose effect
细胞内某种基因重复份数越多，其表型效应越显著的现象。

05.263 细胞亲和性 cellular affinity
发育中的细胞有选择地与其他细胞相亲合的现象。

05.264 超低温保存 cryopreservation
将细胞等置于液氮中保存，解冻后仍能存活的技术。

05.265 良种繁育 elite breeding, propagation of elite tree species
将选育的优良品种扩大繁殖并推广于生产的过程。

05.266 品种退化 degeneration of variety
品种群体经济性状在生产过程中发生劣变的现象。

05.267 提纯 purification
按照良种标准和选种要求，提高良种纯度和保持良种优良性状的措施。

05.268 复壮 rejuvenation
按照良种标准和选种要求，对品种退化所采取的补救措施。

06. 饲料和肥料

06.001 饲料 feed, feedstuff
饲养动物食物的总称。

06.002 饵料 bait feed
养殖水产动物食物的总称。

06.003 营养素 nutrient
能提供动物生长发育维持生命和进行生产的各种正常生理活动所需要的元素或化合物。

06.004 营养需要 nutritional requirement
动物为维持生命、生长发育和各种正常生理活动对营养素的需要。

06.005 日粮 ration
一只饲养动物一昼夜采食的、能满足其营养需要的饲料量。

06.006 蛋白质 protein
不同氨基酸以肽键相连所组成的具有一定空间结构的生物大分子物质。

06.007 粗蛋白质 crude protein
饲料中含氮物质的总称。

06.008 氮平衡 nitrogen equilibrium, nitrogenous balance
(1)水体中氮元素的输入与输出的动态平衡状态。(2)动物从食物中摄入的氮元素与由排泄物排出的氮元素的动态平衡状态。

06.009 氨基酸 amino acid
羧酸分子中 α 碳原子上的一个氢原子被氨基取代所生成的衍生物，是蛋白质的基本结构单位。

06.010 必需氨基酸 essential amino acid
人和动物自身不能合成必须由食物供给的氨基酸。

06.011 非必需氨基酸 nonessential amino acid
人和动物自身能够合成的氨基酸。

06.012 氨基酸平衡 amino acid balance

食物中各种必需氨基酸的含量及其比例等于动物对必需氨基酸需要量的状况。

06.013 限制性氨基酸 limiting amino acid

饲料中某些含量不能满足动物需要的必需氨基酸。

06.014 脂类 lipids

脂肪和类似脂肪物质的统称。

06.015 必需脂肪酸 essential fatty acid, EFA

动物体自身不能合成必须由饲料提供的脂肪酸。

06.016 饱和脂肪酸 saturated fatty acid

碳链完全被氢原子所饱和的一类脂肪酸。

06.017 不饱和脂肪酸 unsaturated fatty acid

碳链未完全被氢原子所饱和,即含有一个或多个不饱和键(双键或叁键)的脂肪酸。

06.018 固醇类 steroids

又称"甾醇类"。含羟基的环戊烷多氢菲衍生物。

06.019 磷脂 phospholipid

具有磷酸二酯结构的类脂化合物。

06.020 糖类 carbohydrate, saccharide

又称"碳水化合物"。多羟基醛或多羟基酮及其缩聚物和某些衍生物的总称。

06.021 无氮浸出物 nitrogen free extract, NFE

饲料有机物中除去脂肪和粗纤维的无氮物质。

06.022 粗纤维 crude fiber

指纤维素、半纤维素、果胶和木质素等物质。

06.023 维生素 vitamin

生物生长和代谢所必需的一类微量有机物。

06.024 无机盐 inorganic salts

曾称"矿物质"。无机化合物中盐类的统称。

06.025 必需营养元素 essential nutrient element

生物完成其生命周期和维持正常的新陈代谢过程所必不可少的营养元素。

06.026 常量元素 macroelement

动物体内分别超过总质量 0.01% 的钙、磷、镁、钠、钾和氯等 7 种元素。

06.027 微量元素 microelement

(1)广义微量元素泛指自然界或自然界的各种物体中含量很低的、或者很分散而不富集的那些元素。(2)狭义微量元素指动植物体内含量很少、需要量很少的必需元素。

06.028 抗营养素 antinutriment, antinutritional factor

削弱和破坏营养生理功能的物质。

06.029 天然饵料 natural food

水体中自然生长的、可直接为水产动物食用的各种生物和有机碎屑。

06.030 饵料生物 food organism

可作为水产动物食物的各种生物的总称。

06.031 活饵料 live food

可作为水产动物食物的各种活体生物的总称。

06.032 底泥 deposit

水产养殖环境中(如池塘)底部有机、无机碎屑和土壤的混合物。

06.033 配合饲料 formulated feed, compound diet

根据养殖对象营养需要,将多种营养成分的饲料原料按一定比例科学调配、加工而成的饲料。

06.034 全价配合饲料 complete formula feed

又称“完全饲料、全价饲料”。除水分外，能完全满足动物营养需要的配合饲料。

06.035 饲料添加剂 feed additive
在饲料中为满足特殊需要而加入的各种少量或微量物质。

06.036 营养性饲料添加剂 nutritional feed additive
为满足畜禽、水产动物营养需要，对饲料营养成分进行补充或强化作用的微量营养物质。

06.037 非营养性饲料添加剂 non-nutritional feed additive
在饲料中添加的对畜禽、水产动物无直接营养功能的各种少量或微量合成化学物质。

06.038 生长促进剂 growth stimulant
又称“促生长剂”。提高畜禽、水产动物生长速度的饲料添加剂。

06.039 抗菌剂 antibacterial agent
防治饲养动物由细菌引起疾病的药用饲料添加剂。

06.040 益生素 probiotic
通过改善饲养动物肠道菌群平衡而对动物产生有益作用的微生物添加剂。

06.041 着色剂 dye, pigment, dyestuff
(1)又称“食用色素”。使食品色泽鲜艳的物质。(2)在饲料中添加的用来改善饲养动物体色或肉色的色素物质。

06.042 诱食剂 attractant
又称“引诱剂”。用以提高配合饲料适口性、诱使动物摄食的饲料添加剂。

06.043 抗结块剂 anticaking agent
饲料中添加的防止饲料结块，使饲料和添加剂保持良好流散性的化学物质。

06.044 黏合剂 pellet binder
又称“黏结剂”。渔用饲料特有的用以提高颗粒饲料水中稳定性的黏性添加剂。

06.045 维生素添加剂 vitamin additive
在饲料中补充维生素不足的营养性物质。

06.046 微量元素添加剂 micro mineral additive
在天然饲料中补充微量元素不足的营养性物质。

06.047 颗粒饲料 pellet feed, pellet diet
物料经制粒机压制加工制成的颗粒状配合饲料。

06.048 硬颗粒饲料 hard pellet diet
含水量低于12%的颗粒饲料。

06.049 软颗粒饲料 soft pellet diet
含水量在25%～30%、较松软的颗粒饲料。

06.050 沉性颗粒饲料 sinking pellet diet
密度大于水的颗粒饲料。

06.051 浮性颗粒饲料 floating pellet diet
密度小于或等于水、可浮在水中的颗粒饲料。

06.052 膨化[颗粒]饲料 expanded pellet diet
原料经高温、高压处理后，使饲料淀粉糊化体积膨胀的颗粒饲料。

06.053 开口饲料 starter diet, starter feed
供水产养殖动物幼体开始摄食时的微型饲料。

06.054 微型饲料 micro diet, microparticle diet
又称“微粒饲料”。饲养水产动物幼体的、营养丰富、易消化吸收、能悬浮在水中的粒径在10～500μm的微小颗粒饲料。

06.055 微胶囊饲料 micro-encapsulated diet, MED

利用天然的或合成的高分子材料制成囊衣，将不含黏合剂的饲料包在其中的微型饲料。

06.056 微黏结饲料 micro-bound diet, MBD

饲料配料用黏合剂黏合而成的微型饲料。

06.057 微被膜饲料 micro-coated diet, MCD

用被膜将微黏结饲料包在其中的微型饲料。

06.058 湿性饲料 moist diet

含水量大于25%的配合饲料。

06.059 粉状饲料 powder diet, mash feed

将各种原料粉碎后按比例均匀混合而成的一种配合饲料。

06.060 能量饲料 energy diet

干物质中粗蛋白含量低于20%、粗纤维低于18%的一类饲料。

06.061 能[量转化]效[率] energy exchange efficiency

某一营养级所固定的能量与前一营养级所持有的能量之比。

06.062 蛋白质饲料 protein diet

干物质中粗蛋白含量在20%以上、粗纤维含量低于18%的一类饲料。

06.063 动物性饲料 animal feed

用动物躯体、卵、血及肉食加工副产品和废弃物等制成的饲料。

06.064 血粉 dried blood, blood meal

畜禽鲜血加热凝固后，经脱水、干燥、粉碎制成的黑褐色粉末。

06.065 鲜活饵料 fresh food

生鲜动物未经加工或简单加工制成的饵料。

06.066 植物性饲料 plant feed

植物植株、谷实及其食品工业副产品和废弃物等制成的饲料。

06.067 青饲料 green fodder

富含叶绿素的植物性饲料。

06.068 青贮饲料 silage

将青绿多汁植物原料切碎压实，在缺氧状态下进行发酵调制加工的饲料。

06.069 饲草 forage

茎叶可作为食草动物饲料的草本植物。

06.070 发酵饲料 fermented feed

利用有益微生物发酵制造的饲料。

06.071 微生物类饲料 microorganisms feed

有饲用价值的酵母、细菌等微生物。

06.072 粗饲料 roughage

干物质中粗纤维含量在18%以上的饲料。

06.073 精饲料 fine feed, concentrate

单位体积或单位重量内含营养成分丰富，粗纤维含量低、消化率高的一类饲料。

06.074 矿物质饲料 mineral feed

补充养殖畜禽、水产动物矿物质需要的饲料。

06.075 饲料资源 feed resource

一切可用作养殖动物饲料的物质资源。

06.076 浓缩[饲]料 concentrate feed

由蛋白质饲料、矿物质饲料、微生素饲料和某些添加剂等按一定比例配制的均匀混合物。

06.077 预混料 premix feed

又称“预混合饲料”。将微量元素、维生素和合成氨基酸等微量营养物质、其他饲料添加剂、作载体的粉状精料均匀混合而成的饲料。

06.078 载体 carrier

能够承载活性物质，改善其分散性，并有良好化学稳定性的可饲物质。

06.079　稀释剂　diluent
与高浓度组分混合以降低其浓度的可饲物质。

06.080　饲料配方　feed formula
配合饲料中各种原料的组成和比例。

06.081　能量转换率　energy conversion rate
饲料中营养成分所具有的能量与转换成饲养动物体营养物所具有的能量的百分比。

06.082　饲料系数　feed coefficient
又称"饲料消耗定额"。生产单位水(畜)产品所需的饲料数量。

06.083　饲料转化率　feed conversion rate, FCR
又称"饲料利用率"。以干物质计量的饲料消耗量和畜禽水产品重量增量比值的百分率。

06.084　能量蛋白比　energy-protein ratio
每千克饲料所含的能量(焦耳)与该饲料粗蛋白百分含量之比值。

06.085　总能　gross energy, GE
一定量饲料或饲料原料中所含的全部能量。

06.086　消化能　digestible energy, DE
摄入的饲料总能扣除粪便中损失的能量。

06.087　代谢能　metabolizable energy, ME
摄入单位饲料的总能与由粪、尿及其他排泄物所排出的能量之差。

06.088　净能　net energy, NE
由代谢能减去摄食后体增热的剩余能量。

06.089　体增热　heat increment, HI
又称"养分代谢热能"。动物摄食后身体产热的增加量。

06.090　消化率　digestibility
采食饲料被消化吸收部分与饲料采食量的百分比。

06.091　表观消化率　apparent digestibility
采食饲料中的养分减去粪便中的养分与饲料采食量的百分比。

06.092　真实消化率　true digestibility, TD
动物消化试验时,扣除粪便中非直接来源于饲料的粪便代谢产物后计算的消化率。

06.093　蛋白质效率　protein efficiency ratio, PER
每克饲料蛋白质所增加体重的克数。

06.094　蛋白价　protein score, PS
又称"氨基酸化学分(chemical score, CS)"。饲料蛋白质中某种必需氨基酸量与标准蛋白质中相应的必需氨基酸量的百分比。

06.095　必需氨基酸指数　essential amino acid index, EAAI
饲料蛋白质中各种必需氨基酸含量与标准蛋白质中相应的各种氨基酸含量之比的加权平均值。

06.096　蛋白质生物价　biological value, BV
又称"蛋白质生理价值"。动物体内存留的氮与从食物摄入的总氮量的百分比。

06.097　水中稳定性　water stability
颗粒饲料在水中不溃散的性能。

06.098　散失率　scatter ratio, scatter and disappear ratio
又称"散溶率"。单位时间内配合饲料在水中的溃散部分重量与原配合饲料重量的百分比。

06.099　适口性　daintility
饲养动物对饲料的喜食程度。

06.100　混合均匀度　mixture homogeneity
配合饲料中各种原料混合的均匀程度。

06.101　蒸汽调质　steam regulation of texture, conditioning of texture

为提高颗粒饲料的稳定性和饲料品质，制粒前用蒸汽对饲料原料进行的预处理。

06.102 熟化工艺 curing process

为提高颗粒饲料的稳定性和饲料品质，制粒后对饲料颗粒进行的后处理。

06.103 肥料 fertilizer

施入土壤或池塘中，或喷洒在植株上，能直接或间接供给植物所需养分或改善土壤、水质以提高植物产量和品质的物质。

06.104 有机肥料 organic manure

能直接供给作物生长发育所必需的营养元素并富含有机物质的肥料。

06.105 绿肥 green manure

直接施入土壤、池塘中或经堆沤作肥料用的绿色植物。

06.106 厩肥 stable manure, barn yard manure

在畜圈内由牲畜粪尿、垫料和饲料残渣混杂堆积而成的有机肥料。

06.107 堆肥 compost

以植物性材料为主添加促进有机物分解的物质经堆腐而成的肥料。

06.108 基肥 basic manure

作物播种或移栽前施用的肥料。

06.109 沼气肥 marsh gas manure, biogas manure

由沼气发酵后的残留物组成的有机肥料。

06.110 化[学]肥[料] chemical fertilizer

以矿石、酸、合成氨等为原料经化学及机械加工制成的肥料。

06.111 氮[素]肥[料] nitrogenous fertilizer

含有营养元素氮的化学肥料。

06.112 有机氮 organic nitrogen

有机含氮化合物中以 NH_2 或杂环的形态存在的氮素。

06.113 硝态氮 nitrate nitrogen

土壤或肥料中以 NO_3^- 态存在的氮素。

06.114 氨态氮 ammonium nitrogen

土壤或肥料中以 NH_3 或 NH_4^+ 态存在的氮素。

06.115 生物固氮作用 biological nitrogen fixation

大气中的分子态氮在生物体内由固氮酶催化还原为氨的过程。

06.116 磷[素]肥[料] phosphate fertilizer

含有植物营养元素磷的化学肥料。

06.117 完全肥料 complete fertilizer

同时含有植物所必需的各种营养元素的肥料。

06.118 无机肥料 inorganic fertilizer, mineral fertilizer

采用提取、机械粉碎和合成等工艺加工制成的无机盐态肥料。

06.119 肥料效应 fertilizer response

肥料对种植农作物的增产效应。

06.120 自然肥力 natural fertility

天然水体和土壤中供应和协调植物生长发育所需养分的能力。

07. 水产生物病害及防治

07.001 鱼病学 ichthyopathology
研究鱼类等水产动物疾病发生的原因、流行规律以及诊断、预防和治疗方法的学科。

07.002 鱼类病理学 fish pathology
研究鱼类等水产动物疾病发生的原因、疾病过程中所发生的机体细胞、组织、器官的结构、功能和代谢等方面的变化及其规律的学科。

07.003 鱼类免疫学 fish immunology
研究鱼类等水产动物的免疫性、免疫反应和免疫现象的学科。

07.004 鱼类药理学 fish pharmacology
研究药物与机体相互作用的规律及其原理，为临床合理用药、预防和治疗鱼类等水产动物疾病提供理论基础的学科。

07.005 鱼类流行病学 fish epidemiology
研究鱼类疾病发生、发展、传播、蔓延和消亡特点与规律的学科。

07.006 水产动物传染性疾病 infectious disease of aquatic animal
由病毒、立克次氏体、细菌、真菌等微生物侵入水产动物所引起的疾病。

07.007 病原体 pathogen
能引起疾病的微生物和寄生虫的统称。

07.008 传染源 source of infection
能传播病原体的病原携带者。

07.009 感染 infection
病原体侵入生物机体并生长繁殖，引起机体病理反应的过程。

07.010 浸浴感染 immersion infection
鱼类等水生生物在含有病原体的水体中引起机体病理反应的过程。

07.011 毒力 virulence
病原体使机体致病的能力。

07.012 外毒素 exotoxin
某些病原菌在生长繁殖期间分泌到周围环境中的有毒代谢产物。

07.013 内毒素 endotoxin
由革兰氏阴性菌所合成的一种存在于细菌细胞壁外层、只有在细菌死亡和裂解后才释出的有毒物质。

07.014 致病性 pathogenicity
病原体感染或寄生使机体产生病理反应的特性或能力。

07.015 病变 lesion
机体细胞、组织、器官在致病因素作用下发生的局部或全身异常变化。

07.016 症状 symptom
动植物患病后的异常表现。

07.017 组织损伤 tissue lesion
机体组织结构的异常改变。

07.018 病灶 focus
组织或器官遭受致病因子的作用而引起病变的部位。

07.019 萎缩 atrophy
因患病或受到其他因素作用，正常发育的细胞、组织、器官发生物质代谢障碍所引起的体积缩小及功能减退现象。

07.020 变性 degeneration

组织和细胞因各种致病因素的作用发生物质代谢障碍,出现一些质或量与正常不同的化学物质,并伴有形态和功能变化的过程。

07.021 脂肪变性 fatty degeneration
实质细胞胞质内脂滴量超出正常生理范围或原不含脂肪的细胞出现游离性脂滴的现象。

07.022 空泡变性 vacuolar degeneration
变性细胞的胞质或胞核内出现多量水分,形成大小不等水泡的现象。

07.023 坏死 necrosis
生物机体内局部组织或细胞的死亡现象。

07.024 充血 hyperaemia
机体局部组织、器官的血管扩张,含血量超过正常值的现象。

07.025 淤血 extravasated blood
静脉血回流受阻,局部组织静脉内血量异常增加的现象。

07.026 局部贫血 local anemia
机体局部组织、器官含血量或红细胞、血红蛋白数量低于正常值的现象。

07.027 梗死 infarct
因血管阻塞导致局部组织缺氧坏死现象。

07.028 出血 hemorrhage
血液从血管或心脏流至组织间隙、体腔内或体外的现象。

07.029 血栓 thrombus
活动物机体在心脏或血管内某一部分因血液成分发生析出、凝集和凝固所形成的固体状物质。

07.030 水肿 edema
细胞间液体积聚而发生的局部或全身性肿胀现象。

07.031 积水 hydrops
组织间液在胸腔、心包腔、腹腔、脑室等浆膜腔内的过量蓄积。

07.032 脓肿 abscess
组织或器官内形成的局部性脓腔。

07.033 炎症 inflammation
机体对各种物理、化学、生物等有害刺激所产生的一种以防御为主的病理反应。

07.034 退行性变化 regressive change, degrenerative change
组织细胞发生的变性、坏死等病理改变。

07.035 畸形 deformity
生物体部分组织或器官生长发育异常。

07.036 营养障碍 nutritional disturbance
由于疾病、中毒、缺氧等因素导致物质代谢障碍而发生的形态和功能变化。

07.037 增生 hyperplasia
细胞数量增多,并伴有组织和器官体积增大的过程。

07.038 代谢障碍 metabolic disturbance
由于先天或后天因素导致的机体代谢功能失常。

07.039 致细胞病变[效应] cytopathogenic effect, CPE
培养的单层细胞接种病毒后导致细胞的萎缩、脱落等病变的现象。

07.040 半数组织培养感染剂量 50% tissue culture infective dose, $TCID_{50}$
导致 50% 的培养细胞发生病变的病毒数量。

07.041 寄生物 parasite
营寄生生活的生物。

07.042 内寄生物 endoparasite
寄生于宿主脏器、组织和腔道中的寄生物。

07.043 外寄生物 ectoparasite
暂时或永久寄生于宿主体表的寄生物。

07.044 多寄生 multiparasitism
一个宿主个体上有多种寄生物寄生的现象。

07.045 终宿主 final host, definitive host
寄生虫成虫阶段或行有性生殖时所寄生的宿主。

07.046 中间宿主 intermediate host
寄生虫在幼虫或无性生殖时期所寄生的宿主。

07.047 重寄生 hyperparasitism
又称"超寄生"。一种寄生虫又被其他寄生虫寄生的现象。

07.048 专性寄生 obligatory parasitism
又称"专性活体营养"。寄生物在自然条件下必须在活的宿主上寄生才能正常生长发育并完成其生活史的生活方式。

07.049 经口感染 peroral infection
病原体通过口腔进入机体的一种传染方式。

07.050 垂直感染 vertical infection
病原体由母体通过卵细胞或胎盘血循环传给子代的一种传染方式。

07.051 水平感染 level infection
病原体从生物群体中的一部分传播到另一部分的一种传染方式。

07.052 潜伏期 incubation period
病原体侵入生物机体至出现最初临床症状的一段时间。

07.053 化学治疗 chemotherapy
以化学药物治疗疾病的一种方法。

07.054 毒性 toxicity
外来化学物质引起生物体功能性或器质性损害的能力。

07.055 最小抑菌浓度 minimal inhibitory concentration, MIC
能够抑制细菌生长、繁殖的最低药物浓度。

07.056 致死剂量 lethal dose
使试验生物群体全部死亡的某种药物、毒物或其他物质的剂量。

07.057 半数致死量 median lethal dose, LD_{50}
使试验生物群体产生50%死亡的某种药物、毒物或其他物质的剂量。

07.058 半数致死时间 median lethal time, LT_{50}
试验生物群体达到50%死亡所需的时间。

07.059 药物防治 medical treatment
利用药物及其制剂控制疾病或有害生物的措施。

07.060 药浴 dipping bath
将水产动物浸浴在一定浓度的药液中以杀灭体表病原体的一种疾病防治方法。

07.061 药饲 medicated
将药物拌入饲料投喂养殖动物的一种疾病防治方法。

07.062 挂篓法 hanging basket method
将药物盛放在竹篓等有孔容器中,挂在饵料台等水产动物经常活动处,使药物缓慢溶入水中,达到防治水产动物疾病的一种给药方法。

07.063 耐药性 drug resistance
又称"抗药性(pesticide resistance)"。微生物或昆虫对原来敏感的某些药物经非致死浓度作用一段时间后,对该种药物反应逐渐减弱以致消失的现象。

07.064 天敌 natural enemy
自然界中某种动物专门捕食或危害另一种动物,前者即为后者的天敌。

07.065 疫苗 vaccine

用细菌、病毒、肿瘤细胞等制成的可使机体产生特异性免疫的生物制剂。

07.066 免疫 immunity

机体免疫系统对一切异物或抗原性物质进行非特异或特异性识别和排斥清除的一种生理学功能。

07.067 免疫应答 immune response

抗原进入机体后，刺激免疫系统所发生的一系列复杂反应的过程。

07.068 免疫血清 immune serum

含有特定抗体的血清。

07.069 抗体 antibody

机体内 B 细胞在抗原刺激下所产生的具特异性免疫功能的球蛋白。

07.070 抗原 antigen

能激发机体产生体液免疫或(和)细胞免疫，且能与免疫应答的产物(抗体或致敏淋巴细胞)相结合并发生反应的物质。

07.071 干扰素 interferon

抑制病毒在细胞内增殖的一类活性蛋白质。

07.072 综合防治 integrated control

从生态系统的整体性出发，应用生物、化学、物理等技术，将有害生物控制在允许范围以内的防治措施。

07.073 对症治疗 symptomatic treatment

用药物缓解或消除疾病症状的疗法。

07.074 检疫 quarantine

对生物体及运输工具等进行的医学检验、卫生检查和隔离观察，是防止某些传染病和虫害在国内蔓延和国际间传播所采取的一项措施。

07.075 隔离池塘 isolation pond

有严格隔离措施，用来养殖应检疫水生动物的池塘。

07.076 病毒性疾病 viral disease

由病毒感染引起的疾病。

07.077 草鱼出血病 hemorrhagic disease of grass carp

由草鱼出血病病毒(grass carp hemorrhage virus, GCHV，国际病毒分类委员会称之为 reovirus of grass carp, GCRV)引起的鱼病。主要危害草鱼、青鱼。主要症状为病鱼肌肉、肠道、鳍及鳃有不同程度的充血、出血。

07.078 传染性胰脏坏死病 infectious pancreatic necrosis, IPN

由传染性胰脏坏死病病毒(infectious pancreatic necrosis virus, IPNV)引起的鱼病。主要危害鲑科鱼类鱼苗、鱼种。症状为病鱼游动失调，常作垂直回转游动，鱼体发黑、眼球突出、腹部膨大、胰腺坏死，常见病鱼肛门处拖有一条线状黏液粪便。

07.079 传染性造血器官坏死病 infectious hematopoietic necrosis, IHN

由传染性造血组织坏死病病毒(infectious hematopoietic necrosis virus, IHNV)引起的鱼病。主要危害鲑科鱼类的鱼苗及当年鱼种。症状为病鱼体色发黑，鳍条基部充血，腹部积水膨大，肛门处常拖有一条长而较粗的白色黏液粪便。

07.080 鲤春病毒血症 spring viremia of carp, SVC

由鲤春病毒(spring viremia of carp virus, SVCV)感染引起的传染性鱼病。只在春季流行，主要危害鲤科鱼类。症状为病鱼呼吸困难，体色发黑，常有出血斑点，眼球突出，肛门红肿，腹腔内积有浆液性或带血的腹水。

07.081 病毒性出血败血症 viral hemorrhagic septicemia, VHS

由病毒性出血败血症病毒(viral hemorrhagic septicemia virus, VHSV,又称“艾格特韦德病毒 Egtved virus”)感染引起的鱼病,主要危害冷水性鲑科鱼类。症状分急性型、慢性型和神经型。流行后期病鱼有时在水里扭转游动,有时侧游,体色暗黑,眼球突出,腹部膨胀,鳃、鳍基部、眼眶等处出血。

07.082 淋巴囊肿 lymphocystis disease, LD

由鱼淋巴囊肿病毒(lymphocystic virus of fish)引起的鱼病。海淡水鱼均可感染。病鱼的头、皮肤、鳍、尾部及鳃上有单个或成群的珠状肿物,有时淋巴囊肿也可出现在肌肉、腹腔、心包、咽、肠壁、卵巢、脾、肝等的膜上。在海水鱼类中尤为常见。

07.083 鲑疱疹病毒病 *Herpesvirus salmonis* disease

由鲑疱疹病毒(*Herpesvirus salmonis* virus)引起的鱼病。主要危害虹鳟的鱼苗、鱼种。病鱼体色发黑,头、胸、尾部充血,眼球突出,腹部肿胀。

07.084 鱼痘疮病 fish pox disease

又称“*鲤痘疮病*(carp pox)”。由疱疹病毒(*Herpus cyprini* virus)感染引起的鱼病。主要危害鲤、鲫及圆腹雅罗鱼等。病鱼初期体表出现乳白色小斑点,继而斑点扩大,增厚成石蜡状增生物,形如痘疮。

07.085 日本鳗虹彩病毒病 Japanese eel iridovirus disease

由日本鳗虹彩病毒(EV-102)引起的鱼病。主要危害日本鳗。病鱼体色消褪,臀鳍、背鳍、胸鳍充血,黏液分泌增多,出现症状后不久开始死亡。

07.086 斑点叉尾鮰病毒病 channel catfish viral disease, CCVD

由斑点叉尾鮰病毒(channel catfish viral, CCV)引起的鱼病。主要危害斑点叉尾鮰鱼苗、鱼种。病鱼鳍基部、腹部和尾柄出血,腹部膨大,眼球突出。

07.087 鰤幼鱼病毒性腹水病 virulent ascitesosis of yellowtail fingerling

由鰤腹水病毒(yellowtail ascites virus, YAV)引起的鱼病。主要危害鰤幼鱼。病鱼沉于水底,体色发黑,贫血,腹部明显膨大,有腹水,有的内脏出血坏死。

07.088 牙鲆弹状病毒病 *Hirame rhabdo* virus disease

由牙鲆弹状病毒(*Hirame rhabdo* virus, HRV)引起的鱼病。主要危害养殖的牙鲆、香鱼幼鱼及黑鲷。病鱼体表及鳍充血,腹部膨大,肌肉和内部器官出血,造血组织及脾脏内实质细胞大面积坏死。

07.089 斑节对虾杆状病毒病 *Penaeus monodon*-type Baculovirus disease

由斑节对虾杆状病毒(monodon-type Baculovirus virus, MBV)引起的虾病。主要危害斑节对虾仔虾。病虾浮头、靠岸、厌食、昏睡,体色呈蓝色或蓝黑色。

07.090 对虾杆状病毒病 *Baculovirus penaei* disease

由对虾杆状病毒(*Baculovirus penaei virus*, BPV)引起的虾病。主要危害桃红对虾、褐对虾、白对虾、万氏对虾、蓝对虾等。病虾外观无特异症状,用显微镜检查新鲜肝胰腺压片,可看到金字塔形包涵体,肝胰脏上皮细胞核增大。

07.091 白斑[症病毒]病 white spot syndrome virus disease

由白斑症病毒(WSSV)引起的对虾病。主要危害对虾的幼虾和成虾。病虾多在头胸甲或体表甲壳上形成白色斑点,空胃,血液不凝固,甲壳易剥离。一般发病后一周内可导致对虾全部死亡。

07.092 肝胰脏细小病毒病 hepatopancreatic

parvo-like virus disease

由肝胰脏细小病毒(hepatopancreatic parvo-like virus, HPV)引起的虾病。流行于亚洲沿海地区,危害中国对虾及斑节对虾等虾类。感染病毒的幼虾活动力降低,生长发育停止,体表有污物及纤毛虫附着,躯体弯曲,透明度减低,趋光性差。

07.093 中肠腺坏死杆状病毒病 baculoviral midgut gland necrosis

又称“中肠腺白浊病”。由中肠腺坏死杆状病毒(baculoviral midgut gland necrosis virus, BMNV)引起的虾病。主要危害日本对虾的仔虾。病虾中肠腺呈不透明白浊状,严重时肠道也变白。

07.094 传染性皮下和造血器官坏死病 infectious hypodermal and hematopoietic necrosis disease, IHHN

由皮下和造血器官坏死病毒(hypodermal and hematopoietic necrosis virus)引起的虾病。主要危害蓝对虾和斑节对虾的幼虾和成虾。急性型病虾仅游泳反常,不食不动很快死亡;亚急性型病虾甲壳上有白或淡黄色斑且易脱落,空胃,血液不凝结,多在蜕皮时死亡。

07.095 蓝蟹疱疹状病毒病 herpes-like virus disease of blue crab

由疱疹状病毒(herpes-like virus)引起的蟹病。主要危害蓝蟹的稚蟹。病蟹血液呈白色,行动迟钝,呈昏睡状,并很快死亡。

07.096 蓝蟹呼肠孤病毒状病毒病 reovirus-like virus disease of blue crab

由呼肠孤病毒状病毒(reovirus-like virus)引起的蟹病。主要危害蓝蟹的稚蟹。病蟹蜕壳困难,昏睡,步足颤抖、麻痹,甲壳上有棕色斑点,中枢神经系统中有大块坏死,并有血细胞侵入。

07.097 三角帆蚌瘟病 *Hyriopsis cumingii* plague

由三角帆蚌瘟病病毒(*Hyriopsis cumingii* plague virus)[有人认为是一种嵌沙样病毒(*Arenavirus*)]引起的蚌病。主要危害1足龄以上的三角帆蚌。发病初期,蚌的爬行运动消失,对水的净化力减弱,进水孔与排水孔纤毛收缩,排粪减少,喷水无力;后期不排粪,或有少量灰白色黏液附着于排水孔,最后张壳死亡。

07.098 细菌性烂鳃病 bacterial gill-rot disease

由柱状嗜纤维菌(*Cytophage columnaris*)及肠杆菌科(Enterobaclesiaceae)细菌引起的鱼病。危害多种海淡水鱼类。症状为病鱼鳃上黏液增多,鳃丝肿胀,严重时鳃丝末端溃烂缺损。

07.099 白皮病 white skin disease

又称“白尾病(white tail disease)”。由柱状嗜纤维菌(*Cytophage columnaris*)及白皮假单胞菌(*Pseudomonas dermoalba*)引起的鱼病。危害当年鲢、鳙鱼种,受伤鱼体更易感染。症状为尾柄部呈灰白色,严重时尾鳍烂掉或残缺不全。

07.100 白头白嘴病 white head-mouth disease

由黏球菌(*Myxococcus*)引起的细菌性鱼病。主要危害夏花鱼种。病鱼从吻端至眼球处呈乳白色,唇部肿胀,张闭失灵,呼吸困难,口周围皮肤糜烂成絮状。

07.101 赤皮病 red skin disease

又称“赤皮瘟”、“擦皮瘟”。由荧光假单胞菌(*Pseudomonas flurescens*)引起的细菌性鱼病。主要危害草鱼、青鱼和鲤。症状为病鱼体表局部或大部出血发炎,鳞片脱落,尤以鱼体两侧和腹部最明显。

07.102 鲤白云病 white cloud disease of carp

由恶臭假单胞菌(*Pseudomonas putida*)引起

的鱼病。多流行于溶氧充足的网箱养鲤及流水越冬池中。患病初期可见鱼体表有点状白色黏液物附着，并逐渐扩大，严重时好似全身布满白云，鳞片基部充血，鳞片脱落。

07.103 细菌性败血症 bacterial septicemia

又称“淡水养殖鱼类暴发性流行病(acutely epidemic disease of important cultured freshwater fishes)”。由嗜水气单胞菌(*Aeromonas hydrophila*)、温和气单胞菌(*A. sobria*)、鲁克氏耶尔森氏菌(*Yersinia ruckeri*)等细菌感染引起的多种淡水养殖鱼类疾病。疾病早期及急性感染时，病鱼的头部、鳍基及鱼体两侧轻度充血，严重时鱼体内外充血、出血，眼球突出，肛门红肿，腹部膨大，有大量腹水，鱼体实质细胞变性、坏死。

07.104 细菌性肠炎 bacterial enteritis

由气单胞菌(*Aeromonas* spp.)引起的细菌性鱼病。主要危害草鱼、青鱼，死亡率高。病鱼腹部肿大，肛门外突，肠壁发炎充血呈红褐色，肠黏膜往往溃烂脱落，肠内无食物。

07.105 打印病 stigmatosis

又称“腐皮病(putrid-skin disease)”。由气单胞菌(*Aeromonas* spp.)引起的细菌性鱼病。主要危害鲢、鳙鱼。病鱼肛门两侧或尾鳍基部的皮肤及其下层肌肉出现圆形或椭圆形红斑，周边充血发红，状似红色印记。严重时，鳞片脱落，肌肉溃烂，直至露出骨骼和内脏。

07.106 鲤科鱼类疖疮病 furunculosis of carps

由气单胞菌(*Aeromonas* spp.)引起的细菌性鱼病。主要危害青鱼、草鱼、鲤、团头鲂。病鱼背部有一处或多处隆起，隆起处鳞片覆盖完好，皮肤有些充血发红，肌肉失去弹性；切开患处，可见肌肉溶解，呈灰黄色混浊凝乳状。

07.107 溃烂病 ulcer disease

由嗜水气单胞菌(*Aeromonas hydrophila*)、温和气单胞菌(*Aeromonas sobria*)和弧菌(*Vibrio* spp.)等引起的细菌性鱼病。危害多种海淡水鱼类。发病早期，体表病灶部位充血，周围鳞片松动竖起并逐渐脱落，病灶逐渐烂成血红色斑状凹陷，严重时可烂及骨骼。

07.108 鳗赤鳍病 red-fin disease of eel

由嗜水气单胞菌(*Aeromonas hydrophila*)引起的鳗鲡细菌性鱼病。病鱼躯干和头部的腹侧皮肤、臀鳍、胸鳍发红，继而出现出血点和出血斑；病鱼不吃食，靠池壁静止不动或头部向上“竖游”。

07.109 烂尾病 tail-rot disease

由气单胞菌(*Aeromonas*)引起的细菌性鱼病。危害多种海淡水鱼类。发病早期，尾鳍及尾柄处充血、发炎、糜烂，严重时尾鳍烂掉，尾柄处肌肉出血、溃烂，骨骼外露。

07.110 弧菌病 vibriosis of fishes

由鳗弧菌(*Vibrio anguillarum*)等多种弧菌引起的细菌性鱼病。危害多种海淡水养殖鱼类。症状因病鱼种类、感染途径不同而异。鳗鲡患病时，体表出现红点，以腹部、下腭和各鳍基部尤为明显。严重时，肝、肾明显肿大，肝呈土黄色，点状出血，有腹水。

07.111 鳗红点病 red spot disease of eel

由鳗败血假单胞菌(*Pseudomonas anguillisepetica*)引起的细菌性鱼病。病鳗体表点状出血，尤以下下颌、鳃盖、胸鳍基部及腹部最为显著，肝、肾、脾肿大、淤血。

07.112 细菌性肾脏病 bacterial kidney disease, BKD

由鲑肾杆菌(*Renidacterium salmoninarum*)引起的细菌性鱼病。主要危害鲑科鱼类。病鱼体色变黑，腹部膨胀，眼球突出，眼球周围出血；肾脏呈暗红色，肥大，失去弹力，有白点或白斑。

07.113 鳗爱德华氏菌病 edwardsielliasis of eel

由爱德华氏菌(*Edwardsiella* spp.)引起的鱼病。分肝脏型和肾脏型两类。病鳗体色发黑,游动缓慢,体侧皮肤及臀鳍充血、出血。肾脏型病鱼严重充血、发炎,出现软化变色区;肝脏型病鱼前腹部肿胀,严重时出现穿孔和软化变色区。

07.114 巴斯德氏菌病 pasteurellosis

由杀鱼巴斯德氏菌(*Pasteurella piscicida*)引起的细菌性鱼病。主要危害2龄以下的鰤,黑鲷、真鲷、鲈、香鱼等也会感染。病鱼失去食欲,离群静止在池底;脾、肾上有许多小白点。

07.115 链球菌病 streptococcicosis

由链球菌(*Streptococcus* sp.)引起的细菌性鱼病。鰤、虹鳟、香鱼、银大麻哈鱼、比目鱼、鲷等多种海淡水鱼均易感染。病鱼眼球突出,眼球周围充血,鳃盖内侧充血或出血。

07.116 诺卡氏菌病 nocardiosis

由卡姆帕奇诺卡氏菌(*Nocardia kampachi*)引起的细菌性鱼病,是养鰤业主要鱼病之一。该病有两种类型:一种是躯干部的皮下脂肪组织、肌肉产生脓肿结节,称"躯干结节型";另一种是在鳃上形成许多结节,称"鳃结节型"。

07.117 竖鳞病 lepidorthosis

又称"松鳞病"。由水型点状假单胞菌(*Pseudomonas punctata* f. *ascitae*)引起的细菌性鱼病。主要危害鲤、鲫、金鱼、草鱼。病鱼体表粗糙,鳞片竖立如松球状,鳞囊含半透明或带血液体,眼球突出,腹部膨胀,鳍基充血。

07.118 黄鳍鲷结节病 tuberculosis of black bream

由分枝杆菌(*Mycobacterium* sp.)引起的细菌性鱼病。病鱼腹部膨大,偶有腹水,眼眶水肿,眼球突出或脱落,肝、脾和肠系膜上有针尖大小的结节隆起。

07.119 对虾瞎眼病 blind-eye disease of prawn

又称"对虾烂眼病(eye-rot disease of prawn)"。由非01群霍乱弧菌[*Vibrio cholera* (non-01)]引起的细菌性虾病。为低盐度养殖对虾的常见病。病虾行动呆滞或狂游,肌肉逐渐变为白色不透明;眼球肿胀,由黑色变为褐色,进而溃烂,只剩眼柄。

07.120 对虾红腿病 red appendages disease of prawn

由鳗弧菌(*Vibrio anguillarum*)、副溶血弧菌(*Vibrio parahaemolyticus*)等引起的细菌性虾病。症状是附肢变红,鳃区变黄,血淋巴不凝固。

07.121 对虾幼体菌血症 bacteriemia of larval of prawn

由弧菌属细菌如副溶血弧菌(*Vibrio parahaemolyticus*)、溶藻弧菌(*Vibrio alginalyticus*)以及假单胞菌(*Pseudomonas* spp.)和气单胞菌(*Aeromonas* spp.)等引起的细菌性虾病。对虾无节幼体到仔虾阶段都可患此病。病虾运动迟缓,趋光性减弱,常沉于池底,体表或附肢上往往黏附许多污物。

07.122 褐斑病 brown speckle disease

又称"甲壳溃疡病(shell ulcer disease)"。机体受伤后感染弧菌(*Vibrio* spp.)、气单胞菌(*Aeromonas* spp.)等具分解甲壳质能力的细菌引起的细菌性甲壳动物病。对虾、龙虾、罗氏沼虾和蟹类均可患此病。症状为体表甲壳表面有黑褐色斑块,严重时可侵蚀到甲壳质以下组织。

07.123 对虾荧光病 fluorescent disease of prawn

由亮弧菌(*Vibrio splendidus*)引起的细菌性虾病。对虾幼体至成虾都可患病。主要症状为幼虾弹跳无力，趋光性差或呈负趋光性，摄食减少或不吃食，体色发白，濒死或已死的虾体在夜间或黑暗处可见荧光。

07.124 对虾肠道细菌病 bacterial intes tine disease of prawn

由杆菌(*Bacillus*)引起的细菌性虾病。主要感染对虾蚤状幼体和糠虾幼体。患病幼体游动缓慢，趋光性差，严重者下沉水底。胃部有成团的淡黄色菌落。

07.125 对虾屈桡杆菌病 flexibacteriasis of prawn

由屈桡杆菌(*Flexibacter* spp.)引起的细菌性虾病。主要危害对虾幼体。患病幼体活动能力差，在静水中下沉水底。

07.126 对虾烂鳃病 gill-rot disease of prawn

由弧菌(*Vibrio* spp.)及一些杆菌感染引起的细菌性虾病。病虾鳃呈灰色、肿胀，严重时鳃尖端溃烂、脱落。

07.127 丝状细菌病 filamentous bacterial disease

由毛霉亮发菌(*Leucothrix mucor*)及发硫菌(*Thiothrix* sp.)引起的细菌性虾蟹疾病。亮发菌最常见着生于鳃丝上，吸附大量污物，使呼吸受阻。在水中溶氧不足或在蜕皮时，易引起死亡。

07.128 文蛤弧菌病 vibriosis of clam

由溶藻弧菌(*Vibrio alginalyticus*)、副溶血弧菌(*Vibrio parahaemolyticus*)等多种弧菌感染引起的细菌性贝病。患病文蛤退潮后不能潜入沙中，闭壳肌松弛无力，壳缘有许多黏液；软体部十分消瘦，肉色变红，外套膜发黏，紧贴于贝壳上。

07.129 三角帆蚌气单胞菌病 aeromonasis of *Hyriopsis cumingii*

由嗜水气单胞菌(*Aeromonas hydrophila*)引起细菌性蚌病。发病初期，病蚌有大量黏液排出体外，出水管喷水无力。病重时，体重急剧下降，闭壳肌失去功能，晶杆体缩小或消失，斧足外突，多处残缺。

07.130 鳖红脖子病 red neck disease of soft-shelled turtle

又称“鳖大脖子病、俄托克病”。由嗜水气单胞菌(*Aeromonas hydrophila*)引起的细菌性疾病。病鳖颈部充血，伸缩困难，腹甲部可见大小不一的红斑，并逐渐糜烂，口、鼻、舌发红，有的眼睛失明，从口、鼻流出血水，上岸后不久即死亡。

07.131 牛蛙红腿病 red leg of bullfrog

由嗜水气单胞菌(*Aeromonas hydrophila*)、乙酸钙不动杆菌(*Acinetobacter calcoaceticus*)引起的细菌性疾病。病蛙体表有粉红色的溃疡或坏死；后腿水肿呈红色；腹部臌气，有腹水。

07.132 美国青蛙膨气病 tympanites of *Rana grylis*

由嗜水气单胞菌(*Aeromonas hydrophila*)及假单胞菌(*Pseudomonas* spp.)引起细菌性疾病。病蛙精神不振，行动迟缓，食欲减退，皮肤变黑，腹部膨胀，肺部充气、充血，肝脏发黑、肿大。

07.133 牛蛙脑膜炎脓毒性黄杆菌病 flavobacterisis of bullfrog

由脑膜炎脓毒性黄杆菌(*Flavobacterium meringosepticum*)引起的牛蛙细菌性疾病。病蛙体色发黑，厌食懒动，头斜向一边，呈歪脖状，突眼，双目失明，肛门红肿，有时伴有腹水。

07.134 牛蛙爱德华氏菌病 edwardsiellosis of bullfrog

由迟缓爱德华氏菌(*Edwardsiella tarda*)引起的牛蛙细菌性疾病。病蛙胀气，下眼睑呈乳白色，不能上翻覆盖眼球，肝肿大，呈黄色，肾及肠充血。

07.135　鳖腮腺炎病　parotitis of soft-shelled turtle

病因不明。病鳖颈部肿胀,全身浮肿,咽部糜烂,体腔中有大量血水,肠道有淤血。主要危害稚鳖和幼鳖。

07.136　鳖爱德华氏菌病　edwardsiellosis of soft-shelled turtle

由爱德华氏菌(*Edwardsiella* sp.)引起的鳖细菌性疾病。病鳖腹面中部可见暗红色淤血,稍浮肿,肝肿胀质脆,形成典型肉芽肿结节。

07.137　白鱀豚腐皮病　rotten skin of Chinese river dolphin

由Ⅰ型荧光假单胞菌(*P. fluorescens* biotype Ⅰ)引起的白鱀豚皮肤病。症状为病灶处体表皮肤腐烂。

07.138　稚参溃烂病　rotten disease of young sea cucumber

由细菌引起的海参疾病。症状为参体收缩,变乳白色,局部溃烂,骨片倾倒、脱落,最后全身解体死亡。

07.139　秃海胆病　alopecia of sea urchin

由鳗弧菌(*Vibrio anguillarum*)及杀鲑气单胞菌(*A. salmonicida*)引起的细菌性海胆疾病。症状为海胆棘基部表皮层变为绿色或紫黑色坏死,棘及其他附着物脱落,出现穿孔而死。

07.140　水霉病　saprolegniasis

又称"肤霉病(dermatomycosis)"。由水霉(*Saprolegnia* spp.)、绵霉(*Achlya* spp.)、丝囊霉(*Aphanomyces* spp.)及腐霉(*Pythium* spp.)等真菌附生于鱼、鳖、蛙等体表及卵上引起的真菌性疾病。菌丝繁殖生长成棉絮状,分泌毒素,破坏组织,使鱼等水生动物食欲减退,瘦弱而死。

07.141　鳃霉病　branchiomycosis

由鳃霉(*Branchiomyces* sp.)寄生在鱼的鳃部引起的真菌性疾病。主要危害鳙、鲮等的幼鱼。鳃霉菌丝沿鳃丝血管分枝或穿入软骨生长,破坏组织,阻塞微血管,鳃瓣呈粉红色或苍白色,使鱼的呼吸机能受阻。

07.142　虹鳟内脏真菌病　visceral mycosis of salmon

由异枝水霉(*Saprolegnia diclina*)及半知菌类(*Deuteromycetes*)等真菌寄生虹鳟等鲑科鱼类鱼种体内引起的鱼病。病鱼腹部明显膨大,消化道、肝、脾、肾、鳔、腹腔体壁内有大量真菌寄生,内脏器官肌肉坏死。

07.143　鱼醉菌病　ichthyophonosis

由霍氏鱼醉菌(*Ichthyophonus hoferi*)引起的真菌性鱼病。虹鳟、红点鲑、热带鱼、鰤及野生海水鱼都会感染此病。霍氏鱼醉菌寄生在肝、肾、脾、心脏、胃、肠、幽门垂、生殖腺、神经系统、鳃、骨骼肌等处,形成大小不同、密集的灰白色结节,严重时组织被病原体及增生的结缔组织所取代。

07.144　镰刀菌病　fusarium disease

由腐皮镰刀菌(*F. solani*)、尖孢镰刀菌(*F. oxysporum*)、三线镰刀菌(*F. trinctum*)和禾谷镰刀菌(*F. graminearum*)等引起的真菌性虾病。主要危害越冬亲虾。镰刀菌主要寄生在对虾鳃组织内,严重时整个鳃呈黑色,鳃组织溃烂。有的镰刀菌也寄生在附肢及体壁上或侵入肌肉、血管、中肠腺及眼球。

07.145　链壶菌病　lagenidialesosis

由链壶菌(*Lagenidium*)、离壶菌(*Siropidium*)和海壶菌(*Haliphthoros*)引起的真菌性疾病。危害对虾、龙虾、蟹及贝类的卵和幼体,最易发生于蚤状幼体。患病幼体呈灰白色,不透明,不吃食,趋光性差,活动能力明显下降。严重感染的卵体积较小,不透明,不能孵化。

07.146　卵甲藻病　oodiniosis

又称"卵涡鞭虫病"、"打粉病"。由嗜酸性卵甲藻(*Oodinium acidophilum*)引起的鱼病。危害养殖鱼类鱼种,尤以草鱼鱼种最为敏感,池水呈酸性时易发病。病鱼种体表黏液增多,有大量白点连片重叠,白点间有充血斑点。

07.147 淀粉卵甲藻病 amyloodiniosis

又称"淀粉卵涡鞭虫病"。由眼点淀粉卵甲藻(*Amyloodinium ocellatum*)引起的鱼病。危害多种海水鱼类和观赏鱼。病鱼的鳃、皮肤和鳍上有许多小白点,鳃呈灰白色。

07.148 楔形藻病 licmophorasis

由楔形藻(*Licmophora*)引起的虾病。危害对虾的蚤状幼体、糠虾幼体及仔虾。藻体附着在体表、附肢及眼上,呈细绒毛状,影响幼体的活动、摄食、蜕皮及生长,严重时幼体无法蜕皮而死。

07.149 针杆藻病 synedrasis

由平片针杆藻小形变种(*Synedra tabulata* var. *parval*)引起的虾病。主要危害越冬期及养成后期对虾。藻体大量附着时,病虾的附肢、甲壳呈黄褐色绒毛状,且显粗糙,鳃呈黑褐色。

07.150 对虾丝状藻类附着病 ulothrixosis of prawn

虾池中丝状藻类如绿藻中的浒苔(*Enteromorpha* sp.)、刚毛藻(*Cladophora* sp.),褐藻中的水云(*Ectocarpus* sp.),蓝藻中的钙化裂须藻(*Schlzothrix calcicola*)等大量繁殖,附着在对虾幼体、成体及亲虾的体表引起的虾病。影响虾的生长和蜕皮,严重时可导致死亡。

07.151 侵袭性鱼病 invading diseases of fish

由寄生虫引起的鱼病的总称。

07.152 锥体虫病 trypanosomiasis

由锥体虫(*Trypanosoma* spp.)寄生在鱼血液中引起的寄生虫病。海淡水鱼均可感染。少量寄生无明显症状,大量寄生时鱼有贫血现象,并可使病鱼呈昏睡状。

07.153 隐鞭虫病 cryptobiasis

由隐鞭虫(*Cryptobia*)寄生在鱼鳃、皮肤或其他组织器官所引起的寄生虫病。主要危害夏花草鱼、鲮和鲤鱼苗。大量寄生于鱼鳃时,病鱼消瘦体黑,鳃表皮细胞被破坏,黏液增多,导致呼吸困难而死。

07.154 鱼波豆虫病 ichthyobodiasis

又称"口丝虫病"。由飘游鱼波豆虫(*Ichthyobodo necatrix*)寄生在鱼鳃及皮肤上引起的寄生虫病。危害各种温水及冷水性淡水鱼,尤以鲤和鲮的鱼苗最为严重。病情严重时,寄生处充血、发炎、糜烂,最后因呼吸困难而死。

07.155 鲩内变形虫病 entamoebiasis

由鲩内变形虫(*Entamoeba ctenopharyngodoni*)寄生在鱼的直肠引起的寄生虫病。主要危害2龄以上草鱼。严重感染时肠黏膜被破坏,并引起卡他性肠炎。

07.156 变形虫肾炎 nephritis caused by *Amoeba*

由变形虫(*Amoeba* sp.)寄生在鱼肾脏引起的寄生虫病。主要危害虹鳟等鲑科鱼类的幼鱼。病鱼肾脏肿大、变硬,由暗紫色变为土黄色,肾功能被破坏,呈水肿和腹腔积水,眼睛突出,水晶体浑浊。

07.157 拟变形虫病 paramoebiasis

由拟变形虫(*Paramoeba perniciosa*)寄生在蓝蟹的皮下结缔组织引起的寄生虫病。多发生在高盐度海区。病蟹呈昏睡状,腹面呈灰白色,血淋巴液呈灰色,不凝固,肌肉溶解,很快死亡。

07.158 艾美虫病 eimeriasis

又称"球虫病(coccidiasis)"。由艾美虫(*Ei-*

meria)寄生鱼肠管内引起的鱼病。主要危害青鱼、鲢、鳙。病鱼鱼体发黑，腹部膨大，前肠变粗，肠壁充血发炎，有许多白色小结节。有的病鱼贫血，鳞囊积水，部分鳞片竖起，腹部膨大并有腹水，眼睛突出，肝脏土黄色，肾脏色淡。

07.159 黏孢子虫病 myxosporidiosis

由黏孢子虫(*Myxosporidia*)类寄生在鱼类体表、鳃及各种组织器官上引起的鱼类寄生虫病。主要危害淡水、海水幼鱼。病鱼体表出现凹凸不平或在寄生部位产生胞囊。影响鱼类生长，严重时可引起死亡。

07.160 碘泡虫病 myxoboliasis

由碘泡虫属(*Myxobolus*)中某些种引起的鱼类黏孢子虫病。常见的有由鲢碘泡虫(*Myxobolus drjagini*)寄生在鲢的神经系统和感觉器官引起的鲢碘泡虫病［又称“疯狂病(whirling disease)”］；由饼形碘泡虫(*M. artus*)寄生在草鱼肠壁引起的饼形碘泡虫病；由野鲤碘泡虫(*M. koi*)寄生在夏花鲮的皮肤或鲤的鳃弓上引起的野鲤碘泡虫病；由鲫碘泡虫(*M. carassii*)及库斑碘泡虫(*M. kubanicum*)等寄生在银鲫头后背部肌肉引起的鲫碘泡虫病；由异形碘泡虫(*M. dispar*)寄生在鳙、鲢的鳃上引起的异形碘泡虫病。碘泡虫寄生处形成许多大小不一的白色胞囊。

07.161 尾孢虫病 henneguyiasis

由多格里尾孢虫(*Henneguya dogieli*)寄生在鳜鱼的鳃丝及鳃弓上引起的一种黏孢子虫病。尾孢虫寄生处形成白色大胞囊，大量寄生可引起病鱼死亡。

07.162 旋缝虫病 spirosuturiasis

由鲢旋缝虫(*Spirosuturia hypophthalmichthydis*)寄生在鲢的肌肉、鳃盖、眼眶周围、皮肤、鳍基及肾脏等处引起的一种黏孢子虫病。鲢旋缝虫寄生处形成淡黄色大小不一的粒状胞囊，严重时连成一片。

07.163 黏体虫病 myxosomiasis

由黏体虫属(*Myxosoma*)中的某些种寄生引起的一类鱼类黏孢子虫病。常见的有由脑黏体虫(*M. cerebralis*)寄生在鱼头骨及脊椎骨软骨组织引起的脑黏体虫病(又称“眩晕病(whirling disease)”)。主要危害鲑科鱼类苗种。脑黏体虫破坏听觉平衡器及交感神经，使鱼追逐自身尾部旋转运动，病鱼长大后有脊椎弯曲、眼后部凹陷、下颌不能闭合等后遗症；由中华黏体虫(*M. sinensis*)寄生在鲤鱼肠的内外壁上引起的中华黏体虫病，寄生处形成乳白色芝麻状胞囊，影响鱼的生长发育；由时珍黏体虫(*M. sigini*)寄生在鲢的各器官引起的黏体虫病(又称“鲢水臌病”)，寄生处形成丝状、带状、块状等不规则胞囊，病鱼腹部膨大，腹腔积水，内脏萎缩。

07.164 两极虫病 myxidiasis

由两极虫(*Myxidium*)寄生在鳗鲡皮肤上引起的黏孢子虫病。两极虫寄生处形成大量白色胞囊，丧失商品价值。

07.165 四极虫病 chloromyxiasis

由鲢四极虫(*Chloromyxum hypophthalmichthys*)寄生在鲢胆囊内引起的黏孢子虫病。病鱼眼圈出现点状充血或眼球突出，鳍基部和腹部呈黄色或苍白色，胆囊极大，充满黄色或黄褐色胆汁。

07.166 单极虫病 thelohanelliasis

由单极虫(*Thelohanellus*)引起的黏孢子虫病。鲮单极虫(*T. rohitae*)寄生在鲤、鲫鳞下可形成许多淡黄色胞囊，寄生处鳞片竖起，失去商业价值。吉陶单极虫(*T. kitauei*)寄生在鲤、镜鲤的前、中肠的肠壁，形成很多胞囊将肠管堵塞胀粗，肠壁变薄而透明，腹腔积水，病鱼逐渐饿死。

07.167 库道虫病 kudoasis

由库道虫(*Kudoa*)引起的黏孢子虫病。主要危害鲕、鲱等海水鱼。库道虫多数寄生在鱼肌肉内，形成胞囊或使肌肉液化。严重感染时，病鱼失去商品价值。

07.168 微孢子虫病 microsporidiasis
由微孢子虫(*Microsporidia*)寄生引起的孢子虫病。种类很多，危害鱼类、昆虫和甲壳动物。

07.169 对虾微孢子虫病 microsporidiasis of prawn
由微粒子虫(*Nosema*)、特汉虫(*Thelohania*)和匹里虫(*Pleistophora*)寄生在对虾肌肉或生殖腺中引起的微孢子虫病。寄生在对虾肌肉中时，肌肉呈乳白色，组织松散柔软；如寄生在对虾的生殖腺中，则沿背部中线出现不透明的白色区，影响对虾的生长繁殖。对幼虾危害尤甚。

07.170 鳗匹里虫病 pleistophorosis of eel
由鳗匹里虫(*Pleistophora anguillarum*)寄生在鳗鲡肌肉中引起的一种微孢子虫病。小的鳗鲡患病后，可见黄白色斑；大的鳗鲡患病时，躯干部凹凸不平，不摄食，游动缓慢。对幼鳗危害尤甚。

07.171 大眼鲷匹里虫病 disease caused by *Pleistophora priacanthicola*
由大眼鲷匹里虫(*Pleistophora priacanthicola*)寄生在鱼的腹腔、内脏、肌肉和鳃引起的微孢子虫病。严重感染时，腹部膨大，腹腔内有大量胞囊，内脏，特别是生殖腺严重萎缩，甚至难辨雌雄，失去生殖力；其他组织被寄生时，可见白色小胞囊。

07.172 格留虫病 glugeasis
由格留虫(*Glugea*)寄生在虹鳟的心肌、大侧肌、食道肌、咽喉肌、鳍肌及动脉肌等处引起的一种微孢子虫病。主要危害虹鳟鱼种。格留虫大量寄生时可引起心脏肿大，大侧肌中出现白斑，病鱼食欲减退、消瘦，眼球突出，可导致鱼种大量死亡。

07.173 蓝蟹微粒子虫病 nosemiasis of crab
由微粒子虫(*Nosema*)寄生引起的微孢子虫病。病蟹肌肉呈乳白色，不透明，在附肢关节处易看到严重感染的蟹肌纤维溶解，病蟹不能正常洄游。

07.174 单孢子虫病 haplosporidiasis
单孢子虫以孢子形式寄生在无脊椎动物(如软体动物、环节动物、节肢动物)和低等脊椎动物(如鱼类)中引起的一类孢子虫病。常见的有鲈肤孢虫(*Dermocystidium rercae*)寄生在鲈、青鱼、鲢、鳙的鳃上；广东肤孢虫(*D. kwangtungensis*)寄生在斑鳢的鳃上；野鲤肤孢虫(*D. koi*)寄生在鲤、镜鲤、青鱼、草鱼的体表；海水肤孢虫(*D. marinus*)寄生在美洲巨蛎等软体动物内；明钦虫(*Minchinia*)寄生在牡蛎和养殖海蟹体内，使发育受阻，生长停止。

07.175 斜管虫病 chilodonelliasis
由鲤斜管虫(*Chilodonella cyprini*)寄生在鱼的皮肤和鳃上引起的一种纤毛虫病。主要危害淡水鱼鱼苗、鱼种。斜管虫大量寄生时，黏液分泌增多，导致呼吸困难而死。

07.176 瓣体虫病 petalosomasis
由石斑瓣体虫(*Petalosoma epinephelis*)寄生引起的一种纤毛虫病。主要危害石斑鱼、真鲷等海水鱼。病鱼头部、皮肤、鳍及鳃上的黏液显著增多，体表出现不规则的白斑，严重时白斑连成一片，死鱼胸鳍向前僵直，几乎紧贴鳃盖上。

07.177 隐核虫病 cryptocaryoniosis
又称“海水鱼白点病(white spot disease of marine fish)”。由刺激隐核虫(*Cryptocaryon irritans*)寄生引起的海水鱼纤毛虫病。隐核虫主要寄生在鱼体表和鳃上，刺激分泌大量黏液，病鱼食欲不振、身体消瘦、呼吸困难、窒息而死。

07.178 毛管虫病 trichophryiasis
由毛管虫(*Trichophrya* spp.)寄生在草鱼、青

鱼、鲢、鳙、鲮等鱼种鳃上引起的一种纤毛虫病。毛管虫大量寄生时,病鱼鳃上黏液增多,上皮细胞受损,形成凹陷的病灶,以致呼吸困难而死。

07.179 簇管虫病 erastophriasis

由簇管虫(*Erastophrya*)寄生引起的淡水鱼类一种纤毛虫病。簇管虫大量寄生时,病鱼鳃上黏液增多,上皮组织受损,以致呼吸困难而死。

07.180 血簇虫病 haemogregarinasis

由血簇虫(*Haemogregarina*)寄生在鱼、鳖红细胞或白细胞的细胞质内引起的寄生虫病。可导致宿主贫血,反应迟钝。严重时,宿主不食,消瘦,肝脏发生病变。

07.181 壳吸管虫病 acinetasis

由壳吸管虫(*Acineta* spp.)寄生引起的对虾纤毛虫病。养殖对虾鳃上大量寄生时,影响对虾呼吸。

07.182 拟阿脑虫病 paranophrysiasis

由蟹栖拟阿脑虫(*Paranophrys carcini*)寄生引起的一种对虾纤毛虫病。主要危害越冬亲虾。拟阿脑虫从虾、蟹伤口进入血淋巴液,吞食血细胞,使病虾血淋巴液中血细胞减少,呈混浊乳白色,凝固性降低或不凝固。

07.183 小瓜虫病 ichthyophthiriasis

又称"白点病(white-spot disease)"。由多子小瓜虫(*Ichthyophthirius multifiliis*)侵入淡水鱼的皮肤、鳃、鳍等组织引起的一种纤毛虫病。主要危害高密度养殖鱼类的幼鱼和观赏鱼。症状为寄生处组织增生,形成脓包,在皮肤和鳍上形成许多小白点。

07.184 固着类纤毛虫病 sessilinasis

由固着类纤毛虫(*Sessilina*)寄生引起的一类纤毛虫病。病原体种类很多,最常见的有聚缩虫(*Zoothamnium*)、累枝虫(*Epistylis*)、钟虫(*Vorticella*)、拟单缩虫(*Pseudocarchesium*)、单缩虫(*Carchesium*)及杯体虫(*Apiosoma*)。主要危害海、淡水虾、蟹、鱼、鳖、牛蛙等水产动物的苗种。固着类纤毛虫大量附着时,体表呈绒毛状,鳃呈黑色,呼吸困难,手摸有滑腻感。

07.185 车轮虫病 trichodiniasis

由车轮虫(*Trichodina* spp.)和小车轮虫(*Trichodinella* spp.)寄生在鱼鳃或皮肤上引起的一种纤毛虫病。危害养殖鱼类鱼苗、鱼种。虫体以宿主的皮肤和鳃组织作营养,组织受刺激分泌过多黏液,严重时使鳃组织溃烂,影响鱼的呼吸和正常活动。病鱼消瘦发黑,游泳缓慢,终至死亡。

07.186 丽克虫病 licnophoraosis

由海马丽克虫(*Licnophora hippocampi*)寄生引起的一种纤毛虫病。主要危害海马,也可危害扇贝。海马丽克虫用基盘附在海马的鳃及皮肤上,大量寄生时,影响气体交换,造成呼吸困难,当水中溶氧不足时易窒息死亡。

07.187 指环虫病 dactylogyriasis

由指环虫(*Dactylogyrus*)寄生在鱼鳃上引起的一种单殖吸虫病。危害养殖鱼类和观赏鱼。症状为病鱼游动缓慢,鳃黏液增多、浮肿,鳃盖难以闭合,鳃丝暗灰色,离群缓游,不摄食,逐渐瘦弱而死。

07.188 伪指环虫病 pseudodactylogyrosis

由伪指环虫(*Pseudodactylogyrus bini*)寄生在鳗鱼鳃引起的一种单殖吸虫病。大量寄生时,病鳗鳃黏液增多,鳃丝充血肿胀,呼吸频率加快,常与池壁摩擦,可引起鳗鲡苗种大批死亡。

07.189 拟似盘钩虫病 pseudancylodiscoidiosis

由粗钩拟似盘钩虫(*Pseudancylodiscoides rimsky-korsakowi*)寄生在鱼鳃上引起的一种单殖吸虫病。危害鲿科鱼类,可引起长吻鮠的苗种大批死亡。

07.190　海盘虫病　haliotremasis

由海盘虫(*Haliotrema*)寄生在鱼鳃引起的一种单殖吸虫病。主要危害网箱养殖的石斑鱼、真鲷、平鲷、黑鲷等鱼类。病鱼体表黏液增多,鳃丝颜色变淡,呼吸困难,食欲减退,常成群浮于水面。

07.191　三代虫病　gyrodactyliasis

由三代虫(*Gyrodactylus*)寄生在鱼皮肤和鳃引起的一种单殖吸虫病。危害多种淡水、咸淡水鱼鱼种,尤以鱼苗及观赏鱼受害严重。症状为病鱼游动缓慢,黏液增多,呼吸困难,常出现蛀鳍现象。

07.192　本尼登虫病　benedeniasis

由本尼登虫(*Benedenia*)、新本尼登虫(*Neobenedenia*)寄生在鱼体体表引起的一种单殖吸虫病。本尼登虫大量寄生在石斑鱼、大黄鱼、鰤、鲷 、牙鲆等海水鱼的体表和鳍条上,可导致鱼皮肤黏液增多,表皮局部变白,寄生处发炎;病鱼狂游或不断向其他物体上摩擦身体,最终因衰竭而死。

07.193　片盘虫病　lamellodiscusiasis

由真鲷片盘虫(*Lamellodiscus pagrosomi*)寄生于赤点石斑鱼和真鲷鳃上引起的一种单殖吸虫病。

07.194　圆鳞盘虫病　cycloplectanum

由石斑鱼拟合片虫(*Pseudorhabdosynochus epinepheli*)和南头圆鳞盘虫(*C. lantuensis*)寄生在真鲷鳃上引起的一种单殖吸虫病。大量寄生可使鱼死亡。

07.195　鳞盘虫病　diplectanumiasis

由石斑鳞盘虫(*Diplectanum epinepheli*)寄生鱼鳃引起的一种单殖吸虫病。主要危害赤点石斑鱼。鳞盘虫大量寄生时,可引起病鱼游动缓慢,鳃上黏液增多,严重时因呼吸困难而死。

07.196　异斧虫病　heteraxiniasis

由异尾异斧虫(*Heteraxine heterocerca*)寄生引起的一种单殖吸虫病。主要危害网箱养殖的鰤、鲀。异斧虫寄生在鱼鳃上,吸食血液,大量寄生时,鳃部呈贫血状,病鱼不摄食,鱼体逐渐消瘦,体色变黑,游动无力而死。

07.197　双阴道虫病　bivaginaosis

由真鲷双阴道虫(*Bivagina tai*)寄生引起的一种单殖吸虫病。真鲷双阴道虫寄生在真鲷的鳃上,吸食鱼血,大量寄生时,鱼贫血,鳃组织受损,并分泌大量黏液,最后因呼吸困难而死。

07.198　异沟虫病　heterobothriumiasis

由鲀异沟虫(*Heterobothrium tetrodonis*)寄生引起的一种单殖吸虫病。主要危害红鳍东方鲀。异沟虫成虫大多数寄生在鱼鳃腔的肌肉部分,吸食鱼血。大量寄生时,鱼体瘦弱,鳃分泌黏液增多,鳃瓣末端组织坏死、解体,呼吸衰竭而死。

07.199　皮叶虫病　choricotyliosis

由长皮叶虫(*Choricotyle elongata*)寄生引起的一种单殖吸虫病。主要危害真鲷鱼种。皮叶虫寄生在鱼口腔内壁、鳃弓、鳃耙上,大量寄生时,病鱼贫血、瘦弱,最终死亡。

07.200　血居吸虫病　sanguinicolosis

由血居吸虫(*Sanguinicola*)侵入养殖鱼类苗种心脏和血管引起的寄生虫病。虫卵大量堆集在鳃血管内,引起血管梗塞,导致血管破裂和坏死。有时虫卵堵塞肾脏血管,出现竖鳞、腹部水肿、突眼等症状。

07.201　双穴吸虫病　diplostomumiasis

又称“复口吸虫病”。由双穴吸虫(*Diplostomum*)的尾蚴侵入鱼体,在鱼眼内发育为囊蚴引起的寄生虫病。危害多种淡水鱼。双穴吸虫病分急性感染和慢性感染。急性感染是指由尾蚴造成神经系统和循环系统破坏,病鱼在水中挣扎,眼眶部脑区充血,短期内出现死亡;慢性感染是指尾蚴进入鱼眼球水晶体后发育,引起水晶体混浊,严重时水晶体脱落变成瞎眼。

07.202　茎双穴吸虫病　posthodiplostomumiasis

又称“新复口吸虫病”。由茎双穴吸虫(*Posthodiplostomum*)的囊蚴寄生于皮下引起的寄生虫病。主要危害鲢、鳙鱼种。病鱼皮肤、鳍、眼的角膜等处出现黑色隆起小点。

07.203　扁弯口吸虫病　clinostomiasis

由扁弯口吸虫(*Clinostomum complanatum*)的囊蚴寄生于鱼类肌肉引起的寄生虫病。危害多种淡水鱼苗种。寄生部位以鱼的头部为主,形成橘黄色囊体,严重时可引起苗种死亡。

07.204　东穴吸虫病　asymphylodorasis

俗称“闭口病”。由日本东穴吸虫(*Orientotrema japonica*)等引起的肠道寄生虫病。主要危害淡水鱼的鱼苗。病鱼闭口不食,感染严重时几天内鱼苗大批死亡。

07.205　乳白体吸虫病　galactosomiasis

由乳白体吸虫(*Galactosomum*)囊蚴寄生于鱼间脑引起的寄生虫病。主要危害鲕鱼、条石鲷、红鳍东方鲀等鱼类的当年鱼种。病鱼最初在水面狂游,继而身体痉挛,不断旋转,最终死亡。

07.206　缢蛏泄肠吸虫病　vesicocoeliumosis of sinonovacula

由食蛏泄肠吸虫(*Vesicocoelium solenphagum*)毛蚴侵入缢蛏体内,发育为胞蚴、尾蚴引起的寄生虫病。病蛏显著消瘦,肝脏和生殖腺受害最重,失去繁殖力,可导致大批死亡。

07.207　牛首吸虫病　bucephaliasis

由牛首吸虫(*Bucephalus*)囊蚴寄生在牡蛎、贻贝的生殖腺和消化腺,胞蚴寄生在珠母贝生殖腺引起的寄生虫病。病贝瘦弱,不能繁殖,环境条件变化时,极易死亡。

07.208　鲤蠢病　caryophyllaeusiasis

由鲤蠢(*Caryophyllaeus*)引起的一种肠道寄生虫病。鲤蠢主要寄生在鲫和2龄以上鲤肠内。大量寄生会阻塞肠道,引起发炎和贫血。

07.209　许氏绦虫病　khawiasis

由许氏绦虫(*Khawia*)引起的肠道寄生虫病。主要危害鲤、鲫等淡水鱼类。大量寄生会阻塞肠道,引起发炎和贫血。

07.210　头槽绦虫病　bothriocephaliasis

由头槽绦虫(*Bothriocephalus*)引起的肠道寄生虫病。主要危害草鱼、团头鲂、鲤、青鱼等淡水鱼鱼种。病鱼体色发黑,口常张开,严重的病鱼前腹部膨胀,肠内充满绦虫虫体。

07.211　舌状绦虫病　ligulaosis

由舌状绦虫(*Ligula*)和双线绦虫(*Digramma*)的裂头蚴侵入鱼肠道内引起的一种寄生虫病。多数淡水养殖鱼类和野杂鱼均有发生。病鱼腹部膨大,体腔中充满大量白色带状的虫体,内脏受挤压,正常机能受破坏,鱼发育受阻。

07.212　裂头绦虫病　diphyllobothriumiasis

一种寄生性绦虫病。阔节裂头绦虫(*Diphyllobothrium latum*)在多种淡水鱼体内发育成裂头蚴,当肉食性鱼类或哺乳动物吞食感染裂头蚴的淡水鱼,就会受其感染,在体内发育成成虫。该病会对人类造成危害。

07.213　毛细线虫病　capillariaosis

由毛细线虫(*Capillaria*)寄生于鱼类肠道中引起的寄生虫病。主要危害青鱼、草鱼、鲢、鳙、鲮及黄鳝的当年鱼种。毛细线虫头部钻入寄主肠壁黏膜层,破坏组织,引起肠壁发炎。大量寄生时,病鱼离群分散池边,极度消瘦，继之死亡。

07.214　嗜子宫线虫病　philometrosis

又称"红线虫病"。由鲤嗜子宫线虫（*Philometra cyprini*）、鲫嗜子宫线虫（*P. carassii*）等的雌虫寄生在鲤鳞片下和鲫鳍条上引起的寄生虫病。主要危害2龄以上鲤、鲫。病鱼肌肉充血、发炎、溃疡，虫体寄生于鳞片下会出现竖鳞现象。

07.215　鳗居线虫病　anguillicolaosis

由球状鳗居吸虫（*Anguillicola globiceps*）和粗厚鳗居吸虫（*A. crassa*）寄生在鳗鲡鳔中引起的寄生虫病。大量寄生时，可引起鳔发炎或鳔壁增厚。

07.216　似棘头吻虫病　acanthocephalorhynchoidesiosis

由乌苏里似棘头吻虫（*Acanthocephalorhynchoides ussuriense*）寄生鱼类肠道中引起的寄生虫病。主要危害草鱼、鳙、鲢和鲤的鱼种。病鱼消瘦、发黑，离群靠边缓游，前腹部膨大呈球状，肠道呈慢性炎症，短时间可引起鱼种大批死亡。

07.217　长棘吻虫病　rhadinarhynchiosis

由长棘吻虫引起的鱼类肠道寄生虫病。细小长棘吻虫（*Rhadinarhynchus exilis*）寄生于鲫鱼肠内，鲤长棘吻虫（*R. cyprini*）、崇明长棘吻虫（*R. chongmingnensis*）寄生于鲤鱼的肠内。大量寄生时，鱼体消瘦，吃食减少或不吃食，肠壁外有很多肉芽肿结节，严重时内脏全部粘连，有时棘头虫钻通肠壁，钻入其他内脏或体壁，引起体壁溃烂和穿孔。

07.218　长颈棘头虫病　longicollumiasis

由鲷长颈棘头虫（*Longicollum pagrosomi*）引起的鱼肠道寄生虫病。成虫寄生于真鲷、黑鲷的消化道内。大量寄生时，病鱼摄食量降低，生长不良。

07.219　鱼蛭病　piscieolaiosis

由尺蠖鱼蛭（*Piscicola geometrica*）引起的寄生虫病。主要危害底层鲤科鱼类，对鱼种危害尤甚。寄生数量多时，鱼表现不安，常跳出水面。体表呈现出血性溃疡，鳃被侵袭时，会引起呼吸困难。

07.220　湖蛭病　limnotrachelobdellaiosis

曾称"颈蛭病（trachelobdellaiosis）"。由湖蛭（*Limnotrachelobdella*）引起的鱼类寄生虫病。湖蛭寄生在鳃盖内表皮，吸取鱼血，被寄生处的表皮组织受破坏，引起贫血和继发感染，影响生长，严重时病鱼因呼吸困难和失血过多而死。

07.221　才女虫病　polydoraiosis

由凿贝才女虫（*Polydora ciliata*）引起的贝类寄生虫病。主要危害2～3龄珍珠贝和3～4龄的育珠贝。贝壳被穿透后损及软体部分，继发细菌感染，引起发炎、脓肿、溃烂。

07.222　中华鱼蚤病　sinergasilliasis

由中华鱼蚤（*Sinergasilus*）引起的鱼寄生虫病。主要发生在1龄以上的草鱼、鲢、鳙、鲤、鲫。当大量寄生时，鱼鳃丝末端肿胀发白甚至弯曲变形，黏液增多。病鱼还会出现打转和狂游，尾鳍上叶常露出水面，终致死亡。

07.223　新鱼蚤病　neoergasiliasis

由日本新鱼蚤（*Neoergasilus japonicus*）引起的鱼寄生虫病。寄生在青鱼、草鱼、鲤、鲫、鳙、鲢、鳜、鲇等鱼的鳍、鳃和鼻腔。主要危害鱼种。大量寄生时，病鱼常有浮头现象。

07.224　居贻贝蚤病　mytilicolasis

由东方居贻贝蚤（*Mytilicola orientalis*）寄生在牡蛎、贻贝的消化道、肠居贻贝蚤（*M. intestinalis*）寄生在贻贝肠中引起的寄生虫病。少量寄生时，使贻贝生长停滞、足丝发育不良，肝脏呈奶油色。严重感染时，可引起从苗种到成体大量死亡。

07.225 锚头鱼蚤病 lernaeosis

又称“针虫病”。由锚头鱼蚤(*Lernaea*)引起的鱼寄生虫病。主要危害淡水幼鱼。发病初期,病鱼呈不安状,食欲减退,行动迟缓,患处红肿发炎。寄生严重时,体表布满虫体,似披蓑衣,可引起死亡。

07.226 狭腹鱼蚤病 lamproglenasis

由鲫狭腹鱼蚤(*Lamproglena carassii*)寄生在鲫鳃部、中华狭腹鱼蚤(*L. chinensis*)寄生在乌鳢和月鳢的鳃上引起的鱼寄生虫病。病鱼鳃部肿胀,呼吸困难。

07.227 鱼虱病 caligusiasis

由鱼虱(*Caligus*)寄生在鱼的体表和鳃上引起的鱼寄生虫病。大量寄生时,可引起鱼种焦躁不安而死。

07.228 人形鱼虱病 lernanthropusiasis

由人形鱼虱属(*Lernanthropus*)中的鲻人形鱼虱(*L. shishidoi*)寄生在梭鱼的鳃丝上、黑鲷人形鱼虱(*L. atrox*)寄生在黑鲷的鳃上引起的鱼寄生虫病。少量寄生危害不大,大量寄生时可使鱼死亡。

07.229 长颈类柱颚虱病 disease caused by *Alella macrotrachelue*

由长颈类柱颚虱(*Alella macrotrachelue*)寄生在黑鲷鳃部引起的寄生虫病。病鱼鳃上黏液增多,导致呼吸困难而死。

07.230 鲺病 arguliosis

由鲺(*Argulus*)寄生于鱼体表、口腔和鳃引起的鱼寄生虫病。危害多种海淡水鱼类的鱼种。鲺用口刺吸鱼血时分泌的毒液对鱼有刺激作用,病鱼在水中极度不安,急剧狂游和跳跃,鱼种寄生几个鲺,就能引起死亡。

07.231 蟹奴病 sacculinasis

由蟹奴(*Sacculina*)寄生在蟹的腹部引起的寄生虫病。病蟹腹部脐略显臃肿,雌雄难辨,失去生殖能力。蟹肉有异味,不能食用。

07.232 鱼怪病 ichthyoxeniosis

由日本鱼怪(*Ichthyoxenus japonenis*)引起的鱼寄生虫病。主要危害鲫、雅罗鱼和鲤。一般雄雌虫成对寄生在鱼的胸鳍基部附近体腔的寄生囊内,有一孔与外界相通。鱼苗被一只鱼怪幼虫寄生就会失去平衡,数分钟内即死亡;鱼种的体表和鳃被幼虫寄生,可引起表皮破坏,体表充血,黏液增多,严重时鳃小片坏死脱落,随即死亡;被成虫寄生,影响性腺发育,丧失生殖能力。

07.233 虾疣虫病 bopyrusiasis

由虾疣虫(*Bopyrus*)寄生在虾、蟹鳃腔中引起的寄生虫病。虾蟹被寄生处膨大、突起,生长缓慢,损伤鳃组织,影响呼吸,性腺萎缩,失去生殖能力。

07.234 豆蟹病 pinnotheresosis

由中华豆蟹(*Pinnotheres sinensis*)寄生在贻贝的外套腔内、牡蛎豆蟹(*P. ostreum*)寄生在美洲巨蛎体内引起的寄生虫病。豆蟹损伤宿主鳃、外套膜、性腺和消化腺,并吸食营养,导致身体消瘦,甚至死亡。

07.235 钩介幼虫病 glochidiumiasis

由钩介幼虫(*Glochidium*)引起的寄生虫病。钩介幼虫用足丝附在鱼体,用壳钩钩在鱼的嘴、鳃、鳍及皮肤上,鱼体受刺激,引起周围组织发炎、增生,逐渐将幼虫包在里面,形成胞囊。能使鱼苗、夏花鱼种丧失摄食能力而饿死;寄生在鳃上,也会妨碍呼吸,窒息而死,并往往在病鱼头部出现红头白嘴现象。

07.236 鱼类肿瘤 tumours of fish

鱼类等水生动物体内局部组织细胞异常增生形成的肿块。

07.237 海带幼体畸形病 deformity of immutyre kelp

因兼性腐生菌和硫酸盐还原菌的代谢产物硫化氢过多、种海带成熟不够或过熟、附着基处理不当等原因引起的海带幼体发育阶段畸形。该病多发生于配子体、卵囊精囊形成和幼孢子体阶段,严重危害育苗生产。

07.238 海带幼孢子体畸形分裂症 deformed division of kelp's sporophyte
因缺肥、光照不适等导致海带幼孢子体上、中、下部细胞分裂不同步产生的畸形。

07.239 海带脱苗烂苗病 rotten seedling of kelp
因溶藻弧菌(*Vibrio alginalyticus*)等褐藻酸降解菌大量繁殖、光照过强或过弱、侧生根以下的柄生长缓慢引起的海带脱苗、烂苗。

07.240 海带白尖病 white tip disease of kelp
一般认为是由于突然受强光刺激,引起海带叶片前端三分之一处变白、脱落。主要发生在海带夏苗培育的中、后期。

07.241 海带绿烂病 green rot of kelp
一般认为是由于光照不足引起的海带生理性病变,为夏苗培育及人工栽培海带最常见的一种海带病害。发病初期,藻体梢部边缘变绿变软或出现绿色斑点,随着病情发展,绿烂部逐渐扩大向叶片下部蔓延,严重时整株海带烂掉。

07.242 海带柄粗叶卷病 thick stem and roll leave disease of kelp
初步认为是类菌质体(MLO)引起的传染性海带病害。症状为假根短而萎缩,柄部粗肿,叶片卷曲,严重时呈灯笼状。

07.243 海带白烂病 white rot disease of kelp, white mold disease of kelp
因海带长期缺乏营养,在水流不畅及光照过强条件下,细胞内褐藻素和叶绿素分解死亡引起的疾病。一般先从叶梢的边缘变白腐烂,随后蔓延整个叶梢,并向基部发展,病变部分有时呈红褐色。

07.244 海带卷曲病 rolled disease of kelp
海带突然受强光刺激引起的生理性病变。症状为叶缘向中带部卷曲、扭转,或出现凹凸网状皱褶。

07.245 海带泡烂病 bubbly rot of kelp
由于暴雨使海水盐度急剧下降,引起海带叶片产生水泡,水泡破后烂成孔洞。严重时叶片大部分烂掉。

07.246 紫菜丝状体鲨皮病 shark skin disease of porphyra filament
因强光照射、水流不畅,碳酸钙沉积于贝壳表面形成鲨鱼皮样粗糙层。

07.247 紫菜赤腐病 red rot of laver
由紫菜腐霉菌(*Pythium porphyrae*)寄生引起的紫菜叶状体养殖阶段的一种疾病。症状为在紫菜叶状体上先出现红锈斑点,继而迅速扩大,由圆形病斑相互融合成不定形斑块,病斑由绿黄色逐渐变淡,叶状体也逐渐腐败脱落。

07.248 紫菜壶状菌病 chytrid blight of laver
由拟油壶菌属(*Olpidiopsis* sp.)寄生于紫菜细胞内引起的一种紫菜叶状体常见病害。严重患病的藻体可见腐烂的空洞,并造成藻体流失。壶菌易寄生在紫菜幼苗体内,给紫菜生产带来毁灭性灾难。

07.249 丝状细菌附着症 filament bacterial felt
由毛霉亮发菌(*Leucothrix mucor*)在紫菜叶状体表面附着生长引起的病症。附着严重的紫菜叶片颜色减褪,由绿变白,叶片卷曲,从边缘逐渐溃烂。

07.250 紫菜癌肿病 tumour of laver
紫菜叶状体阶段因栽培区海水污染引起的一种疾病。发病初期在叶状体两面出现黑色小突起,随着突起的增加,叶状体开始皱缩,叶面无光泽,呈黑黄褐色厚皮革状。

07.251 紫菜绿变病 greening disease of laver

因水温、光照不当，海水中营养盐含量不足，尤其是含氮量不足引起的紫菜疾病。症状为紫菜变绿、腐烂。

07.252 非寄生性水产动物病 non-parasitic aquatic animal disease

由机械、物理、化学及非寄生性生物所引起的水产动物疾病。

07.253 藻类毒害 toxicity of algae

由藻类引起的水产动物中毒。

07.254 血细胞肠炎 hemocytic enteritis, HE

又称“蓝藻中毒”。虾摄食含有内毒素的钙化裂须藻（*Schizothrix calcicola*）等后引起的中毒。危害各种对虾。病状为肠道黏膜坏死，细胞溶解或脱落，产生血细胞浸润性炎症。

07.255 湖靛 blooming

水中微囊藻（*Microcystis*）大量繁殖使水面变成翠绿色的现象。当微囊藻死亡后，蛋白质分解产生的羟胺、硫化氢等可引起养殖鱼类等中毒死亡。

07.256 机械损伤 mechanical damage

在捕捞、运输和饲养过程中，因使用工具不当或操作不慎而给水产动物造成的掉鳞、断鳍及其他肢体、器官损伤。

07.257 水产动物营养不良病 malnutrition disease of aquatic animal

由于饲料中营养成分不全、配比不合理，或饲料变质等原因引起的水产动物疾病。

07.258 维生素缺乏病 vitamin deficiency

由于饲料中缺乏某些维生素引起的养殖水产动物疾病。如缺乏维生素 A 引起的鱼突眼病，缺乏维生素 C 引起的对虾黑死病等。

07.259 对虾白黑斑病 black and white disease of prawn

因饲料缺乏维生素 C 或腐败变质、高温或水质污染等引起的虾病。病虾腹部侧叶出现白斑，随病情发展，白斑变为黑斑，死亡率高。

07.260 软壳病 soft shell disease

由于营养不良或水中有害物质抑制了对虾甲壳中几丁质合成等原因引起的虾病。病虾甲壳薄而软，壳肉分离，有的壳下有积水。

07.261 泛池 suffocation

水中缺氧引起的鱼窒息。

07.262 气泡病 bubble disease

由于水中某种气体过饱和，使水产动物的体表、鳃、肠及血管内出现大量气泡，引起血管栓塞。

07.263 跑马病 circulating running disease

鱼苗下塘后遇阴雨连绵，水温较低，池中缺乏适口饵料引起的鱼病。生病草鱼、青鱼成群结队围绕池边狂游，长时不停。由于过分消耗体力，使鱼体消瘦，体力衰竭而死。

07.264 萎瘪病 anemia

由于放养过密、饵料不足引起的鱼病。病鱼身体干瘪，消瘦，体色发黑，背肌薄如刀刃，往往沿池边迟钝地游动，不久即死去。病鱼鳃丝苍白，呈严重贫血现象。

07.265 弯体病 body-curved disease

一般认为是由于重金属盐类中毒或缺乏某种营养物质（如钙和维生素等）引起的鱼体畸形病。病鱼身体发生“S”形弯曲，有时只尾部弯曲，鳃盖凹陷或嘴部上下颌和鳍条等都出现畸形，严重时引起病鱼死亡。

07.266 肌肉坏死病 muscle necrosis

因水温过高、盐度过高过低或急剧变化、水中溶氧不足或含有有毒化学物质等引起的虾病。各种对虾均可受害。病虾腹部或全身肌肉变白，不透明。

07.267　痉挛病　cramp disease

因水温过高、虾受惊吓刺激引起的虾病。各种对虾均可患此病。病虾腹部弓起不能伸直，严重时腹部的后部和尾扇弯在头胸甲下，侧卧水底，不久死亡。

07.268　虾黑鳃病　black gill disease

由虾池严重污染，重金属（镉、铜、锰等）毒害、水中氨及亚硝酸盐含量过高和维生素 C 缺乏引起的虾病。目检病虾鳃区呈一条条黑色，镜检可见鳃呈局部坏死或弥漫性坏死，病虾往往在蜕皮时死亡。

08. 水产品保鲜及加工

08.001　水产品　fish, fishery products

海淡水经济动植物及其加工品。

08.002　水产食品　aquatic food

以水产品为主要原料加工的食品。

08.003　鱼品　fish products

海淡水经济动物及其加工制品。

08.004　海味品　seafood

产自海洋的水产食品。

08.005　海珍品　choice rare sea food

产量较少、品味独特、营养价值或经济价值较高的海味品。

08.006　转基因水产品　transgenic fish

将其他生物特有的基因表达转移到水产生物中，使之具有这种基因表达的水产品。

08.007　转基因水产食品　transgenic seafood

以转基因水产品为主要原料加工的食品。

08.008　方便食品　convenience food

包装完好、卫生安全、便于携带、可直接（或经简单加工）食用的食品。

08.009　熟制品　cooked food

已经过熟制可以直接食用的食品。

08.010　水产品加工　fish processing

使新鲜水产品成为便于贮藏、用途更广、价值更高的食品和综合利用产品的生产过程。

08.011　可食部分　edible part

食用动植物可供人食用的部分。

08.012　不可食部分　inedible part

食用动植物可食用部分以外的部分。

08.013　下脚料　offal

加工食品后原料的剩余部分。

08.014　中脂鱼　medium fat content fish, medium-fatty fish

各部肌肉混合后脂肪含量为 1.0%～5.0% 的鱼类。

08.015　多脂鱼　fatty fish

各部肌肉混合后脂肪含量高于 5.0% 的鱼类。

08.016　少脂鱼　lean fish

各部肌肉混合后脂肪含量低于 1.0% 的鱼类。

08.017　质地　texture

鱼肉组织结构感官性质，包括手触感和口感。

08.018　风味　flavour

食品给人们味觉和嗅觉的综合感觉。

08.019　气味　odour

食品给人嗅觉器官的感觉。

08.020　鱼腥味　fishy odour

鱼类含有的氧化三甲胺、δ－氨基戊酸等成分产生的特殊气味。

08.021　[鱼]预处理　pretreatment of fish
鱼洗涤、分选、除去不用部分、胴体剖开、切段、割片等处理。

08.022　理鱼　arrangement of fish
鱼品冷藏、冻结前进行的洗涤、分选、装盘等处理。

08.023　分选　selecting
食品按品种、大小、质量等进行挑选分类或分级。

08.024　膨化　puffing
含淀粉物料加热加压后，突然卸除外力和热源，使其迅速膨胀的过程。

08.025　脱色　decolorization
脱去液体或固体物料的色素。

08.026　脱水　dehydration
用机械等方法除去物料中的水分。

08.027　胴体　fish visceral cavity, pan-dressed fish
水产动物除去头、鳍、尾、足、肢和内脏后余下的部分。

08.028　腹开　abdominal cut
从鱼体的近胸鳍处剖至肛门口切开腹部并去除内脏的操作方法。

08.029　背开　back cut
由鱼体背部沿脊椎骨一侧剖开去除内脏而不切开腹部的操作方法。

08.030　鱼片　fish fillet
由鱼体脊椎两侧肌肉加工成的片状制品。

08.031　鲜销　marketing fresh fish
新鲜或冰鲜水产品的销售。

08.032　水产品质量指标　quality index of aquatic product
评价水产品质量优劣的物理、化学指标、微生物数量和感官指标。

08.033　鲜度　freshness
渔获物的新鲜程度。

08.034　鲜度指标　index of fish freshness
综合反映水产品鲜度的标准数值。

08.035　口感　mouth feel
人的口、牙、舌对食物的综合感觉。

08.036　感官指标　sensory index
感觉器官检验水产品鲜度的标准，包括外观、组织形态、气味、弹性等指标。

08.037　鱼肉弹性　fish flesh elasticity
鱼体在除去外力作用后恢复原有形状的性能。

08.038　挥发性盐基氮　total volatile basic nitrogen, TVB-N
鱼肉鲜度下降产物，主要成分为氨、三甲胺等蛋白质分解产物。

08.039　K 值　K value
鱼类鲜度的一种指标，为次黄嘌呤核苷和次黄嘌呤之和与腺苷三磷酸及其分解物总量之比的百分率。

08.040　VBN 值　value of volatile basic nitrogen
水产品体内的氨、三甲胺、二甲胺等的挥发性盐基氮的含量。

08.041　TMA 值　value of trimethylamine
水产品体内氧化三甲胺分解产物的含量。

08.042　油脂酸败　rancidity
水产品的油脂发生氧化或水解作用后发出哈喇味的现象。

08.043　[鱼体]死后变化　post mortem change

鱼体死后所出现的死后僵硬、自溶及腐败过程。

08.044 [鱼体]僵直 rigor mortis
鱼死后肌肉组织的僵硬现象。

08.045 僵直期 rigor stage
鱼体肌肉由开始僵硬至变软所持续的时间。

08.046 自溶 autolysis
动物死后肌肉组织中的酶类对蛋白质、脂肪和核酸等的分解过程。

08.047 可溶性成分 soluble component
肌肉组织中可溶于水的有机和无机成分。

08.048 水不溶物 insoluble solid in water
在常温下，不溶于水的固态物质。

08.049 水产品水分活度 water activity of fish products
符号“A_w”。水产食品中水蒸气分压与在相同温度下纯水蒸气压之比。是预测水产食品贮藏期限的主要参数。

08.050 蛋白质变性 protein denaturalization
水产品肌肉蛋白质结构被破坏后引起原有性质发生的不可逆变化。

08.051 水溶性蛋白质 soluble protein in water
可以用水或低离子强度(μ)盐溶液提取的蛋白质。

08.052 盐溶性蛋白质 soluble protein in salt solution
可以用离子强度 μ≥0.5 的中性盐溶液提取的蛋白质。

08.053 不溶性蛋白质 insoluble protein
包括各种弹性硬蛋白和胶原在内的、不能用水或中性盐溶液提取的各种鱼体结缔组织。

08.054 可溶性蛋白氮 extractable protein nitrogen
可溶于稀盐水的蛋白质氮。

08.055 腐败 putrefaction, spoilage
食品因变质而产生臭气、刺激味和毒性物质的现象。

08.056 腐败阶段 putrefaction stage
鱼死后受自溶作用和微生物分解直至无食用价值的过程。

08.057 组胺 histamine
鱼肉组氨酸分解产物，是一种过敏原。

08.058 组胺中毒 histamine poisoning
食用含组胺较高的鱼类引起的过敏性症状。

08.059 赤变 reddening
盐干鱼和腌制鱼由嗜盐性细菌引发的鱼体表面变红现象。

08.060 褐变 browning
食品在加工和贮藏中因酚类物质被氧化或产生糖－氨基反应而发生的褐色变化。

08.061 黑变 darkening
鲜虾类贮藏过程中由于自身酶类作用而产生黑箍或黑斑现象。

08.062 虫害 insect pest
昆虫蛀食水产品干制品、腌制品造成的危害。

08.063 水产品保鲜 preservation of fishery products
用物理、化学等方法延缓或抑制水产品的鲜度下降。

08.064 低温保鲜 preservation by low temperature
低于0℃以下温度保持水产品鲜度的方法。

08.065 冰[藏保]鲜 iced preservation
用碎冰保持水产品鲜度的方法。

08.066 天然冰 natural ice

自然冻结的冰。

08.067 人造冰 artificial ice, ice manufactured by machinery

又称“机冰”。用制冰装置生产的冰。

08.068 块冰 ice block

水在冰模或冰桶内冻结制成的冰。

08.069 板冰 plate ice

有一定厚度的板状人造冰或冬季从湖泊、河流中采集的大块天然冰。

08.070 碎冰 crushed ice, brash ice

块冰或板冰轧碎成的小而形状不规则的冰。

08.071 片冰 flake ice, slice ice, scale ice

由薄层水冻制成的片状人造冰。

08.072 管冰 tube ice, shell ice

水在管内冻而成的呈管状的人造冰。

08.073 雪冰 snow-ice

水冻结成小块冰结晶体后,排除未结晶水制成的人造冰。

08.074 湿雪冰 slush ice

带水的雪冰。

08.075 白冰 white ice, opaque ice

未去除空气和盐分等杂质的水冻结成的冰。

08.076 透明冰 clear ice

制冰过程中去除水中杂质后制成的质量较高的冰。

08.077 干冰 dry ice

固态的二氧化碳。

08.078 蓄冷袋 cold storing bag

装有可蓄存冷量物质的袋状器具。

08.079 冰库 ice storage room

贮存冰的仓库。

08.080 冷却 cooling

使食品温度降低到不低于其冻结点的过程。

08.081 吹风冷却 air blast chilling

用强制流动的冷空气流进行的冷却处理。

08.082 接触冷却 contact chilling

将食品等直接与冷表面接触进行冷却的方法。

08.083 真空冷却 vacuum chilling

在真空状态下蒸发部分水分而使食品降温的一种冷却方法。

08.084 喷淋冷却 spray cooling

用低温液体喷淋被冷却物的一种冷却方法。

08.085 预冷 pre cooling

在加工、运输或入库前对水产品进行的冷却处理。

08.086 冷却速度 cooling rate

水产品在冷却过程中,某一点温度下降值与冷却时间之比。

08.087 冷却介质 coolant

又称“载冷剂”。制冷系统中,用于将被冷却物品热量经冷却器转移至低温制冷剂的物质。

08.088 冷[却]海水保鲜 preservation by chilled sea water

鱼品在 0 ~ 1℃ 冷却海水中保持鲜度的方法。

08.089 微冻保鲜 preservation by partial freezing

控制鱼品温度在 -2 ~ -3℃ 贮存使其部分冻结的保鲜方法。

08.090 冷冻保藏 freezing-preservation

鱼品经冻结后在 -18℃ 或更低温度下贮存的保鲜方法。

08.091 冻结 freezing

在低温下使食品组织中的大部分水分冻结

成冰晶。

08.092 冻结点 freezing point

又称"冻结温度"。食品中的水分开始结冰时的温度。

08.093 冻结速度 freezing rate

食品表面到热中心点的最短距离(cm)与食品表面温度达到0℃后热中心点的温度降至低于冻结点10℃所需时间(h)之比。

08.094 热中心点 thermal center

冷却或冻结过程结束时食品中温度最高的位置。

08.095 [缓]慢冻[结] slow freezing

冻结速度为0.1~1.0cm/h的冻结方法。

08.096 [快]速冻[结] quick freezing

冻结速度为5~20cm/h的冻结方法。

08.097 直接冻结法 direct freezing

使制冷剂直接与食品接触进行冻结的方法。

08.098 间接冻结法 indirect freezing

使用冷却介质进行冻结的方法。

08.099 空气冻结 air freezing

利用空气作冷却介质进行食品冻结的方法。

08.100 吹风冻结 air blast freezing

利用强制循环的流动冷空气使食品冻结的方法。

08.101 接触冻结 contact freezing

食品与冻结装置冷表面直接接触的冻结方法。

08.102 喷淋式冻结 spray freezing

用喷头将低温制冷剂喷淋到食品上使食品冻结的方法。

08.103 液氮冻结 liquid nitrogen freezing

用液态氮蒸发吸热直接冻结食品的方法。

08.104 盐水冻结 brine freezing

用盐水作冷却介质冻结食品的方法。

08.105 平板冻结 plate freezing

用平板冻结机冻结食品的方法。

08.106 冻结温度曲线 frozen temperature curve

冻结过程中食品温度与时间的关系曲线。

08.107 冻结率 frozen rate

食品水分冻结量与含水量之比。

08.108 鱼体中心温度 center temperature of fish

鱼体几何中心处所测得的温度。

08.109 单体速冻 individual quick freezing, IQF

单个食品在互不黏接的情况下冻结的方法。

08.110 盘冻 pan freezing

将水产品等摆放在一定规格的盘中进行冻结。

08.111 脱盘 removing from the pan

盘冻产品与盘脱离的工序。

08.112 冻烧 freezer burn

冻结食品在冷藏中由于肌肉中冰晶升华、油脂氧化所引起的肌肉组织、色泽等发生变化的现象。

08.113 融霜 defrosting

利用制冷剂过热蒸汽或与水结合除去冷却管组上的霜层。

08.114 包冰衣 glazing

又称"镀冰衣"。无包装冻结食品的表面均匀地包裹一层冰膜。

08.115 解冻 thawing

使冻结的食品组织中的冰晶融化的过程。

08.116 水解冻 water thawing

用水使冻结的食品解冻的方法。

08.117 空气解冻 air thawing
用自然对流或强制流通的空气使冻结的食品解冻的方法。

08.118 微波解冻 microwave thawing
用频率在915 MHz至2450MHz波带电磁波使冻结的食品解冻的方法。

08.119 超短波解冻 ultra short wave thawing
用频率在13、27、40MHz三个波带电磁波使冻结的食品解冻的方法。

08.120 真空解冻 vacuum thawing
利用水在真空状态下的低沸点所形成的水蒸汽的热量使冻结的食品解冻的方法。

08.121 滴出液 drip
又称“组织渗液”。冻结食品解冻后肌肉组织中渗出的液汁。

08.122 复冻 re-freezing, double freezing
解冻或部分解冻食品的再次冻结。

08.123 冰晶 ice crystal
食品组织中的水分冻结成晶体状的冰。

08.124 最大冰晶生成带 zone of maximum ice crystal formation
食品肌肉组织中的水分生成最大冰晶量的温度范围。

08.125 蛋白质冷冻变性 protein freeze denaturalization
食品在冻结过程中引起的蛋白质结构变化。

08.126 冷藏 refrigerated storage
在低于常温但不低于物品冻结温度条件下的一种保藏方法。

08.127 干耗 moisture loss
冻结食品在贮藏中由于组织中冰晶升华造成的重量减少。

08.128 冷冻食品T-T-T T-T-T of frozen food
T-T-T是英语Time-Temperature-Tolerance的缩写，系指贮藏温度、贮藏时间对冷冻食品质量的综合影响。

08.129 食品冷冻工艺 food refrigeration technology
食品冷却、冻结、冷藏、解冻的方法。

08.130 冷库 cold storage
保持稳定低温用来贮藏冷冻食品的仓库。

08.131 冷[藏]链 cold chain
以制冷技术为手段，使食品在生产、加工、运输、贮藏、销售等环节始终保持低温的流通系统。

08.132 实用冷藏期 practical storage life
能使食品或原材料保持符合销售或加工质量要求的贮藏期限。

08.133 冷冻水产品 frozen fish, frozen aquatic products
低温冻结的水产品。

08.134 冷冻食品 quick freezing food
新鲜、优质原料经低温冻结后贮藏、销售的食品。

08.135 冷冻熟食品 precooked frozen food
熟制加工后再经低温冻结的食品。

08.136 冷冻小包装 frozen dressed fishery products
分割加工再经低温冻结的小型包装水产食品。

08.137 冻全鱼 frozen whole fish
低温冻结的原条鱼。

08.138 冻鱼段 frozen fish block
低温冻结的去内脏分割鱼块。

08.139 冻鱼片 frozen fish fillet
低温冻结的片状鱼肉。

08.140　冻虾仁　frozen skinless shrimp
低温冻结的去头、去尾、去壳虾肉。

08.141　冻无头对虾　frozen headless prawn
去头对虾低温冻结的产品。

08.142　冻有头对虾　frozen prawn with head-on
整条对虾低温冻结的产品。

08.143　化学保鲜　chemical preservation
利用化学药物保持食品鲜度的方法。

08.144　脱氧剂　deoxidant
可吸收氧气、减缓食品氧化作用的添加剂。

08.145　保水剂　water-keep agent
防止干耗的添加剂。

08.146　防腐剂　preservative
抑制微生物生长繁殖，防止食品腐败变质的添加剂。

08.147　防霉剂　mould-proof agent
防止食品霉变的添加剂。

08.148　抗氧化剂　antioxidant
延缓或防止脂肪氧化的添加剂。

08.149　气调贮藏　controlled atmosphere storage
由人工控制食品贮藏环境中空气成分和浓度以延长物品贮藏期的一种保鲜方法。

08.150　改性气体贮藏　modified atmosphere storage
食品包装容器抽真空后充填惰性气体的一种贮藏方法。

08.151　辐照保藏　radiation preservation
利用放射线照射以延长食品保藏期的保鲜方法。

08.152　辐照杀菌　radiation sterilizing
利用放射线照射杀灭食品中的细菌。

08.153　辐照剂量　radiation dose, dosage of radiation
被物质吸收的致电离辐射的总量，有吸收量［单位为“戈瑞”（Gray），用“G”表示］，照射量［单位为“伦琴”（Roentgen），用“R”表示］等。

08.154　干制品　dried product
水产品原料采用天然或人工方法脱去水分的制品。

08.155　生干　drying fishery products without pretreatment
未经盐渍或烫煮而直接干燥的加工工艺。

08.156　风干　air drying
在没有太阳光直接照射的自然流通空气中干燥的方法。

08.157　晒干　sun drying
利用阳光直接照射干燥的方法。

08.158　煮干　drying boiled aquatic products
物料先经水煮排除部分水分后再以天然或人工干燥方法生产干制品的加工方法。

08.159　熏干　smoking drying
熏制过程中使水产品干燥的方法。

08.160　［冷］冻干［燥］　freeze-drying, lyophilization
真空条件下使水产品组织中冰晶在冻结过程中升华的干燥方法。

08.161　天然干燥　natural drying
用自然通风或日光曝晒的干燥方法。

08.162　人工干燥　artificial drying
采用干燥设备在人工控制条件下干燥物料的方法。

08.163　自然通风干燥　natural draft drying
利用自然风力干燥物料的方法。

08.164　机械通风干燥　mechanical ventilation drying

借助于干燥设备强制吹热风干燥物料的方法。

08.165 冷风干燥 cold air drying

用经冷却的流动空气干燥物料的方法。

08.166 热风干燥 hot-air drying

用加热的流动空气干燥物料的方法。

08.167 喷雾干燥 spray drying, atomized drying

在干燥室热气流中使喷成雾状的液体物料干燥的方法。

08.168 沸腾干燥 fluidizing drying

又称"流化干燥"。使粒状物料悬浮在热气流中干燥的方法。

08.169 低温烘干 low temperature drying

温度不超过50℃进行的加温干燥方法。

08.170 真空干燥 vacuum drying

在低于常压条件下使物料干燥的方法。

08.171 微波干燥 microwave drying

利用频率为915～2450MHz的微波能量使物料本身发热升温、蒸发水分进行干燥的方法。

08.172 远红外干燥 ultra-ultrared drying

利用波长3～1000μm的远红外线的热辐射能干燥物料的方法。

08.173 干燥条件 drying condition

水产品干燥的有效技术参数。

08.174 干燥介质 drying medium

在干燥过程中，能起传热作用的媒介物。

08.175 烘干能力 drying capacity

干燥设备在单位时间内所能蒸发的水分总量。

08.176 干燥速度 drying rate

物料在单位时间、单位面积上所蒸发的水分数量。

08.177 摆帘 arranging aquatic products on mate

将待干燥的物料均匀排布于晒帘上的工序。

08.178 排湿 exhaust of moisture

排除人工干燥设备中从物料内蒸发出来的水分。

08.179 蒸汽喷射排气 steam-jet exhaust

用喷射强烈蒸汽流的方法排气。

08.180 回风 recirculation of humid hot-air

在热风干燥设备中循环利用废热气流的技术措施。

08.181 罨蒸 intermittent drying

将已七八成干的水产品堆放一定时间，让水分由内部向表层扩散，以便其继续干燥的方法。

08.182 晒熟 sunburn

鲜鱼、咸鱼在烈日下急剧干燥时发生的外干内湿的熟化现象。

08.183 烘熟 hot-denaturation, bake-burning

鲜鱼、咸鱼在较高温度和通风排湿条件不良的闷热状态下人工干燥时发生的熟化现象。

08.184 表面硬化 case hardening

在高温快速干燥时，物料表层形成一层干膜的现象。

08.185 白霜 bloom

乌贼、鱿鱼等干制品在罨蒸和贮藏过程中，体表呈现洁白似霜的可溶于水的含氮物质。

08.186 复水 re-hydration

干制品在水中吸收水分的过程。

08.187 复原性 reconstitution capacity

干制品充分吸水后，能恢复到近似加工前状

态的性能。

08.188 **水发** steeping in water for reconstitution

海参、鱿鱼等干制品用水或碱溶液浸泡使之恢复到近似生鲜状态的方法。

08.189 **油发** popped aquatic product in hot-oil

鱼皮、鱼肚等干制品在食油中加热，使之膨胀的方法。

08.190 **盐发** popped aquatic product in hot-salt

干制品在食盐中翻炒，使之膨胀的方法。

08.191 **回潮** moisture regain

咸干制品从空气中吸收水分的现象。

08.192 **生干品** fresh-dried products

水产品原料未经盐渍或漂烫等工艺处理，采用天然或人工方法直接干燥的产品。

08.193 **煮干品** dried boiled aquatic products

水产品煮熟后再以天然或人工干燥方法制成的产品。

08.194 **盐干品** dried salted products

干燥的腌制水产品。

08.195 **冻干品** dried frozen aquatic products

冷冻干燥的食品。

08.196 **调味干制品** dried seasoned-products

干燥的已调味水产品。

08.197 **淡干品** dried fishery products without salting

生鲜水产品直接加工干燥的制品。

08.198 **半干品** semi-dried product

干燥至含水分20%～50%的初级制品。

08.199 **鱼松** dried fish floss

用鱼肉炒制的松散状调味干制品。

08.200 **鱼肚** dried fish maw

黄鱼、鮸等鱼类鳔的淡干品。

08.201 **鱼翅** dried shark's fin

鲨鱼鳍加工的淡干品。

08.202 **鱼唇** dried shark's lips

鲨、鳐等软骨鱼类唇部制成的淡干品。

08.203 **海蜒** dried salted young anchovy

幼鳀鱼的煮干品。

08.204 **［干］鱼皮** dried fish skin

鳐和鲨鱼等软骨鱼类背部厚皮制成的淡干品。

08.205 **干鱼子** dried fish roe

鱼卵的盐干品。

08.206 **烤鱼片** seasoned-dried fish fillet

鱼片经调味、烘烤、辊压制成的方便食品。

08.207 **龙头烤** dried bummelo

龙头鱼的咸干制品。

08.208 **黄鱼鲞** dried salted yellow croakers

大黄鱼的盐干制品。

08.209 **螟蜅鲞** dried cuttlefish

又称"墨鱼干"。乌贼的淡干品。

08.210 **鳗鲞** dried salted marine eel

海鳗经轻腌后的风干品。

08.211 **明骨** cartilage

又称"鱼脑"。鲨鱼、鲟鳇鱼头骨、腭骨、鳍基骨及脊椎骨接合部的软骨加工制成的干制品。

08.212 **虾片** prawn crisp

以淀粉为主料，添加鱼虾肉或液汁和其他调味料加工的片状或异形干制品。

08.213 **虾米** dried peeled shrimp

俗称“海米”。鹰爪虾等经煮熟、干燥、脱壳加工成的干制品。

08.214 干虾子 dried shrimp roe
虾卵加工成的干制品。

08.215 虾皮 dried small shrimp
生鲜或煮熟毛虾的干制品。

08.216 干蟹子 dried crab roe
淡干的蟹卵制品。

08.217 干贝 dried scallop adductor, dried occlusor
扇贝、江珧等闭壳肌的煮干品。

08.218 干鲍 dried abalone
鲍鱼去壳的煮干品。

08.219 蚝豉 dried oyster
牡蛎肉的淡干品。

08.220 熟蚝豉 boiled-dried oyster
又称“海蛎干”。牡蛎肉的煮干品。

08.221 鱿鱼干 dried squids
枪乌贼等的生淡干品。

08.222 淡菜 dried mussels
紫贻贝的煮干品。

08.223 蛏干 dried razor clam
蛏类加工的干制品。

08.224 [干]海参 dried cucumber
海参的干制品。

08.225 苔菜 dried sea grass
又称“苔条”。浒苔的干制品。

08.226 熏制 smoked-curing
鱼品用木材(屑)烟熏或涂布熏液的加工方法。

08.227 熏制品 smoked product
熏制加工的食品。

08.228 轻熏品 light smoked fish
表面吸附熏烟量较少的熏制水产品。

08.229 重熏品 heavy smoked fish
表面吸附熏烟量较多的熏制水产品。

08.230 冷熏 cold-smoking
鱼品在20℃～30℃温度下较长时间熏制的方法。

08.231 热熏 hot-smoking
鱼品在50℃～70℃或90℃以上温度下短时间熏制的方法。

08.232 液熏 liquid smoking
用熏液浸渍或涂布鱼体的加工方法。

08.233 电熏 electric smoking
在熏烟室中设置电线,使带电荷的熏烟成分附着于成为电极的鱼体表面的熏制方法。

08.234 机熏 mechanical smoking
人工通风将在熏烟室外生成的熏烟吹向室内鱼体表面的熏制方法。

08.235 重熏 resmoking
为增强风味或延长贮藏期,将熏制品再次熏制的方法。

08.236 熏液 smoke oil, smoldering liquid
主要成分为木醋酸或锯木屑熏烟制作的除去有害成分的液熏材料。

08.237 熏材 smoking material, smoldering wood
熏制加工中用于发烟和发热的含树脂较少的木材或锯木屑。

08.238 腌制 salting
以食盐为主要腌渍成分的水产品加工方法。

08.239 腌制品 salted product
以食盐为主要腌渍成分的腌制水产品。

08.240 垛腌 salting in bulk

将原料鱼与食盐拌和并堆成垛,使腌后卤水自然排除的腌制过程。

08.241 桶腌 salting in barrels
用木桶或缸作容器的水产品腌制方法。

08.242 池腌 salting in tank
用水泥池作容器的水产品腌制方法。

08.243 干腌法 dry salting
又称"撒盐法"。将原料鱼或其他水产品与食盐一起分层码放于容器中的腌制方法。

08.244 湿腌法 wet cure, brine cure
又称"盐水渍法"。将鱼类等水产品浸没在食盐水中的腌制方法。

08.245 混合腌渍 multi-salting
将原料鱼表面抹上食盐或与食盐拌和码放于容器中,再灌入饱和食盐水的腌制方法。

08.246 盐渍平衡 salting equilibrium
盐渍过程结束时,鱼体组织液的食盐浓度与卤水中的食盐浓度基本达到动态平衡的状态。

08.247 卤鲜 half-salted refreshment
用少量食盐短期保藏新鲜鱼品的一种方法。

08.248 卤鲜品 half-fresh fish product
用少量食盐短期保藏的鲜鱼品。

08.249 乏盐 used salt
腌制水产品后没有溶解的固体盐。

08.250 重盐腌 heavy salting
用盐量超过水产品原料重量 30% 的腌制法。

08.251 中盐腌 medium salting
用盐量为水产品原料重量 20% ~30% 的腌制法。

08.252 轻盐腌 light salting
用盐量低于水产品原料重量 20% 的腌制法。

08.253 拌盐法 mix salting
水产品与食盐一起拌和的腌制法。

08.254 渗盐线 cut for salt penetration
腌制加工时为加速食盐的渗透而在鱼体上割开的切口。

08.255 三矾提干 curing jelly-fish with alum and salt thrice
在海蜇加工过程中,先经三次盐矾腌制,然后利用堆垛的压力或离心脱水的加工方法。

08.256 咸鱼成熟 ripeness of salted fish
在食盐抑制下,鱼体自身的蛋白酶和脂肪酶对鱼肉缓慢分解,使之具有特殊风味的变化过程。

08.257 脱盐 desalting
除去腌制品中的部分盐分的工艺过程。

08.258 盐霜 salt bloom
腌制品、盐干品和煮干品表面出现的白色食盐粉末。

08.259 鱼卤 pickle
腌制鱼类后的盐溶液。

08.260 海蜇皮 salted jellyfish body
用海蜇伞形部加工制成的片状制品。

08.261 海蜇头 salted jellyfish head
用海蜇口腕部加工的制品。

08.262 鲜海胆黄 fresh sea-urchin gonad
新鲜的或经低温处理并保持原有块粒状的海胆生殖腺。

08.263 腌制海胆黄 salted sea-urchin gonad
用食盐、酒、调味料等加工的海胆生殖腺。

08.264 咸鳓鱼 salted Chinese herring
俗称"曹白鱼"。鳓鱼的腌制品。

08.265 酶香鱼 enzymatic salted fish

用鲜度较好的鳓鱼、鮸鱼、大黄鱼等鱼类为原料，在较高温度下以特殊腌制工艺加工的具有香气和鲜味的咸鱼。

08.266 咸黄泥螺 salted paper bubble

俗称“吐铁”。泥螺的食盐腌制品。

08.267 咸鱼子 salted fish roe

腌制的鱼卵制品。

08.268 鱼子酱 caviar

鲟鳇鱼卵、鲑鱼卵等的腌制品。

08.269 发酵制品 fermented product

经过发酵加工的制品。

08.270 鱼酱 fish paste

低值鱼经捣碎、腌制、发酵的糊状制品。

08.271 虾酱 shrimp paste

毛虾等小型虾类经腌制、捣碎、发酵制成的糊状食品。

08.272 蟹酱 crab paste

又称“蟹糊”。海蟹经捣碎、腌制、发酵制成的糊状食品。

08.273 海胆酱 sea-urchin paste

海胆生殖腺经腌制发酵的糊状制品。

08.274 浸渍品 pickled product

生鲜水产品用酒、醋、腐乳汁等浸渍的制品。

08.275 醉制 pickled fish in wine

用酒和调味料浸渍鲜活水产品的方法。

08.276 醉制品 fish pickled by wine

用酒和调味料浸渍加工的水产品。

08.277 糟制 pickled fish with grains and wine

用酒和酒糟加工保藏水产品的方法。

08.278 糟制品 fish pickled with grains and wine

用酒糟或酒类对咸水产品进行复合腌制加工的制品。

08.279 罐头食品 canned food

原料经调制、装罐、排气、封罐、杀菌等工序加工而成的包装食品。

08.280 软罐头 soft can

用铝箔或复合薄膜作为包装材料的罐头。

08.281 茄汁水产罐头 canned aquatic product in tomato paste

鱼、贝等水产品经调制加番茄酱制成的罐头。

08.282 清蒸水产罐头 canned aquatic product in natural style

又称“原汁水产罐头(primary taste canned aquatic product)”。不加或仅加少量调味料保持水产品原料固有色泽和风味的罐头。

08.283 油浸水产罐头 canned aquatic product in oil

水产品等原料生装或预煮、油炸、烟熏、装罐后注加精制植物油的罐头。

08.284 调味水产罐头 canned seasoned aquatic product

经烹调或浸注调味料的罐头。

08.285 玻璃罐头 glass canned food

用玻璃瓶作包装的罐头。

08.286 预热处理 preheating

罐头内容原料的预煮、油炸、烟熏等处理工序的总称。

08.287 罐头排气 exhausting

排除罐头内的部分空气。

08.288 加热排气 thermal exhaust

用蒸汽或热水加热方法排除罐内部分空气。

08.289 真空排气 vacuum-exhaust

用减压抽气方法排气。

08.290　封罐　sealing

使罐身和罐盖(软罐头的袋口)封合的工序。

08.291　预封　first operation

食品装罐后用封罐机的滚轮将罐盖的盖钩卷入罐身翻边下面相互钩连的工序。

08.292　真空封罐　vacuum sealing

用真空封罐机在抽真空状态下的一种封罐工艺。

08.293　罐头顶隙度　headspace

罐头内容物表面至罐盖中心内表面之间空隙的垂直高度。

08.294　跳封　jumped seam

由于搭接处卷边导致滚轮跳动而造成邻近搭接处二重卷边不紧密的现象。

08.295　假封　false seam

盖钩与身钩没有完全搭接或在搭接处存在接缝破裂的现象。

08.296　无菌包装　aseptic package

将商业无菌并冷却的食品装入预先消毒的容器内,用预先消毒的罐盖在无菌空气中密封。

08.297　商业无菌　commercial sterility

杀灭在正常的商品管理条件下的贮运销售期间有碍人类健康的细菌。

08.298　杀菌　sterilization

在规定的温度、时间条件下使物料达到商业无菌的过程。

08.299　超高温瞬时杀菌　ultra high temperature short time sterilization, UHTST

采用高温、短时间杀灭液体食品中有害微生物的方法。

08.300　高温短时杀菌　high temperature short time pasteurization, HTST

罐头在127℃~149℃高温短时间杀灭细菌的方法。

08.301　加压水杀菌　pressure sterilization with water

罐头在水中用蒸汽加压杀菌的方法。

08.302　加压[蒸汽]杀菌　pressure sterilization

罐头用大于一个大气压的饱和蒸汽杀菌的方法。

08.303　常压杀菌　sterilization in open kettle

罐头用常压沸水或热水杀菌的方法。

08.304　初温　initial temperature

加热杀菌前罐头内容物的平均温度。

08.305　[杀菌锅]排气　venting

用蒸汽流排除杀菌锅内的冷空气。

08.306　升温时间　come-uptime

开始向杀菌锅内通入蒸汽至锅内温度达到规定的杀菌温度的时间。

08.307　杀菌时间　sterilizing time

从达到规定的杀菌温度开始至杀菌结束的时间。

08.308　降压　pressure release

排除杀菌锅内的蒸汽,使表压降为零。

08.309　锅内空气－水加压冷却　pressure cooling in retort with air and water

在杀菌锅内通入压缩空气以维持一定压力,并注入冷却水使杀菌罐头冷却的方法。

08.310　锅内汽－水加压冷却　pressure cooling in retort with steam and water

在杀菌锅内热水层下通入冷却水,在不降低蒸汽压的条件下使杀菌罐头冷却的方法。

08.311　[杀菌]锅内常压冷却　cooling in retort without pressure

向降压后的杀菌锅内注入冷水,使杀菌后罐

头冷却的方法。

08.312　二次杀菌　re-pasteurization
罐头杀菌发生偏差时所进行的再次杀菌。

08.313　F 值　F value
在一定温度下，杀死一定浓度的细菌（营养体或芽孢）所需要的时间。

08.314　热力致死时间　thermal death time, TDT
在任何已知温度下杀灭食品内某种微生物所需的时间。

08.315　抗热性　thermal resistance
又称“耐热性”。细菌等的耐热程度。

08.316　鱼类罐头的成熟　ripeness of canned fish
油浸或茄汁鱼类罐头经过一段时间的贮藏，使色、香、味产生调和作用的过程。

08.317　罐头冷却　can cooling
使杀菌后的罐头温度降到 38℃ 左右的过程。

08.318　罐头保温试验　holding test
罐头在 37℃ ±2℃ 室内贮藏 7 昼夜，观察其是否发生膨胀的试验。

08.319　罐头真空度　vacuum in canned product
罐内压力低于 1 个大气压的真空程度。

08.320　跳盖　blow-off
玻璃瓶罐头杀菌时瓶盖跳脱现象。

08.321　打检　sound test
用检棒轻敲罐头底盖，根据声音来判断罐头好坏的检验方法。

08.322　黏罐　meat stick
鱼肉、鱼皮本身的黏性以及鱼皮中的胶原受热变成明胶黏附于罐内壁的现象。

08.323　胀罐　swelled can
盖底凸起的罐头。

08.324　硬胀罐　hard swelled can
用手指压不回去的胀罐。

08.325　软胀罐　soft swelled can
用手指可以压回去的胀罐。

08.326　假胀罐　false swelled can
非腐败性的胀罐。

08.327　氢胀罐　hydrogen swelled can
充满氢气的胀罐。

08.328　孔蚀　pinholing
罐外壁锈蚀或罐内壁受内容物侵蚀形成微孔的现象。

08.329　硫化黑变　sulphur blackening
含硫蛋白质分解出的挥发性硫与罐内的铁反应生成的黑色斑点。

08.330　硫化锡斑　tin sulphide
含硫蛋白质分解出的挥发性硫与罐内的锡反应生成的紫色斑点或斑纹。

08.331　硫化物污染　sulphide stain
因硫化黑变等导致罐头内容物污染变黑的现象。

08.332　玻璃状结晶　struvite
罐头内容物中的氨、磷与食盐杂质中的镁反应生成的无色透明的磷酸铵镁（$MgNH_4PO_4 \cdot 6H_2O$）结晶体。

08.333　平酸罐头　flat sour can
罐内由于平酸菌使内容物变酸而不产气的腐败罐头。

08.334　平酸菌　flat-sour bacteria
使罐头不产气酸败的细菌。

08.335　蓝斑蟹肉　blue meat
蟹肉罐头中的血蓝蛋白发生化学变化而生

成的蓝色蟹肉。

08.336 鱼糜制品 surimi product
以鱼糜为主要原料,添加淀粉、调味料等调配加工的各种食品。

08.337 鱼糜 surimi
经绞碎、擂溃或斩拌的糊状鱼肉。

08.338 采肉 meat separation
人工或机械方法从鱼体上剥离采集鱼肉并使骨肉分离的工艺过程。

08.339 漂洗 blanch
碎鱼肉在水中或稀盐水中洗去可溶性蛋白、脂肪、污物等的工艺过程。

08.340 擂溃 grinding
碎鱼肉的研磨工艺。

08.341 凝胶作用 gelation
加工鱼糜制品时,加盐擂溃或静置使鱼肉溶胶形成凝胶的过程。

08.342 返元 reversion
又称“胶析”。鱼糜或鱼糜制品已形成的凝胶崩析的现象。

08.343 脱胶 degelation
使含胶物质在水中受热而溶出胶质。

08.344 凝胶强度 gel strength
用仪器测定鱼肉凝胶时,可使鱼肉凝胶崩裂或断裂的单位面积所受的力。

08.345 鱼糜弹性 elasticity of minced fish
用一定形状和尺寸鱼糜制品的抗拉伸、抗弯曲和抗剪切性能表示的一项鱼糜质量指标。

08.346 鱼面 fish noodle
鱼糜与淀粉(或面粉)加工成的制品。

08.347 鱼糕 fish cake
以鱼糜为主要原料加工制成的糕状食品。

08.348 鱼丸 fish ball
又称“鱼圆”。以鱼糜为主要原料加工制成的丸状食品。

08.349 鱼卷 fish roll
以鱼糜为主要原料烘烤加工成的圆筒状食品。

08.350 鱼排 fish steak
以鱼糜或鱼片为主要原料外裹面包粉的饼状冷冻制品。

08.351 鱼香肠 fish sausage
以鱼糜为主要原料加工成的香肠。

08.352 鱼肉火腿 fish ham
鱼肉经腌渍发色,或鱼肉糜中渗入经腌渍发色的畜肉灌入肠衣(或装入其他容器)制成的调味熏烤制品。

08.353 模拟海味食品 simulated seafood
以鱼糜为主要原料制成的类似天然产品外观、风味和质地的海味食品。

08.354 模拟蟹肉 imitation crab meat
以鱼糜为主要原料,加入蟹提取物和香精制成风味和外观类似蟹腿肉的食品。

08.355 人造扇贝柱 simulated scallop adductor
以鱼糜为主要原料,加入扇贝提取物和香精制成风味和外观类似扇贝柱的海味食品。

08.356 人造虾仁 simulated prawn meat
以鱼糜为主要原料,加入虾提取物和香精制成风味和外观类似虾仁的海味食品。

08.357 虾油 shrimp sauce
小虾发酵液体的浓缩液或虾酱上层的澄清液状调味料。

08.358 蚝油 oyster cocktail
煮鲜牡蛎汤经浓缩、调配而成的液汁调味料。

08.359 蛏油 razor clams sauce
由煮蛏的汤汁浓缩制成的黏稠状调味料。

08.360 贻贝油 mussel sauce
由煮贻贝汤汁经浓缩调配而成的调味料。

08.361 鱼露 fish gravy, fish sauce
低值鱼或鱼的下脚料经发酵制得的上层棕色澄清液状调味料。

08.362 鱼粉 fish meal
鱼或其加工的下脚料经蒸煮、压榨干燥、粉碎制得的粉末状制品。

08.363 白鱼粉 white fish meal
用白色鱼肉的鱼类制成的鱼粉。

08.364 红鱼粉 red fish meal
用红色鱼肉的鱼类制成的鱼粉。

08.365 全鱼粉 whole fish meal
榨饼混以浓鱼汁一并干燥、粉碎制成的鱼粉。

08.366 食用鱼粉 edible fish meal
可供人食用的脱脂鱼粉。

08.367 干榨法 dry rendering
先干燥后压榨去油再粉碎成鱼粉的加工方法。

08.368 湿榨法 wet rendering
先蒸煮后压榨去油再干燥、粉碎成鱼粉的加工方法。

08.369 榨液 press liquid
用多脂鱼制取鱼粉、鱼油时,在榨制过程所得的液体。

08.370 鱼汁 stick water
除去大部分渣滓和脂肪的榨液。

08.371 脱臭 deodorization
去除鱼粉腥臭味的工序。

08.372 自然发热 spontaneous heating
鱼粉自身氧化反应引起的温度升高现象。

08.373 [鱼粉]自燃 autocombustion
鱼粉大量堆集在通风不良的环境,自然发热温度超过燃点引起的自发燃烧。

08.374 鱼油 fish oil
用鱼或鱼加工的下脚料制取的油脂。

08.375 鱼肝油 fish liver oil
从鱼类的肝脏中提取的富含维生素 A、D 的油脂。

08.376 多不饱和脂肪酸 polyunsaturated fatty acid
含多个不饱和双键的长链脂肪酸。

08.377 二十二碳六烯酸 docosahexaenoic acid, DHA
含 22 个碳原子和 6 个双键的不饱和脂肪酸,有增强大脑功能作用。海洋鱼类富含。

08.378 二十碳五烯酸 eicosapentaenoic acid, EPA
含 20 个碳原子和 5 个双键的不饱和脂肪酸,有抗血栓作用。海洋鱼类富含。

08.379 粗[鱼]油 crude oil
含有色素、蛋白、酸价较高的初加工鱼油。

08.380 精[鱼]油 refined oil
经过脱色、脱臭、中和的优质鱼油。

08.381 [鱼]硬脂 stearin
在低温下鱼油或鱼肝油中析出的熔点较高的油脂。

08.382 氢化鱼油 hydrogenated fish oil
加氢使鱼油不饱和脂肪酸变为饱和脂肪酸的鱼油。

08.383 鲸油 whale oil
鲸皮下脂肪提炼的油脂。

08.384　海兽油　marine mammal oil
海豹、海狮等海兽皮下脂肪提炼的油脂。

08.385　海藻工业　seaweed industry
以海藻为原料制取化工、医药等产品的加工业。

08.386　海藻胶　seaweed glue
从海藻中提取的多糖类胶质。

08.387　褐藻胶　algin
从海带、马尾藻等褐藻中提取的褐藻酸的钠盐、钾盐、钙盐、镁盐等制品的统称。

08.388　褐藻酸钠　sodium alginate
褐藻酸的钠盐。

08.389　褐藻酸丙二酯　propylene gliycol alginate
褐藻酸和环氧丙烷化合反应生成的酯类化合物。

08.390　褐藻酸转化　algin conversion
使褐藻酸转变为褐藻酸的钠盐、钾盐等制品的化学反应。

08.391　固相转化　solid phase conversion
固相褐藻酸与固体碱类反应的转化过程。

08.392　液相转化　liquid phase conversion
褐藻酸在乙醇等溶液中与碱类反应的转化过程。

08.393　黏度稳定性　stability of viscidity
褐藻酸钠在贮藏期内黏度不下降或缓慢下降的性能。

08.394　浸出　solvent extraction
用水或其他溶剂析出食物中含有的某种成分的过程。

08.395　压榨　pressing
用外力挤压出物料中的液汁。

08.396　过滤　filtration
混悬液物料通过介质或离心等方法，使固、液分离。

08.397　精滤　refined filtration
用精密过滤器除去溶液中的杂质。

08.398　粗滤　rough filtration
用较大网目的筛或离心机等除去溶液中的杂质。

08.399　超滤　ultrafiltration
混悬液物料通过特殊介质或施以外力，使固、液达到较完全的分离。

08.400　钙化法　calcification
褐藻酸钠溶液加钙凝集、纯化的方法。

08.401　酸化法　acidization
褐藻酸钠溶液加酸凝集、纯化的方法。

08.402　琼脂　agar
又称“琼胶”、“冻粉”。从石花菜、江蓠、紫菜等红藻中提取的多糖类胶质。

08.403　琼脂糖　agarose
又称“琼胶糖”。用琼脂为原料经加工精制的大分子凝胶。

08.404　卡拉胶　carrageenan
从角叉藻、杉藻等红藻中提取的多糖类胶质。

08.405　甘露醇　mannitol
带有6个羟基的多元醇。可从海带中提取。

08.406　浇饼　cake formation of porphyra
将悬浮于水中的切碎紫菜在帘上成均匀薄饼形状的工序。

08.407　模拟海蜇皮　imitation jellyfish
以海藻胶为主要原料制成口感和外观与海蜇皮近似的食品。

08.408　模拟鱼子　artificial fish egg
以海藻胶为主要原料，口感和外观与大麻哈

鱼等鱼子近似的制品。

08.409 模拟鱼翅 artificial shark's fin
以海藻胶为主要原料,口感与外观与鲨鱼翅近似的制品。

08.410 藻膏 algae paste
单细胞藻类经过滤、浓缩、加防腐剂制成的罐头食品。

08.411 水产品综合利用 comprehensive utilization of aquatic products
对食用价值较低的水产品以及水产品加工过程中下脚料的进一步加工利用,以提高其整体使用价值和商品价值。

08.412 浓缩鱼蛋白 fish protein concentrate, FPC
鱼肉水解液经脱脂脱腥后,浓缩干燥制成的粉末状制品。

08.413 鱼类水解蛋白 fish protein hydrolysate, FPH
精制的浓缩鱼蛋白。

08.414 鱼蛋白胨 fish peptone
鱼肉水解后的中间产物。可用做菌种培养基。

08.415 水解蛋白注射液 injection of fish protein hydrolyzate
含有水解蛋白和葡萄糖无菌、无热源、无过敏、无毒性的橘黄色静脉注射液。

08.416 水产皮革 aquatic leather
以鱼、海兽皮为原料加工成的皮革。

08.417 海洋药物 marine drug
利用海洋动植物和海水中有医疗作用的物质制取的药品。

08.418 甲壳质 chitin
又称“几丁质、甲壳素”。由虾、蟹甲壳提取的含有氨基的多糖类物质。

08.419 脱乙酰壳多糖 chitosan
又称“壳聚糖”。甲壳质脱乙酰基后可溶于稀酸的制品。

08.420 石决明 shell of abalone
鲍鱼的壳,中医用做清热明目的药物。

08.421 海螵蛸 cuttlefish bone
乌贼外套膜内的骨板,中医用做止血药。

08.422 鱼精蛋白 protamine
从鱼精巢中提取的一种分子量较小的简单蛋白质,其无机酸盐具有抗凝血作用。

08.423 鱼肝油制剂 fish liver oil preparations
以鱼肝油为原料,添加其他辅料和维生素A、D等药物配制而成的药用制品。

08.424 鱼肝油酸钠制剂 sodium morrhuate preparations
用鱼肝油中各种脂肪酸的钠盐制成的一种血管软化剂。

08.425 龙涎香 ambergris
抹香鲸大肠末端或直肠始端类似结石的病态分泌物,焚之有持久香气。

08.426 鲸蜡 spermaceti
从抹香鲸等海产哺乳动物头部提取的液体状蜡,可用做钟表和精密仪表的润滑剂。

08.427 [红]海粉 dried sea hare ovary
蓝斑背肛海兔卵的干制品,中医用做清热、滋阴、软坚、消炎药。

08.428 珍珠粉 pearl powder
用珍珠研磨的细粉。中医用做安神定惊、平肝明目、收敛生肌的药物。

08.429 珍珠层粉 nacreous layer powder
用贝壳珍珠层研磨的细粉。

08.430 红藻氨酸 digenic acid, kainic acid
又称“海人草酸”。脯氨酸衍生物,红藻海人草的浸出液制成。因其对脑组织有选择性损害，故作为神经药理学研究的重要工具药。

08.431　甘露糖醛酸　mannuronic acid
褐藻酸的主要成分之一。具有抗凝结、降低血液黏度、改善微循环功能等作用。

08.432　古罗糖醛酸　guluronic acid
褐藻酸的主要成分之一。具有改善血液微循环功能等作用。

08.433　[角]鲨烯　squalene
由6个异戊二烯组成的三萜，为淡黄色不溶于水的油状液体。具有抗肿瘤、抑制心血管疾病和增强免疫力的功能。自然界分布很广，鲨鱼肝含量较高。

08.434　苔藓虫素　bryostatin
从海洋苔藓动物总合草苔虫分离出来的大环内酯类化合物，具抗肿瘤活性成分。

08.435　6－硫代鸟嘌呤制剂　6-thioguanine preparation, 6-TG
从带鱼鳞提取的一种嘌呤类抗癌药。临床用于各类白血病的治疗。

08.436　鱼胶　fish glue
用鱼类的鳞、皮、鳔制得的明胶。

08.437　鱼鳔胶　isinglass
用鱼鳔制得的明胶。

08.438　鱼皮胶　fish glue from skin
用鱼皮制得的明胶。

08.439　鱼鳞胶　fish glue from scale
用鱼鳞制得的明胶。

08.440　鱼鳞粉　pearl white
用鱼鳞制得闪光粉末。

08.441　鱼光鳞　pearl essence
从鱼鳞提取的片状鸟嘌呤结晶发光物质。

08.442　鱼精粉　mixed fish soluble meal
以糠、麸、淀粉、泥煤或其他吸附材料，吸附鱼溶浆后加工而成的粉状饲料蛋白质补充料。

08.443　鱼肥　fish manure
用变质鱼或鱼加工下脚料制成的肥料。

08.444　鱼贮饲料　fish silage
又称“液体鱼蛋白饲料”。低值鱼或鱼的下脚料经发酵或水解而成的液体饲料。

08.445　浓鱼汁　extract
蒸煮鱼品的液体浓缩液或由发酵鱼品中抽取的液体。

08.446　[食品]质量控制　quality control
使食品质量达到消费者要求而采取的措施。

08.447　保质期　shelf-life
在规定的贮存温度条件下产品保持其质量和安全性的时间。

08.448　海洋生物毒素　marine biotoxins
海洋生物体内所含有的有毒物质的总称。

08.449　河鲀毒素　tetrodotoxin, TTX
从河鲀卵巢和肝脏中分离出来的氨基喹唑型化合物，是自然界中已发现的毒性最大的神经毒素之一。分子式 $C_{16}H_{31}NO_{16}$。

08.450　雪卡毒素　ciguatoxin
某些海洋珊瑚礁鱼体内存在剧毒物质。中毒症状口、舌、咽喉、关节痛，恶心、呕吐、腹泻，手足麻痹，冷热感觉异常。

08.451　麻痹性贝毒　paralytic shellfish poison, PSP
有毒贝类所含的产生于甲藻的一类四氢嘌呤毒素的总称。中毒症状为面部、肢端麻木，严重的会因呼吸肌麻痹而导致死亡。

08.452　腹泻性贝毒　diarrhetic shellfish poison, DSP

有毒贝类所含的产生于倒卵形鳍藻等的毒素。中毒症状为呕吐、腹泻。

08.453 神经性贝毒 neurotoxic shellfish poison, NSP

有毒贝类所含的产生于短裸甲藻的一种神经毒素。

08.454 健忘性贝毒 amnesic shellfish poison, ASP

有毒贝类所含的由海洋硅藻中的兴刺菱形藻在特定环境条件下产生的氨基酸类物质。中毒严重可导致暂时记忆丧失。

08.455 软骨藻酸 domoic acid

健忘性贝毒主要活性成分,能引起中枢神经系统与记忆有关区域的损伤,导致记忆丧失。

08.456 控制措施 control measure

预防和消除食品安全危害或使之减少至可接受水平的行为和活动。

08.457 纠正措施 corrective action

发现关键控制点的检测结果失常时采取的措施。

08.458 食品安全危害 food safety hazard

可导致食品对人类健康构成威胁的生物、化学、物理等因素。

08.459 危害分析和关键控制点 hazard analysis and critical control point, HACCP

一个对食品安全性影响显著的危害予以识别、评价和控制的体系。

08.460 关键控制点 critical control point, CCP

能够控制并使某一危害食品安全的因素得到预防、消除或降低到可以接受的水平的某一点、某一步骤或程序。

08.461 良好操作规范 good manufacturing practices, GMP

企业为生产符合食品标准或食品法规的产品所必需遵循的、经食品卫生监督管理机构认可的强制性作业规范。

08.462 卫生标准操作程序 sanitation standard operation procedure, SSOP

食品加工企业为了达到良好操作规范而制定的实施细则。

08.463 二次污染 re-contamination

经过洁净处理的水产食品在后续某加工工序再次受到的污染。

08.464 交叉污染 cross contamination

水产品附着的致病微生物通过直接接触、空气传播或其他途径转移到其他洁净水产品上导致的污染。

08.465 残留 residue

农药、兽药、杀虫剂等施用后在一定时间内有微量成分存留在动植物体内外、土壤或水域中的现象。

08.466 允许值 tolerance

主管机构许可的供人类消费的食物中化学物质的残留标准。

08.467 停药时间 withdrawal time

养殖水产动物从停止施用兽药或接触化学药品至收获之间的时间间隔。

08.468 贝类净化 shellfish purification

活的贝类在自然或人工清洁海水中放置一段时间,使体内微生物指标达到食用要求的过程。

08.469 去壳 shucking

除去贝类、甲壳类的外壳。

08.470 热烫 heat shocking

将带壳的贝类进行短时热处理,使贝肉和贝壳快速分离的工序。

08.471 清洁海水 clean sea water

未受微生物污染、不含有毒物质和其他影响水产品加工质量的物质的海水或咸水。

08.472 吐沙 conditioning

将活的贝类放在盛有清洁海水的容器中，以除去其体内的沙子和泥土。

08.473 净化中心 purification center

经主管机关认可的进行贝类净化的机构。

09. 渔业船舶及渔业机械

09.001 渔船 fishing vessel

用于商业性捕捉鱼类、鲸、海豹、海象或其他水生生物资源的船舶。

09.002 渔业辅助船舶 fishery auxiliary vessel

用于渔获物运输、渔业生产补给、科学研究、教学、渔政管理、渔港监督等用途的船舶。

09.003 渔业船舶 fishery vessel

渔船和渔业辅助船舶的统称。

09.004 大型渔船 big fishing vessel

一般指船长为 60m 以上的渔业生产船。

09.005 中型渔船 middle fishing vessel

一般指船长为 24m 以上但小于 60m 的渔业生产船。

09.006 小型渔船 small fishing vessel

一般指船长小于 24m 的渔业生产船。

09.007 海洋渔船 seagoing fishing vessel

专业从事海洋捕捞生产的船舶。

09.008 淡水渔船 inland fishing boat

内陆水域从事捕捞和养殖生产的船舶。

09.009 远洋渔船 ocean fishing vessel

从事大洋性捕捞生产的船舶，该类渔船一般配有冷藏加工设备。

09.010 沿岸渔船 inshore fishing vessel

从事在沿岸或近海捕捞生产的小型船舶。

09.011 拖网渔船 trawler

拖曳网具进行捕捞作业的渔船。

09.012 单拖渔船 single trawler

由单船拖曳网具进行捕捞作业的渔船。

09.013 双拖渔船 two boat trawler, pair trawler, bull trawl

由两船拖曳一顶网具进行捕捞作业的渔船。

09.014 尾拖渔船 stern trawler

在船尾部拖曳网具作业的渔船。

09.015 舷拖渔船 side trawler

在船舷一侧设有网板架进行单船拖网作业的渔船。

09.016 桁拖渔船 beam trawler

有桁架伸出船外用以拖曳网具进行捕捞作业的渔船。

09.017 虾拖网渔船 shrimp trawler

利用拖网专事捕捞虾类的渔船。

09.018 尾滑道拖网渔船 stern ramp trawler

在船尾设有起放网滑道的拖网渔船。

09.019 底拖网渔船 bottom trawler

将拖网网具沉入水底，捕捞底层渔业资源的渔船。

09.020 中层拖网渔船 phantom trawler

将拖网网具控制在水下预定的深度，捕捞中上层渔业资源的渔船。

09.021 拖网加工渔船 processing trawler
具有较大的冻结和加工能力的拖网渔船。

09.022 围网渔船 seine vessel
从事围网作业，捕捞中上层鱼类的渔船。

09.023 单船围网渔船 single seine vessel
配有辅助船艇，由单船起放围网进行捕捞作业的渔船。

09.024 双船围网渔船 two boat seine vessel
由两艘船共放、起一顶围网进行捕捞作业的渔船。

09.025 大围缯渔船 daweizeng type purse seiner
中国福建渔民围网作业用的一种机帆渔船。

09.026 灯光诱鱼围网船 light luring seine vessel
利用水上及水下灯光诱集鱼群进行围网作业的渔船。

09.027 灯光诱鱼围网船组 light luring seine vessel group
由一艘围网渔船、数艘诱鱼灯船和运输船组成的围网作业船组。

09.028 [诱鱼]灯船 fish luring light vessel
设有专用的水上水下诱鱼灯，与围网渔船配合作业，起探测、诱集鱼群和带网头绳作用的渔船。

09.029 围网探鱼船 fish detection vessel
灯光诱鱼围网船组中，配有多种探鱼仪器设备，主要用于探测鱼群的渔船。

09.030 渔艇 skiff
渔捞作业中起辅助作用或从事简单作业的小艇。

09.031 渔筏 fishing raft
用竹木编排而成用于捕捞的筏子。

09.032 金枪鱼围网渔船 tuna seine vessel
围捕金枪鱼类的大型专业渔船。

09.033 刺网渔船 gill fisher
利用刺网捕捞鱼蟹类的专用渔船。

09.034 敷网渔船 square netter
利用撑杆和提放网设备，把网具置于舷侧水中，配以灯光诱鱼进行捕捞的专用渔船。

09.035 流[刺]网渔船 drift fisher
从事刺网流放作业的渔船。

09.036 竿钓渔船 pole and line fishing boat
在甲板两舷侧设有钓鱼平台及诱集鱼群的撒饵和喷水管系，船中设有活饵舱，用手钓或自动钓机进行作业的专用渔船。

09.037 曳绳钓渔船 trolling boat, troller
在舷侧或艉部向外伸出一至数根带固定钓具的撑杆，借船行拖曳钓线来诱钓上层鱼类的渔船。

09.038 手钓渔船 hand-liner
船舷边设有钓鱼平台从事手钓或竿钓作业的专用渔船。

09.039 延绳钓渔船 longline fishing boat
用长达数千米的延绳钓具进行作业的渔船。

09.040 鱿鱼钓渔船 squid angling boat
用灯光诱集或具有发光体拟饵钓具钓捕鱿鱼的专用渔船。

09.041 钓船 line fishing boat
用钓具捕捞鱼类或头足类的专用渔船。

09.042 钓艚 mother ship type longliner
中国福建南部渔民使用的一种母子式延绳钓渔船。

09.043 游钓渔船 algin fishing boat
供娱乐或钓鱼比赛用的竿钓渔船。

09.044 定置网渔船 set net fish boat
用于定置网作业的小型渔船。

09.045 多种作业渔船 multi-purpose fishing vessel

可从事一种以上捕捞作业的渔船。

09.046 拖围兼作渔船 combination purse seiner-trawler

既能从事拖网作业又能从事围网作业的渔船。

09.047 母子式渔船 mother-ship with fishing dory

母船甲板装载若干艘子船，到渔场子船从事捕捞作业，母船加工处理渔获物的渔船组合。

09.048 捕鲸船 whaling ship, whaler, whale catcher

配有捕鲸炮、捕鲸铦等专门猎捕鲸类的渔船。

09.049 采珍船 pearl boat, lugger

带有潜水设备，用以采集海参、鲍鱼、珍珠贝等珍贵水产品的渔船。

09.050 猎捕渔船 hunting boat

利用猎捕装置来捕捉鲸、海豹、海象等海兽类的渔船。

09.051 养殖工作艇 culture working boat

用于贝、藻、鱼、虾类等饲养和管理工作的小型船舶。

09.052 收鲜船 buy boat, fresh fish collecting ship

设有渔获物保鲜和过驳设施，在渔场收购驳运鱼货的船舶。

09.053 活鱼运输船 live fish carrier

设有循环水或换水活鱼舱（有的还配有增氧、净水、降温等装置），专门用于运输活鱼的船舶。

09.054 冷海水保鲜运输船 refrigerated seawater fresh-keeping fish carrier

用冷却海水作冷媒保持渔获物鲜度的专用运输船。

09.055 渔业指导船 fishery guidance ship

在渔场指导渔船作业的船舶。

09.056 渔政船 fisheries administration ship

在渔业水域执行国家渔业法规和国际渔业协定，对渔船实施监督管理的船舶。

09.057 冷藏运输船 catch refrigerated carrier

设有冷藏舱，用于运输冷冻水产品的船舶。

09.058 渔业救助船 fishery rescue ship

备有一定的医疗设施和救助装备，在渔场担负人员医疗急救和海难救助的船舶。

09.059 渔业调查船 fishery research vessel

专门从事渔业资源、渔场和海洋环境等科学调查以及渔具、渔法和渔获物保鲜试验研究的船舶。

09.060 渔业实习船 fishery training vessel

专门用来培训学生或船员的船舶。

09.061 渔业加工船 fishery factory ship

在海上将渔获物加工成成品或半成品的船舶。

09.062 捕捞加工渔船 catching factory ship

用于海洋捕捞并在海上将渔获物加工成成品或半成品的船舶。

09.063 渔业基地船 fishery mother ship, fishery depot vessel

远离母港的捕捞船队中用于加工和贮藏渔获物、为生产渔船补充渔需物资和船员生活用品、供渔船船员轮换休整的大型船舶。

09.064 蟹工船 crab factory ship

从事捕捞北太平洋鳕场蟹并加工成蟹罐头等的基地船。

09.065 鲸工船 whale factory ship

在海上接收捕鲸船捕获的鲸进行加工的基地船。

09.066 渔业供应船 fishery tender, fishery supply ship
向渔船或船队供应生活用品和渔需物品的专用船舶。

09.067 渔港监督艇 fishing port supervision boat
渔港监督部门在渔港水域内依法执行监督检查任务的船(艇)。

09.068 机动渔船 power-driven fishing vessel
依靠本船机械动力来推进的渔船。

09.069 非机动渔船 non power-driven fishing boat
本船无动力装置,依靠人力、风力、水力或其他船只带动的渔船。

09.070 机帆渔船 power-sail fishing vessel
利用机械动力和风帆推进的渔船。

09.071 风帆渔船 sailing fishing vessel
利用帆具靠风力推进的渔船。

09.072 钢[质渔]船 steel fishing vessel
船舶主结构用钢质材料建造的渔船。

09.073 木[质渔]船 wooden fishing vessel
船舶主结构用木质材料建造的渔船。

09.074 铝合金渔船 aluminum-framed fishing vessel
船舶主结构用铝合金材料建造的渔船。

09.075 玻璃纤维增强塑料渔船 fiberglass reinforced plastic fishing vessel, FRP fishing vessel
简称“玻璃钢渔船”。用玻璃纤维增强塑料作为船体结构基本材料的渔船。

09.076 钢丝网水泥渔船 ferro-coment fishing vessel
主结构用钢丝网、细钢筋和水泥砂浆建造的渔船。

09.077 双体渔船 twin-hull fishing vessel
具有两个相互平行的船体,其上部用强力构架联成一个整体的渔船。

09.078 双甲板渔船 two decked fishing vessel
设有两个连续甲板的渔船。

09.079 [船舶]主尺度 principal dimension
表示船体外型大小的基本量度,即船长、船深和船宽等。

09.080 船长 ship length
船舶由龙骨线起量至最小型深 85% 处水线总长的 96%,或是该水线上从首柱到舵杆轴线之间的长度,取其大者。

09.081 [船舶]总长 length overall
船舶最前端至最后端之间包括外板和两端永久性固定突出物在内的水平距离。

09.082 船深 ship's depth
自龙骨线沿垂直于基平面方向量至甲板的距离。

09.083 船宽 ship breadth
船舶左右舷间垂直于中线面方向量度的距离。

09.084 最大船宽 extreme vessel breadth
船舶两舷最外缘包括永久性固定突出物如护舷材、水翼等在内的垂直于中线面的最大水平距离。

09.085 吃水 draft, draught
泛指船体在水线以下的深度。

09.086 设计吃水 designed draft
基面与设计水线平面间的垂直距离。

09.087 满载吃水 loaded draft
船舶处于满载状态时的平均吃水。

09.088 吨位 tonnage

民用船舶的内部容积,以登记吨计算。

09.089 登记吨 register ton, vessel ton

吨位的单位。每登记吨等于2.833m^3。

09.090 总吨位 gross tonnage

民用船舶按吨位丈量规范测定的船舶内部总容积。单位:登记吨。

09.091 净吨位 net tonnage

从总吨位中扣除按吨位丈量规范规定为非营业性处所的容积而得出的吨位。单位:登记吨。

09.092 排水量 displacement

船舶自由浮于静水中,保持静态平衡时所排开水的质量。

09.093 水线 waterline

与船体基平面平行的任一水平面与船体型表面交线。

09.094 干舷 freeboard

船舶浮于静水中时,自水面至露天甲板上表面舷边处的垂直距离。

09.095 [船]稳性 stability

船舶受外力作用离开平衡位置而倾斜,当外力消除后能自行回复到原平衡位置的性能。

09.096 倾斜试验 inclining test

控制横向摇动载荷,测量船舶倾斜角度,进而计算出船舶实际重量及重心位置的试验。

09.097 船舶摇荡 ship oscillation

船舶在风、浪等外力作用下产生的各种周期性运动的总称。包括横摇、纵摇、艏摇、垂荡、纵荡和横荡。

09.098 横摇周期 rolling period

一般系指船舶在静水中谐摇时,周而复始一个完整的横摇所用的时间。

09.099 重稳距 metacentric height

又称"稳心高"、"稳性高"。船舶稳心在重心以上的高度。

09.100 初重稳距 initial metacentric height

船舶正浮或小角度倾斜时横稳心与重心之间的垂直距离。

09.101 操纵性 maneuverability

船舶能保持或改变航速、航向和位置的性能。主要指航向稳定性、转首性和回转性。

09.102 耐波性 seakeeping qualities

船舶在风浪中遭受由于外力干扰所产生的各种摇荡运动以及上浪、失速、飞车和波浪弯矩等,仍能维持一定航速在水面上安全航行的性能。

09.103 适航性 seaworthiness

船舶耐波性及在稳性、船体结构、各种设备、燃料、给养等方面能保证安全航行的性能。

09.104 续航力 endurance

船舶一次装足燃油、滑油和淡水等,在正常装载和海况条件下航行的最大距离。

09.105 船舶振动 ship vibration

船舶在机械、轴系、螺旋桨运转及波浪的激励下,所引起船舶总体或局部结构的振动。

09.106 减振器 absorber

改变振源干扰力或系统的传递特性,使振动减小的装置。

09.107 [轴系]扭振 torsional vibration

由汽缸压力、往复运动质量的惯性力以及螺旋桨周期性变化的扭矩而引起的轴系扭转振动。

09.108 水密 watertight

船体浸水或舱、柜冲水后,其结构和相应的关闭设备等在一定的水压作用下保持不透水的密闭性能。

09.109 风雨密[性] weather tightness

船舶在风浪中能防止水透入舱室内的性能。

09.110 船型 ship type
各种船舶类型的总称。

09.111 [船舶]总布置 general arrangement
对船舶的舱室、上层建筑、通道以及各种主要设备、装置、系统等所作的全面统一的规划和布局。

09.112 船体 hull
不包括船舶内外任何设备、装置和系统等的船舶壳体。

09.113 船体结构 hull structure
又称"*船舶结构*"。由板材和骨材组成的船体的总称。

09.114 舾装 outfiting
船舶必须配备的锚、锚链和拖缆等属具的总称。

09.115 舾装数 equipment number
表征船舶必须配备的锚、锚链和拖缆等属具的数量、重量和尺度、强度的衡准数。

09.116 舾装设备 outfit of deck and accommodation
又称"*船体设备*(rigging, equipment and outfit)"。船上控制船舶运动方向,保证航行安全以及营运作业所需的各种用具和设备。

09.117 船体线型 hull form
用型线表示的船体外型。

09.118 船旗国 flag state
船舶所取得其国籍并被允许悬挂该国国旗的国家。国际法规定,船旗国应对悬挂其国旗的船舶进行有效的管辖。

09.119 船籍港 port of registry, home port
又称"*登记港*"。船舶所有人登记其所有权的港口。

09.120 载重线 load line
船舶满载及完全正浮时,根据航行区带、区域和季节,按《国际船舶载重线公约》或各国制定的规范勘划的最高吃水线。

09.121 [船体]骨架 framing
船体内支撑外板、甲板板、内底板等纵横骨材的统称。

09.122 纵骨架式 longitudinal system of framing
纵向骨材较密、横向骨架较稀的骨架形式。

09.123 横骨架式 transverse framing system
横向骨材较密、纵向骨架较稀的骨架形式。

09.124 舱室 cabin, space
根据不同用途所围成的船舶空间。

09.125 上层建筑 superstructure
位于工作甲板之上,由一舷伸至另一舷或距舷侧不大于0.04倍船宽的围壁结构。

09.126 甲板室 deck house
位于工作甲板之上,非上层建筑的围壁结构。

09.127 机舱 engine room
安装主机、辅机或副机及其附属设备等的舱室。

09.128 渔船动力装置 fishing vessel power unit
为渔船推进和其他需要提供机械能、电能、热能的装置。

09.129 推进装置 propelling plant, propulsion device
动力装置中为船舶推进用的动力机械及其直接有关配套设备包括传动装置、轴系等的总称。

09.130 主机 ship engine, main engine
一般指船舶动力装置中用于船舶推进用的发动机。

09.131 **标定功率** rated output
在内燃机铭牌上所标明的功率。

09.132 **[主机]额定功率** power-rating
在现行有关标准规定的环境条件下,允许长期持续运转的最大有效输出功率。

09.133 **持续功率** continuous output, continuous rating
主机在现行有关标准规定的环境条件下,允许长期持续运转的输出功率。

09.134 **[主机]转速** revolution
发动机曲轴在单位时间内所旋转的圈数。

09.135 **额定转速** rated revolution
发动机在额定功率时所对应的转速。

09.136 **增压器** exhaust-gas turbo changer
提高进入汽缸的可燃混合气或空气压力的装置。

09.137 **调速器** speed governor
当转速偏离给定的数值时,能发出讯号,通过调节系统使转速恢复到给定值的机构。

09.138 **开式冷却系统** open cycle cooling system
采用舷外水直接进行冷却的发动机冷却系统。

09.139 **闭式冷却系统** closed cycle cooling system
由海水泵、淡水泵、滑油冷却器、淡水冷却器淡水膨胀箱和管路阀件等组成的冷却系统。

09.140 **离合器** clutch
在主传动装置中,使主、从动轴结合或脱离的传动组件。

09.141 **齿轮箱** gear box, gear case
通过传动齿轮系来传递功率的齿轮传递组件。

09.142 **轴系** shafting
连接船舶主机和推进器的整个传动系统。

09.143 **中间轴** intermediate shaft
轴系中用以连接推力轴与尾轴或推进器轴的轴。

09.144 **尾轴** stern shaft
在轴系中,从舱内伸出舷外与推进器轴联接的轴。

09.145 **推进器** propeller
机动渔船上由动力源驱动、直接产生推船前进推力的各种机构的总称。

09.146 **螺旋桨** screw propeller
有两个或较多的叶与毂相连,叶的向后一面为螺旋面或近似于螺旋面的一种船用推进器。

09.147 **可变螺距螺旋桨** variable pitch propeller, adjustable pitch propeller
可通过毂内机构转动各叶、调节螺距以适应各种工作情况的螺旋桨。

09.148 **导管螺旋桨** shrouded propeller, propeller in nozzle
由螺旋桨式叶轮与控制水流的喷管形外罩共同组成的推进机构。

09.149 **船舶辅机** marine auxiliary machinery
除船舶主机以外的所有辅助动力机械。

09.150 **舱底泵** bilge pump
将潴留舱底的污水排除船外的泵。

09.151 **管系** pipeline system
用来输送和排除工质(液体、气体)的管路、机械设备、器具和检测仪表。

09.152 **船舶管系** maritime piping, ship piping
用来输送和排除船舶工质(液体、气体)的管路、机械设备、器具和检测仪表。

09.153 **油水分离设备** oil-water separating

equipment

由分离器或过滤器或由分离器和过滤器组合的设备,含油污水经其处理后的含油量应不超过万分之一。

09.154 甲板机械 deck machinery

安装在露天甲板上的机械设备的统称。

09.155 锚 anchor

从船舶或其他浮体上抛入水中后能啮入底土,通过其顶端所系的锚链或缆绳提供抓力,将船舶或其他浮体系留在预定水域的专用器具。

09.156 锚链 anchor chain

一种专供用作锚缆的重型锁环链条。

09.157 [起]锚机 windlass, anchor windlass

收放锚及锚链的机械。

09.158 系泊 berthing

用缆绳或锚链使船(或其他浮体)系驻在指定位置的作业过程。

09.159 系泊装置 mooring arrangement

又称"系船设备"。使船舶系留于设定的水域或系结于码头、浮筒、船坞或他船舷旁的船体设备。

09.160 桅 mast

又称"桅杆"。船体中线面上的木质或金属立柱。

09.161 吊[货]杆 cargo derrick

吊杆装置中支撑吊货滑车,起吊货物的支撑杆件。

09.162 舵 rudder

附设于船体外,用以对船施加回转力矩,控制和调整航向的翼状装置。

09.163 操舵装置 steering gear, steering arrangement

又称"舵机"。能在一定时间内,将舵转至所需角度的机械装置。

09.164 侧[向]推[力]器 lateral propeller

一种利用轴流式叶轮机喷射水流产生侧向推力,操作船舶的主动转向装置。

09.165 减摇装置 stabilizer

利用升力或重力形成稳定力矩,以减小船舶摇荡的装置。

09.166 舷外挂机 outboard motor

挂于船外,由内燃机、螺旋桨组成的小型推进装置。

09.167 船舶电气设备 marine electrical equipment

适应船舶环境条件并满足船舶使用要求的电气设备。

09.168 安全设备 safety device

为保障船舶及船上人员和货物安全所配备的设备。

09.169 救生设备 life-saving appliance

为救助落水人员而设置的专门设备及其附件的总称。

09.170 [船舶]消防设备 fire-fighting equipment

供船上消除火灾、防止火灾蔓延以及保护消防人员用的各种器具。

09.171 无线电通信设备 radio communication equipment

利用无线电波来传递声音、文字、数据和图像等的通信设备。

09.172 全球海上遇险与安全系统 Global Maritime Distress and Safety System, GMDSS

利用卫星通信和数字选呼技术,通过岸台、船台、飞机和卫星上的设备,提供全球性有效搜救的通信系统。

09.173　航行设备　navigation equipment

船舶航行必须配备的罗经、雷达、定位仪等设备的总称。

09.174　全球定位系统　global positioning system, GPS

利用多颗高轨道卫星,依据距离和距离变化率的测量来确定船舶位置和速度等参数的无线电导航系统。

09.175　卫星导航系统　satellite navigation system

由导航卫星、地面站以及定位设备等组成的承担卫星导航任务的成套装备。

09.176　卫星导航设备　satellite navigation equipment

根据接收的卫星导航信号及卫星轨道参数来确定船位、航速和标准时间的装置。

09.177　信号设备　signal appliance

船上可对外发出各种视听信号的设备的总称。

09.178　鱼舱　fish hold

装载渔获物的船舱。

09.179　冰舱　ice bunker

装载用于冰藏渔获物碎冰的船舱。

09.180　冷藏鱼舱　refrigerated fish hold

由制冷设备形成低温,保持渔获物鲜度的鱼舱。

09.181　活鱼舱　live fish hold, fish well, well room

设有换水孔或充气、换水装置,用以装运活鱼的船舱。

09.182　冷盐水鱼舱　brine cooling fish tank

竿钓、金枪鱼围网渔船上,用冷却温度可达 −17℃的冷盐水对已经预冷的渔获物作进一步冷却的船舱。

09.183　加工甲板　processing deck

加工处理渔获物的甲板。

09.184　预冷室　pre-refrigerating room

渔获物进入冻结间前对其进行预冷的舱室。

09.185　冻结间　quick freezing room

渔船上将渔获物速冻成冻结品的舱室。

09.186　鱼品加工间　fish processing room

渔船上将渔获物加工成鱼品的舱室。

09.187　渔获物处理间　fish catch handling room

对渔获物进行清洗、分类、初加工的场所。

09.188　鱼粉舱　fish meal room

加工船上贮存鱼粉的船舱。

09.189　鱼油舱　fish oil tank

加工船上贮存鱼油的船舱。

09.190　渔具舱　fishing gear storage

存放渔具及备品的船舱。

09.191　网舱　net hold

存放网具的船舱。

09.192　冷海水舱　refrigerated seawater tank, cooling seawater tank

采用冷海水来预冷或直接保鲜渔获物的船舱。

09.193　饵料舱　bait hold, bait well

钓船上装载活饵料的船舱。

09.194　渔捞甲板　fishing deck

供捕捞作业用的甲板,通常是露天甲板。

09.195　加冰孔　ice hole

设在甲板上为输送碎冰到鱼舱或冰舱所开设带有水密舱口盖的孔。

09.196　尾滑道　stern ramp

尾拖渔船、捕鲸船尾部设置的用来拖曳网具

或鲸到甲板上的弧形曲面或斜面。

09.197 滑道门 ramp gate
尾滑道上端为防止海浪冲上甲板而设置的门。

09.198 吊网门形架 gantry
又称“龙门架”。拖网渔船上为便于起放网操作而在船尾或船中设置的带有各种导向滑轮的固定或转动门形架。

09.199 后转式尾门 backward swinging gangway
采用转动门形架时,为便于起放网而设于尾端的后倒门。

09.200 曳纲滑轮 warp block
安装在尾门形架上部供起放网时引导曳纲用的滑轮。

09.201 弹钩 slip hook
用以钩住和解脱网具纲索的活络弹钩。

09.202 曳纲束锁 towing block
安装在舷拖渔船后部的舷墙上,将拖网前后两根曳纲并锁于一点,以保持拖曳作业时曳纲等长的装置。

09.203 网板架 gallows
单拖渔船上供吊挂网板用的支架。

09.204 落地导向滑轮 deck bollard
安装在渔船甲板特定位置在捕捞作业中用以定向传导纲索的滑轮。

09.205 隐埋索槽 recessed channel
嵌埋在尾滑道上端口甲板上的用以穿过束网环索槽钢。

09.206 舷边导向滑轮 wing bollard
安装在渔船舷边捕捞作业中用以定向传导纲索的滑轮。

09.207 舷外撑杆 outrigger, off-board pole
装在渔船门形架、桅或甲板室两侧,可转向舷外进行拖曳网具的臂杆。

09.208 括纲吊臂 purse line davit
围网渔船起网一侧装有绞收括纲导向用的可转动吊臂。

09.209 网台 net platform
甲板上用以盘放网具和起放网操作的平台。

09.210 尾滚筒 stern barrel, stern roll
起放网的辅助装置而横设于拖网渔船甲板尾端的长滚筒。

09.211 旋转网台 turn platform
围网渔船尾部盘放网具和起放网操作的可转动平台。

09.212 干线导管 main line guide pipe
延绳钓渔船上输送干线用的导管。

09.213 干线导向滑轮 main line guide block
输送延绳钓渔船干线时导向用的滑轮。

09.214 支线传送装置 branch line conveyer
传送延绳钓渔船支线用的装置。

09.215 竿钓台 pole and line fishing platform
竿钓渔船上供钓手工作的舷外平台。

09.216 盘线装置 line winder
把干线有规则地盘好放入干线库的装置。

09.217 钓竿箱 fishing rod box
竿钓渔船上存放钓竿的专用箱。

09.218 饵料柜 bait service tank
竿钓渔船首尾放置的小型饵料容器。

09.219 换水孔 exchanging water hole
为提高饵料或活鱼的存活率,在饵料舱或活鱼运输船底部或侧面所开的能使水循环的孔。

09.220 喷洒装置 sprinkler
鲣竿钓作业时,为诱集鱼群和提高钓获率,

由水泵、水管和喷嘴组成的喷洒海水装置。

09.221　捕鲸炮台　harpoon gun platform
捕鲸船首部为安装和操作捕鲸炮而设置的平台。

09.222　曳鲸孔　hauling whale rope hole
捕鲸船上供缚于鲸尾鳍的绳通至系缆桩而设在船中部舷侧的小孔。

09.223　船龄　vessel age
船舶已经营运的年数。

09.224　系泊试验　mooring trial
船舶在系泊状态下,对轮机电器设备和其他船舶设备按照船舶规范的要求所进行的各种试验。

09.225　试航　test run, trial trip, ship trial
船舶在航行状态下对船体、轮机、电气及各种设备按照船舶规范有关设计要求所进行的综合性试验。

09.226　试捕　fishing trial
船舶在航行状态下对船舶的捕捞设备按照有关设计要求所进行的综合性捕捞试验。

09.227　渔船检验　fishing vessel survey
为保障渔船和渔民的生命财产安全,防止渔船对江河湖海水域造成污染,渔船检验机构对渔业船舶依法进行的监督检验。

09.228　渔船建造规范　rules for the construction of fishing vessel
渔船检验主管机关所颁布的各种规范、规则和规章的总称。

09.229　[船舶]法定检验　statutory survey
由船旗国政府(或委托的机构)依据国家的法律法规、有关国际公约、规则等,对船舶进行强制性的监督检验。

09.230　[船舶]入级检验　class survey
又称"船级检验"。船东为保险和市场竞争的需要,为取得某船级社的船级而自愿申请该船级社进行的检验。

09.231　[船舶]公正检验　justice survey
船舶租赁或发生事故时,验船部门应当事人申请,站在公正的立场对船舶的技术状况所进行的检验鉴定。

09.232　[船舶]初次检验　initial survey
系指渔业船舶在投入营运以及验船部门第一次对渔业船舶颁发证书之前所进行的检验。

09.233　[船舶]定期检验　periodical survey
为使船舶处于良好状态,按照主管机关的规定,定期对船体和设备的有关项目进行的检验。

09.234　[船舶]年度检验　annual survey
为使船舶处于良好状态,按照主管机关的规定,每年对船体和设备的有关项目进行的常规检验。

09.235　[船舶]换证检验　renewal survey
系指对与特定的船舶检验证书有关的项目进行的检验。检验完成后签发新的船舶检验证书。

09.236　[船舶]期间检验　intermediate survey
系指对特定的船舶检验证书有关项目在第二个或第三个周年进行的检验。

09.237　[船舶]临时检验　provisional survey
系指验船部门应船舶所有人或有关部门的申请、或验船部门签发的船舶条件证书有效期满时对渔业船舶执行的非常规性检验。临时检验包括公正检验和鉴证检验,海损及机损,船舶临时进坞、进厂修理、改装涉及航行安全的有关项目,要求变更船名、船主、改变航区、改变使用目的等。

09.238　船用产品检验　inspection of products

for marine service

渔船检验机构对重要船用材料和设备等船用产品在生产厂所进行的监督检验。

09.239　国际海事组织　International Maritime Organization, IMO

联合国主管海运事务的专门机构。它是以促进海上安全和防止海上污染为目标,从事国际间协调管理的技术性组织。

09.240　国际海上人命安全公约　International Convention for the Safety of Life at Sea, SOLAS

为确保船舶安全航行时人命的安全,由国际海事组织制定的有关船舶分舱、稳性;机电设备;防火、探火和灭火;救生设备与装置;无线电报与无线电话;航行安全;谷物装运;危险货物的装运和核能船舶等诸方面的安全规定的国际公约。

09.241　国际船舶载重线公约　International Convention on Load Line, ILLC

为谋求船舶安全航行,由国际海事组织制定的有关船舶载重线和干舷核定等方面规定的国际公约。

09.242　国际海上避碰规则　International Regulations for Preventing Collisions at Sea, COLREGS

为防止、避免海上船舶之间的碰撞,由国际海事组织制定的海上交通规则。

09.243　国际船舶吨位丈量公约　International Convention on Tonnage Measurement of ships

为统一国际航行船舶的吨位丈量,由国际海事组织制定的有关测定船舶总吨位和净吨位规则的国际公约。

09.244　国际防止船舶造成污染公约　International Convention for the prevention Pollution from Ships, MARPOL

为保护海洋环境,由国际海事组织制定的有关防止和限制船舶排放油类和其他有害物质污染海洋方面的安全规定的国际公约。

09.245　国际渔船安全公约 1993 年议定书　The Protocol of 1993 Relating to the International Convention for the Safety of Fishing Vessels

为确保渔船安全航行时人命的安全,由国际海事组织制定的有关渔船结构、稳性;机电设备;防火、探火和灭火;救生设备与装置;无线电设备等诸方面的安全规定的国际公约。

09.246　国际渔船安全证书　International Fishing Vessel Safety Certificate

船旗国政府的船舶技术监督机构或其授权的组织依据《国际渔船安全公约 1993 年议定书》和政府的法律法规等有关规定,对从事国际航行作业的渔船依法进行强制性监督检验后所颁发的船舶安全合格证书。

09.247　国际船舶载重线证书　International Load Line Certificate

船旗国政府的船舶技术监督机构或其授权的组织依据《国际船舶载重线公约》和政府的法律法规等有关规定,对从事国际航行作业的渔船依法进行强制性监督检验和勘划载重线标志后所颁发的合格证书。

09.248　免除证书　Exemption Certificate

根据安全公约的规定,船旗国政府主管机关在特殊情况下,对从事国际航行的某些船舶所签发的准予免除公约附则的部分或全部要求的证书。

09.249　国际吨位证书　International Tonnage Certificate

船旗国政府的船舶技术监督机构或其授权的组织依据《国际船舶吨位丈量公约》的有关规定,对从事国际航行的船舶进行吨位丈量,核定船舶的总吨位和净吨位后所颁发的吨位证明书。

09.250 国际防止油污证书 International Oil Pollution Prevention Certificate

船旗国政府的船舶技术监督机构或其授权的组织依据《国际防止船舶造成污染公约》的有关规定，对从事国际航行的船舶依法进行强制性监督检验后所颁发的证明船舶结构、设备、系统、舾装、布置、材料及其状况等符合公约要求的合格证书。

09.251 船舶国籍证书 Certificate of Ship's National

船旗国政府颁发的证明船舶已具备各种必要的法定的安全合格证书，并已在该国登记注册具有该国船籍的证明。

09.252 国际防止生活污水污染证书 International Sewage Pollution Prevention Certificate

船旗国政府的船舶技术监督机构或其授权的组织依据《国际防止船舶造成污染公约》的有关规定，对从事国际航行的船舶依法进行强制性监督检验后所颁发的证明船舶设备及其状况等符合公约要求的合格证书。

09.253 渔船检验证书 fishing vessel survey certificate

由渔船技术监督机构或授权的组织根据船旗国政府参加的国际公约及其政府颁布的有关法律法规，对船舶执行监督检验后签发的证书。

09.254 渔业机械 fishery machinery

在渔业生产过程及其产品流通领域中的各种技术装备，主要有海淡水养殖机械、捕捞机械、水产品加工机械、绳网机械、水产品贮运机械等。

09.255 捕捞机械 fishing machinery

捕捞作业中操作渔具进行捕捞或捞取渔获物的机械设备的总称。

09.256 ［捕捞机械］拉力 pull

捕捞机械运转时作用于渔具的力。

09.257 ［捕捞机械］公称拉力 nominal pull

公称速度下捕捞机械在规定位置作用于渔具的力。

09.258 绞机公称拉力 nominal winch pull

公称速度下绞机卷筒卷绕纲索于半长处所在层的拉力。双卷筒绞机系指单卷筒的拉力乘2。

09.259 绞收速度 hauling speed

单位时间内捕捞机械绞收渔具移动的距离。

09.260 公称速度 nominal hauling speed

公称拉力下捕捞机械在规定位置单位时间内绞收渔具移动的距离。

09.261 容绳量 rope capacity

卷筒卷绕某一直径纲索的最大长度。

09.262 容绳量折算系数 convert coefficient of rope capacity

卷筒卷绕不同直径的纲索折算为相当于标称直径下长度的系数。

09.263 容网量 net capacity

卷网机卷绕网具的容积。

09.264 过网断面 gross section of bunched netting

起网机工作部件允许通过网束的截面积。

09.265 上进纲 upper hauling rope

纲索从卷筒上方进入绞机。

09.266 下进纲 lower hauling rope

纲索从卷筒下方进入绞机。

09.267 排绳角 rope arrangement angle

纲索绞收时，纲索与卷筒垂线的水平夹角。

09.268 卷绕直径 winding diameter

绞机卷筒卷绕纲索所在层面时纲索断面形

心的间距。

09.269 **卷筒** drum
两端具有侧板的圆筒体,用于卷绕渔具的纲索或网具并作多层贮存的工作部件。

09.270 **摩擦鼓轮** warping end
在动力驱动下依靠纲索与鼓轮表面之间的摩擦力进行绞拉作业,而不贮存纲索的筒体。

09.271 **滚柱** roller
可作旋转运动、长径比大、无侧板结构的圆筒体。

09.272 **槽轮** grooved pulley
呈凹槽形的圆筒体,用于承装网具或纲索作旋转工作的部件。

09.273 **绞[纲]机** winch
又称"绞车"。绞收和放出纲索的机械。

09.274 **机械传动绞机** mechanical winch
原动力为机械的绞机。

09.275 **电动绞机** power operated winch
原动力为电力的绞机。

09.276 **液压绞机** hydraulic winch
原动力为液压的绞机。

09.277 **绞盘** capstan
专指转动轴线与甲板垂直的绞车。

09.278 **卷纲机** rope reel
卷存和放出绞车绞收的纲绳的机械。

09.279 **绞[纲]机组** winch-rope reel
由只有绞收功能的绞车和卷纲机组成的机组。

09.280 **拖网绞机** trawl winch
绞收拖网曳纲等纲索的机械。

09.281 **围网绞机** purse seine winch
绞收围网括纲、跑纲等纲索的机械。

09.282 **括纲绞机** purse line winch
绞收、贮存和放出围网括纲的机械。

09.283 **跑纲绞机** hauling line winch
绞收、贮存和放出围网跑纲的机械。

09.284 **网头纲绞机** seine painter winch
绞收、贮存和放出围网网头绳的机械。

09.285 **刺网绞机** gillnet winch
绞收刺网网片和引纲的机械。

09.286 **敷网绞机** square net winch
绞收敷网纲索的机械。

09.287 **大拉网绞机** beach seine winch
绞收大拉网曳纲进行起网的机械,有固定式或牵引式。

09.288 **捕鲸绞机** whaling winch
捕鲸作业中绞收铦纲的机械。

09.289 **蟹笼绞机** crab pot hauler
绞收捕蟹笼的专用绞机。

09.290 **起网机** net winch
借助起网工作部件与网具间的摩擦力将渔具从水中起到船上、岸上或冰面上的机械的总称。

09.291 **围网起网机** purse seine hauling machine
起收围网网具的机械,有悬挂式或落地式。

09.292 **动力滑轮** power block
又称"悬挂式围网起网机"。具有动力的槽轮借助网衣与轮槽间的摩擦力起收围网等带状网具的机械。

09.293 **流刺网起网机** driftnet hauler
起收流刺网网列的机械。

09.294 **大拉网起网机** beach seine hauling

machine

起收大拉网网身的机械。

09.295 卷网机 net drum

卷收、贮存和放出网具的机械。

09.296 起网机组 net hauling system

由起网机和堆叠网具的理网机组成，有的设有输送网片的中间机构。

09.297 干线起线机 line hauler

起收延绳钓干线的机械。

09.298 支线起线机 branch line winder

起收延绳钓支线的机械。

09.299 干线理线机 line arranger

将起收的延绳钓干线依次盘放防止反捻纠结的机械。

09.300 干线放线机 line casting machine

投放延绳钓干线入水的机械。

09.301 曳绳钓起线机 trolling gurdy

起收、贮存、放出曳绳钓钓具的机械。

09.302 鱿鱼钓机 jigging machine

具有自动放线、钓捕、起线、卷线和脱鱼功能并引诱鱿鱼上钩的机械。

09.303 竿钓机 pole and line machine

具有自动放竿、钓捕起竿和使鱼脱钩并引诱鱼上钩的机械，主要用于钓鲣鱼。

09.304 延绳钓机 longline machine

自动进行装饵、放钩、钓捕、起钩、集钩和贮存干线等功能的延绳钓专用机械。

09.305 刺网延绳组合机 gillnet winch-line hauler

具有公用原动机，能单独起刺网或延绳钓的组合机械。

09.306 辅助绞机 auxiliary winch

捕捞作业中进行辅助性工作的绞机的总称。

09.307 牵引绞机 tractive winch

牵引网袖、网身、网囊等到船甲板的机械。

09.308 滚轮绞机 bobbin winch

绞收或拉出拖网滚轮式下纲的机械。

09.309 水下灯绞机 underwater light winch

绞收水下诱鱼灯具及其电缆的机械。

09.310 理网机 net shifter

按顺序堆叠网具的机械。

09.311 鱼泵 fish pump

吸送鱼类的专用泵，有离心式和气力式。

09.312 流刺网振网机 driftnet shaker

利用振动原理抖落刺网网衣上的渔获物的机械。

09.313 定置网打桩机 set net pile hammer

将定置网桩头打入水底的机械。

09.314 钻冰机 ice drill

在冰面钻孔以便进行冰下放网作业的机械。

09.315 冰下穿索器 ice jigger

能在冰层下按预定方向逐一穿行冰孔，带动大拉网曳纲引绳前进的装置。

09.316 舷边动力滚筒 side power roller

位于渔船船舷部位用以辅助起刺网或围网的动力滚筒。

09.317 三滚筒起网机 tricylinder hauling machine

采用 3 个滚筒联动，依靠滚筒与网衣之间的摩擦力起收网具的机械。

09.318 尾部起网机 tail hauling machine

置于船尾横移轨道上，利用槽轮起收网具的机械。

09.319 养殖机械 aquacultural machinery

水产养殖过程中所使用的各种机械、装备的总称。

09.320 颗粒饲料成形率 forming rate of pellet feed

一定数量的颗粒饲料中，过筛颗粒质量与总质量的百分比值。

09.321 颗粒饲料表面质量 surface quality pellet feed

指颗粒饲料的形体均匀度、表面粗糙度和裂纹多寡等质量因素。

09.322 颗粒饲料漂浮率 floating rate of pellet feed

一定数量的颗粒饲料在规定测试条件下，在水中经一定时间浸泡后仍能浮于水面的粒数与原粒数的百分比。

09.323 颗粒饲料机生产率 productivity of pellet feed processing machine

在规定测试条件下，颗粒饲料加工机平均1kW·h所生产的颗粒饲料质量。

09.324 颗粒饲料机生产能力 productive capacity of pellet feed processing machine

在规定测试条件下，颗粒饲料加工机平均每小时所生产的颗粒饲料质量。

09.325 颗粒密度 density of pellet

含水率为13%的颗粒饲料质量与其体积的比值。

09.326 颗粒饲料水中稳定性 stability quality of pellet feed in water

在规定测试条件下，颗粒饲料自浸入水中时起至开始解体时止所经历的时间。

09.327 增氧能力 oxygen transfer rate

在规定条件下，单位时间内水体中溶氧量的增量。单位为kg/h。

09.328 增氧动力效率 oxygen transfer efficiency

在规定条件下，耗用1kW·h能量使水体中增加的溶氧量。

09.329 饲料加工机械 feed processing machinery

将各种饲料原料加工成不同类型、规格饲料的机器和设备的总称。

09.330 颗粒饲料压制机 pellet feed mill

将粉状饲料原料挤压、剪切成颗粒状饲料的机械。

09.331 饲料打浆机 green feed blender

将青饲料粉碎成浆状的机械。

09.332 轧螺蚬机 shellfish crusher

将螺蚬外壳轧碎的机械。

09.333 α淀粉机 α-starch processing machine

将生淀粉加工成α淀粉的机械。

09.334 投饲机 feeder

向养殖对象定时、定量投喂粒状、粉状等饲料的机械。

09.335 喷浆机 pulp shooting machine

洒浆状饲料的机械。

09.336 水草收割机 weed cutting machine

收割水生植物茎、叶的机械。

09.337 贝类采捕机 shellfish harvester

采捕螺、蚬、蛤、缢蛏等贝类的机械。

09.338 水处理机械 water processor machinery

采用生物、物理、化学、机械等综合技术，去除养殖水体中可溶性有机物和固体悬浮物等有害物质的机械、装置、设施的总称。

09.339 水质改良机 water improving machine

将底层淤积物抽吸喷洒于高溶氧的池表面，加速其氧化、分解，对水质进行综合改良的机械。

09.340 增氧机械 aerator

增加水体中溶氧的机器或设备的总称。

09.341 叶轮式增氧机 paddle aerator
以浸没于水面作水平回转的叶轮增加水体中溶氧的机械。

09.342 水车式增氧机 waterwheel aerator
以叶片浸没于水面作垂直回转，增加水体中溶氧的机械。

09.343 射流式增氧机 jet aerator
水流以射流方式负压吸气，增加水体中溶氧的机械。

09.344 充气式增氧机 inflatable aerator
将空气压送、散入水底层增加水体中溶氧的机械。

09.345 水质净化机 water purifier
降低水体中可溶性有机物含量、改善水质的机械或设备。

09.346 生物转盘净化机 water purifier by biological rotating disc
以一组旋转的盘片作为微生物载体净化水体的机械。

09.347 生物转筒净化机 water purifier by biological rotating tube
以若干装于转筒内的球状或其他形状的填料作为微生物载体净化水体的机械。

09.348 挖塘机 fish pond excavator
开挖、浚深养殖池塘的机械。

09.349 清淤机 silt remover
清除养殖水域底层淤积物的机械。

09.350 水下清淤机 underwater silt remover
整机或工作部件置于淤泥面，能带水作业达到清淤的机械。

09.351 筑埂机 fish pond ridger
修筑或整复池塘堤埂的机械。

09.352 水力挖塘机组 hydraulic pond-digging set
由高压水枪、泥浆泵、管道等组成，用于开挖或浚深鱼塘的水力机械设备。

09.353 泥浆泵 mud pump
能吸送泥浆、粪肥等固液二相液的泵类。

09.354 泥水分离机 mud-water separator
用理化等方法分离泥和水的机械设备。

09.355 鱼卵孵化器 fish hatcher
具备控制鱼卵孵化时所需环境条件的设备或器具，有卧式孵化器和立式孵化器。

09.356 活鱼运输设备 facilities for transporting live fish
具有保活功能设施的运输活鱼的容器或设备的总称。

09.357 活鱼集装箱 live fish container
配有保活功能设施的活鱼箱，可装载于车、船等以运输活鱼，亦可暂养活鱼。

09.358 海涂翻耕机 seabeach cultivator
耕耘养贝海涂的机械设备。

09.359 海带夹苗机 gripper for kelp seeding
将海带苗定距夹入苗绳的机具。

09.360 网箱起吊设备 hoist for net cage
起吊养殖网箱的设备。

09.361 网箱清洗设备 net cage rinser
清除养殖网箱上附着物的设备。

09.362 网箱沉浮装备 net cage positioner
能调节养殖网箱在水中深度的装备。

09.363 水产品加工机械 processing machinery
对水产品进行处理和加工的机械。

09.364 洗鱼机 fish washer
清洗原料鱼的机械。

09.365　分级机　fish grading machine
按鱼体大小或重量分级的机械。

09.366　自动理鱼机　fish automatic feeder
自动定向排列鱼体进入鱼处理机的机械。

09.367　去鳞机　scaling machine
去除鱼鳞的机械。

09.368　去头机　head-cutting machine
去除鱼头的机械。

09.369　去头去内脏机　heading and gutting machine
去除鱼头和内脏的机械。

09.370　剖背机　splitting machine
剖开鱼背的机械。

09.371　鱼段机　piece cutter
将鱼切成段或块的机械。

09.372　鱼片机　filleting machine
将鱼胴体或原料鱼剖成鱼片的机械。

09.373　去皮机　skinning machine
去除鱼皮的机械。

09.374　罐头生产设备　canning equipment
生产空罐容器和加工水产品罐头的机械。

09.375　杀菌设备　sterilizer
对水产食品进行灭菌,以达到卫生标准的专用设备。

09.376　鱼肉采取机　fish meat separator
将鱼肉与骨皮分离取得碎鱼肉的机械。

09.377　鱼肉精滤机　fish meat strainer
滤去碎鱼肉中残存骨刺等杂质的机械。

09.378　鱼肉调质机　fish meat quality controlling machine
沥清碎鱼肉中的漂洗液和部分水溶性物质的机械。

09.379　鱼肉漂洗装置　defatted and bleaching
析出鱼肉中的水溶性物质的装置。

09.380　鱼肉脱水机　dehydrator
脱去碎鱼肉中水分的机械。

09.381　擂溃机　mixing and kneading machine
将碎鱼肉与配料混和、研磨成鱼糜的机械。

09.382　斩拌机　cutting and blending machine
将碎鱼肉与配料混合斩切成鱼糜的机械。

09.383　鱼糜成型机　fish meat forming machine
使鱼糜通过不同模具挤压成各种形状鱼糜制品的机械。

09.384　鱼卷机组　fish meat rolling machines
将鱼糜制成卷筒状经过烘烤和冷却成鱼卷的机组。

09.385　自动充填结机机　club packaging machine
自动将塑料薄膜制成筒状充填鱼糜两端结札密封的机械。

09.386　水产品干燥设备　aquatic product dryer
将鱼类等水产品制成干制品的设备总称。有真空干燥设备、喷雾干燥设备、流化干燥设备、通风干燥设备和辐射干燥设备等。

09.387　鱼片烘烤机　fish fillet baking machine
烘烤生、干鱼片的机械。

09.388　干鱼片辗松机　dry fish fillet rolling machine
将烘烤鱼片辗松组织的机械。

09.389　油炸机　fryer
连续油炸鱼类等食品的机械。

09.390 虾仁机 shrimp peeling machine
剥除鲜虾壳的机械。

09.391 虾仁清理机 shrimp meat cleaning machine
清除脱壳虾仁残留附着物的机械。

09.392 虾仁分级机 shrimp meat grading machine
将虾仁按大小分级的机械。

09.393 摘虾头机 shrimp heading machine
摘除虾头的机械。

09.394 虾米脱壳机 dried shrimp peeling machine
将干虾脱壳成虾米的机械。

09.395 贝类清洗机 shellfish washing machine
冲洗贝类表面污泥杂质的机械。

09.396 贝类脱壳机组 shellfish processing machines
将贝类脱壳取肉的机械。

09.397 紫菜采集机 laver harvester
在海水中采集紫菜的机械。

09.398 紫菜切洗机 laver cutting and washing machine
将紫菜切碎和清洗泥沙的机械。

09.399 紫菜制饼机 laver wafer machine
紫菜与适量水混合浇制成形，沥去水分成为薄饼的机械。

09.400 紫菜脱水机 laver dehydrator
将紫菜饼脱水的机械。

09.401 紫菜饼干燥机 laver drying machine
将紫菜饼干燥的机械。

09.402 海带切丝机 laminarian slitter
将海带切成细条的机械。

09.403 褐藻胶造粒机 alfin pellet machine
使褐藻胶酸碱中和并造粒的机器。

09.404 碎鱼机 hasher
将原料鱼切碎的机械。

09.405 蒸煮机 precooker
连续蒸煮，熟化鲜鱼原料的机械。

09.406 鱼粉压榨机 screw presser
利用螺旋压榨原理使熟化鱼肉与汁水分离的机械。

09.407 榨饼松散机 cake tearing machine
撕松榨饼的机械。

09.408 鱼粉干燥机 dryer of fish meal
加热干燥榨饼或鲜鱼，使其成为粗鱼粉的机器。

09.409 卧式螺旋沉降式离心机 decaner
利用离心力的作用，将鱼汁水中的固型物连续分离回收的机器。

09.410 鱼油碟式离心机 fish oil disc centrifuge
利用离心力的作用从汁水中分离鱼油的机械。

09.411 汁水真空浓缩设备 stick water vacuum concentrating plant
采用真空蒸发技术浓缩鱼汁水中蛋白质、维生素等有效成分的设备。

09.412 湿法鱼粉加工设备 fish meal wet process machine
用蒸煮、脱脂、干燥的方法制取鱼粉的机器。

09.413 干法鱼粉加工设备 fish meal dry process machine
用干燥、脱脂的方法制取鱼粉的机器。

09.414 鱼粉除臭设备 fish meal deodorizing plant
消除鱼粉加工过程中腥臭气味的设备。

09.415　鱼肝消化设备　fish liver digester

将鱼肝加水搅拌、加热、加碱，使之分解出肝油的设备。

09.416　鱼肝油丸机　fish liver oil capsulizing machine

加工有缝或无缝鱼肝油等胶丸的机械。

09.417　冰鱼分离机　ice separator

利用浮选原理使碎冰与鱼分离的机械。

09.418　制冷装置　refrigerating plant

创造低温环境下贮存水产品，防止其在一定的时间内变质的设施，包括制冷设备和用冷设备。

09.419　制冷压缩机　compressor

用以压缩和输送气相制冷剂的设备。

09.420　冷凝器　condenser

冷却经制冷压缩机压缩后的高温制冷剂蒸汽并使之液化的热交换器。

09.421　汽液分离器　gas-liquid separator

制冷系统中设置在节流阀和蒸发器之间吸入管路上用以分离节流后产生的闪发气体，防止其进入蒸发器的装置。

09.422　液体分离器　suction trap, suction accumulator

制冷系统中设置在蒸发器与制冷压缩机之间吸入管路上用以分离蒸发器尚未蒸发的液体，防止其进入制冷压缩机的装置。

09.423　贮液器　receiver

贮存和调节供应制冷系统中各部分液态制冷剂的容器。

09.424　蒸发器　evaporator

制冷系统中使制冷剂液体吸热蒸发为气体的热交换器。

09.425　盘管式蒸发器　coil evaporator, grid evaporator

又称“冷却盘管(cooling coil)”。制冷剂通过盘管进行热交换的自然对流式蒸发器。

09.426　冷风机　air cooler, forced circulation air cooler

又称“空气冷却器”。带风机的盘管式蒸发器。

09.427　冻结设备　freezing equipment

低温冻结易腐食品的设备。

09.428　［快］速冻［结］装置　quick freezing plant, deep freezing plant

专门用于快速冻结食品等制品的设备。

09.429　隧道式冻结装置　tunnel freezing plant, freezing tunnel

在隧道式容积内用高速冷空气循环冻结食品的装置。

09.430　螺旋带式冻结装置　spiral belt freezer

高速冷空气在沿圆周方向作螺旋式旋转运动的网带内循环，用以冻结食品的装置。

09.431　浸淋式冻结装置　spray freezer

低温冷却液直接喷淋在食品上使之冻结的设备。

09.432　强制通风式冻结装置　air blast freezing plant, air blast freezer

又称“吹风冻结装置”。利用高速流动的冷空气循环来冻结食品的装置。

09.433　流化床冻结装置　fluidized bed freezer

小体积食品在多孔网带或槽内移动过程中，冷空气由下而上流动使食品冻结的装置。

09.434　真空冷冻干燥设备　vacuum freeze-drying equipment

在较高真空度下，使产品内已冻结的水分直接升华为气体排出从而达到干燥目的的设备。

09.435 接触式冻结装置 contact freezer
冻结食品与冷却表面直接接触的冻结装置。

09.436 平板冻结机 plate freezer
冷却表面为金属平板的接触式冻结机械。

09.437 卧式平板冻结机 horizontal plate freezer
冷却金属平板呈水平排列结构的冻结机械。

09.438 立式平板冻结机 vertical plate freezer
冷却金属平板呈垂直排列结构的冻结机械。

09.439 沉浸式冻结装置 immersion freezer
将产品沉浸在冷却液中进行冻结的装置。

09.440 间歇式冻结装置 batch freezer
在一定时间内中只能冻结一批产品的冻结装置。

09.441 超低温冻结装置 cryogenic freezer
又称"深冷冻结装置"。用深低温液化气体(如液氮、液态二氧化碳)为冷源,对产品进行超低温冻结。

09.442 包冰机 glazing machine
给冻鱼块表面包冰衣的机械。

09.443 脱盘机 frozen fish block dumping machine
使盘装冻鱼块与鱼盘脱离的机械。

09.444 解冻设备 thawing equipment
使冻结食品组织中冰晶溶化的设备。

09.445 制冰机 ice-maker
快速自动制取不同形态冰的机械。

09.446 制块冰设备 block ice plant
用低温盐水等冷媒制造块冰的设备。

09.447 冰桶 ice can
内部充水,使之冻结成块冰的敞口的金属容器。

09.448 制冰池 ice-making tank
装有蒸发器和搅拌器用以制块冰的盐水池。

09.449 融冰槽 dip tank, thawing tank
供冰桶脱冰用的温水槽。

09.450 碎冰机 ice crusher
破碎块冰的机械。

09.451 片冰机 slice ice machine
连续生产片冰的机械。

09.452 管冰机 tube ice machine
生产管冰的机械。

09.453 板冰机 plate ice machine
生产板冰的机械。

09.454 壳冰机 shell ice machine
生产壳状冰的机械。

09.455 粒冰机 granular ice machine
生产粒状冰的机械。

09.456 丰年虫卵干燥设备 brine shrimp eggs processing equipment
以气流喷动方式干燥丰年虫卵的专用设备。

09.457 膨化机 extruder
集混合、剪切、加热、揉和、冷却和成型等多种工序在一起的加工设备。

09.458 干式膨化机 dry extruder
原料在膨化前和膨化过程中不加水,膨化后自然冷却为成品的机械。

09.459 湿式膨化机 cooking extruder
原料在膨化前和膨化过程中需添加水,膨化后需经干燥冷却才能成为成品的机械。

09.460 绳网机械 rope-netting machinery
编织有结和无结网片及编捻绳缆的机械总称。

09.461 织网机 netting machine

加工有结网片的机械的总称。

09.462 双钩型织网机 double hook machine netting

由一排上钩使经线成圈,一排下钩钩住经线套纬线交织成单结或双结网片的机械。

09.463 绕线盘机 spool winder

将网线绕到线盘上的机械。

09.464 编网机 braiding net machine

加工无结网片的机械的总称。

09.465 绞捻编网机 twist-netting machine

由各组线股加捻并相互交叉编织成网片的机械。

09.466 络筒机 twisting winder

将网线绕于线管上的机械。

09.467 经编织网机 knit-netting machine

以针织工艺编织成网片的机械。

09.468 整经机 warping machine

将筒管上的经线绕于盘头上的机械。

09.469 挤出牵伸成网机 extrude draft net machine

将挤出网坯牵伸形成无结网片的机械。

09.470 网片定形机 net setting machine

将网片拉伸后加热定形的机械。

09.471 网片染色机 net dyeing machine

将原色的网片染成各种颜色的机械。

09.472 网片脱水机 net dehydrator

网片染色后,将多余水分脱干的机械。

09.473 制绳机 cabling machine

将绳股加捻制成绳缆的机械。

09.474 编绳机 braiding machine

将绳股编成绳缆的机械。

09.475 复合制绳机 combined rope machine

将绳纱加捻制成绳索的机械。

09.476 梳麻机 necking machine

将原料麻梳理成麻条的机械。

09.477 捻线机 twisting machine

将纤维加捻制成网线的机械。

09.478 制系机 yarn collecting machine

将各种纤维制成绳系的机械。

09.479 制股机 stranding machine

将绳系加捻成绳股的机械。

09.480 拉丝机 monofilament manufacturing machine

将塑料粒子加温塑化挤出,拉伸成丝的机械。

09.481 渔用仪器 fishery instrument

在鱼类捕捞、养殖、运输、贮存和资源保护方面专用仪器的总称。

09.482 助渔仪器 fishing aid equipment

在捕捞作业中使用的各种仪器。

09.483 探鱼仪 fish finder

利用超声波技术探测鱼群信息的仪器。

09.484 垂直探鱼仪 vertical fish finder

探测渔船下方鱼群和海底地貌的仪器。

09.485 水平探鱼仪 horizontal fish finder

又称“渔用声呐”。探测渔船周围一定距离范围内鱼群并具有测距离和定向功能的探鱼仪。

09.486 记录式探鱼仪 recording fish finder

利用记录纸记录鱼群信息的探鱼仪。

09.487 彩色探鱼仪 color fish finder

利用彩色显示器显示鱼群信息的探鱼仪。

09.488 多频率探鱼仪 multi-frequency fish finder

具有两种以上工作频率的探鱼仪。

09.489 鱼群映像 fish school trace
在探鱼仪上显示出反映不同鱼群信息的图像。

09.490 换能器 transducer, energy changer
助渔仪器中进行电声能量转换的部件。

09.491 多波束渔用声呐 multi-beam sonar
用数组换能器振子排列成基阵再以相移的方式形成多个声波束,能在短时间内,迅速探测大范围内鱼群方向和距离的探鱼设备。

09.492 彩色显示声呐 color sonar
具有彩色显示终端的声呐。

09.493 探鱼能力 fish finding capacity
评价某个探鱼仪在水中多大距离上能探测到一定量鱼群的能力。

09.494 [交]混[回]响 reverberation
探鱼仪发射声波后从海底、海面和水体中散射返回接收系统的那部分声波。

09.495 鱼群计数器 fish counter
统计洄游鱼类进入某河道的鱼群数量的仪器,通常装置在河坝的鱼道上。

09.496 网口高度仪 net mouth height monitor
捕捞过程中,测定拖网在不同拖速下网口张开高度的仪器。

09.497 拖网监测仪 trawl monitor
用于监测拖网状态的仪器的总称。包括网口高度仪、网口扩张仪和渔获量指示仪等。

09.498 网位仪 net monitor
捕捞过程中,测量网具位置和状态的仪器。

09.499 网口扩张仪 net mouth spreading monitor
在网具拖曳过程中,测量网口水平方向张开度的仪器。

09.500 渔获量指示仪 catch indicator
捕捞过程中指示拖网网囊中的渔获数量的仪器。

09.501 曳纲张力仪 towing warp tensiometer
在网具拖曳过程中,测量曳纲拉力的仪器。

09.502 鱼苗计数器 fig counter
用统计计数方法测量鱼、虾、蟹等苗种数量的仪器。

09.503 鱼类生态监测仪 fish ecological monitor
遥控监测海洋牧场或鱼群洄游路线中的鱼群生态和环境参数的仪器。

09.504 潮流计 current indicator
测定海洋各层潮流速度与方向的仪器。

09.505 温盐深记录仪 salinity temperature depth recorder, STD
测量并记录船舶经过处海水温度、盐度和深度的仪器。

09.506 鱼鲜度测定仪 torrymeter
快速测定批量鱼品鲜度的一种仪器。

10. 渔业工程与渔港

10.001 渔业工程 fishery engineering
新建或改扩建的与渔业有关的土木建筑、机械、电气等设施的总称。

10.002 渔业基地 fishery base
具有较完善配套设施,能对海洋渔业生产进行指挥并提供渔船停泊、水产品装卸、加工、销售和后勤服务的渔港。

10.003 海洋工程 ocean engineering
新建或改扩建的与海洋有关设施的总称。

10.004 渔港 fishery port, fishing harbor
主要为渔业生产服务和供渔业船舶停泊、避风、装卸渔获物、补充渔需物资的港口。

10.005 渔港工程 fishing harbor engineering
新建或改扩建的渔港建筑物和配套设施。

10.006 海港 sea port
位于沿海和海岛上的港口。

10.007 河口港 estuary port
位于江河入海段,受潮汐影响的港口。

10.008 河港 river port
位于江河沿岸的港口。

10.009 避风港 refuge harbor
供船舶避风的港口。

10.010 港址选择 selection of port site
从经济、技术、政治等方面进行分析论证,在拟建港口的若干地址中优选出最合理的方案。

10.011 渔港总体规划 master plan of fishery port
根据对某一渔港的远近期渔货卸港量、自然条件及附近城镇发展规划等因素的分析论证,提出该渔港的港界、建设规模、水陆域布置和建设程序等总的设计安排。

10.012 港界 harbor boundary, harbor limit
港口管理部门所管辖港口水域、陆域的边界线。

10.013 卸鱼量 volume of unload fish
从船舶卸到码头鱼货的数量。

10.014 航道 fairway, seaway
为保证船舶安全航行所开辟的具备一定水深、宽度及航标的水道。

10.015 进出港航道 approach channel, entrance channel
用于船舶进出港区水域的水道。

10.016 港内航道 harbor channel
用于船舶在港内行驶的水道。

10.017 单向航道 one way channel
只允许船舶单向航行的水道。

10.018 双向航道 double way channel
船舶可双向航行的水道。

10.019 港池 harbor basin
码头前供船舶靠离、回转及进行装卸作业的水域。

10.020 锚[泊]地 anchorage area, anchorage
专供船舶或船队在水上停泊、避风、检验检疫、编解队及其他作业的水域。

10.021 避风锚地 shelter
供船舶躲避风浪时锚泊的水域。

10.022 港口水深 harbor water depth
保证船舶能够安全进出港口作业的控制水深。

10.023 码头前水深 water depth in front of wharf
码头前在设计低水位时保证设计船型满载吃水作业所需要的水深。

10.024 码头 wharf, quay
供船舶停靠、装卸货物或上下旅客的水工建筑物。

10.025 泊位 berth
供一艘设计船型船舶安全停靠并进行作业所需的水域和空间。

10.026 卸鱼码头 fish landing

装卸水产品的码头。

10.027 供冰码头 ice supply quay
为渔船加冰的码头。

10.028 油码头 oil dock
供船舶卸油或加油的码头。

10.029 泊位利用率 utility factor of berth
船舶年占用泊位时间与年日历时间的百分比。

10.030 顺岸式码头 coastwise wharf, coastwise quay
码头线与原岸线平行或基本平行的码头。

10.031 突[堤式]码头 jetty
码头线与原岸线成直角或斜角伸入水域的码头。

10.032 直立式码头 vertical-face wharf, quay wall
前沿靠船面为直立或近于直立的码头。

10.033 斜坡式码头 sloping wharf
前沿临水面呈斜坡状的码头。

10.034 浮码头 pontoon
又称“趸船”。用以停靠船舶的箱形浮体。

10.035 泊位日卸鱼能力 fish landing capacity per day
卸鱼码头每个泊位的日卸鱼数量。

10.036 渔港陆域 land area of fishing harbor
包括卸鱼及水产品交易、冷冻冷藏加工、物资供应、修船、油库、综合管理等的港口陆上区域。

10.037 输冰桥 over line bridge for ice transportation
输送块冰到码头前沿碎冰机的栈桥式滑道。

10.038 碎冰楼 icing tower
位于供冰码头上为渔船加工碎冰的建筑物。

10.039 防波堤 breakwater
防御风浪侵袭港口水域,保证港内平稳的水工建筑物。

10.040 防波堤口门 breakwater gap
防波堤堤头之间或防波堤与天然屏障之间的航道出入口。

10.041 斜坡式防波堤 sloping breakwater, mound type breakwater
堤的两侧为斜坡,坡面用石块或混凝土块护面的防波堤。

10.042 直立式防波堤 vertical breakwater
堤身直立的防波堤。

10.043 混合式防波堤 composite breakwater
堤的上部为直立式、下部为斜坡式的防波堤。

10.044 护岸 revement
防护岸坡的水工建筑物。

10.045 船台 ship building berth
具有牢固基础、专供修造船用的场地设施。

10.046 滑道 slipway
具有一定坡度专供船舶上排或下水的水工建筑物。

10.047 防沙堤 sand preventing dike
用于阻止泥沙冲入港内部生淤积的水工建筑物。

10.048 人工鱼礁 artificial fish reef
以人工制作的石块、混凝土块、旧车船等形成的适合鱼类群集、栖息环境的设施。

10.049 浮鱼礁 floating fish reef
人工制作的浮在水中供上层鱼类群集、栖息的鱼礁。

10.050 拦鱼堤 fish dykes
建筑于河流上的阻止鱼类溯河洄游的低堰。

10.051　过鱼设施　fish pass structure

为使洄游鱼类繁殖时能顺流或逆流通过河道中的水利枢纽或天然河坝而设置的建筑物及设施的总称。

10.052　鱼道　fish passage

设在江河固定建筑物（如水坝）中的使鱼类能逆流或顺流通过的通道。

10.053　鱼梯　fish ladder

鱼道的一种。底部呈梯级槽形，被横向隔板分成水位不同的若干段，隔板设有鱼能通过的孔。

10.054　船闸　lock, ship lock

河道水利枢纽中一种过船建筑物。由闸室、上下游闸门和充水设备组成。利用闸室水位变动将船舶抬起或下降，使之通过水利枢纽。

10.055　等深线　isobath, fathom line

水深测图上深度相等点的连线。

10.056　深度基准面　datum level

海图及港口航道图中水深的起算水平面。

10.057　风玫瑰图　wind rose

某地区一定时间内的风向、风速及其频率的风况统计图。

10.058　常风向　direction of prevailing wind

某地区风向统计中出现频率最高的风向。

10.059　强风向　direction of strong wind

某地区风向统计中出现的风力最大的风向。

10.060　水位　water level, water stage

水体自由面相对于基准面的高程。

10.061　设计水位　design water level

在正常使用条件下，根据设计标准所确定的计算水位。

10.062　含沙量　sediment concentration

单位体积浑水中所含悬移质干沙的质量。

10.063　输沙量　sediment runoff

一定时间段内通过测量断面的泥沙质量。

10.064　推移质　bed load

沿水底滚动、移动的泥沙。

10.065　悬移质　suspended load

悬浮于水中随水流移动的泥沙。

10.066　淤积量　siltation volume

一定时间段内某地点泥沙淤积的数量。

10.067　回淤率　infill factor, shoaling rate

在开挖区域或某一观察断面单位时间内泥沙淤积的平均数量。

10.068　海相　marine faces

海洋环境所形成的沉积。

10.069　陆相　terrestrial faces

大陆环境所形成的沉积。

10.070　拦门沙　bar

河口附近河床上由于泥沙淤积而隆起的地貌。

10.071　滑坡体　landslide body

因失稳而沿用一定滑动面做整体滑动的岩体或土层。

10.072　整体稳定性　overall stability

土坡、地基土包括其上部结构作为一个整体抵抗变形和整体滑动的能力。

10.073　沉降　settlement

地基受建筑物自重或其他外力作用，在施工中或使用期内发生的垂直向下的移动。

10.074　港口水工模型试验　hydraulic model test of port

用模型按相似原理研究波浪、水流、风、泥沙对港口布置或空间应力作用的试验。

10.075　整体模型试验　overall model test, three dimensional model test

研究水流、波浪或应力的三维模型试验。

10.076 断面模型试验 cross-section model test

对水工结构按平面研究水流、波浪及力学问题的模型试验。

10.077 数学模型 mathematical model

根据对研究对象所观察到的现象及实践经验,归结成的一套反映其内部因素数量关系的数学公式、逻辑准则和具体算法。用以描述和研究客观现象的运动规律。

10.078 渔船驾驶 fishing vessel driving

操纵渔船使其安全航行作业。

10.079 航[行]标[志] navigation mark

设置在岸上或水上航道附近导引船舶航行的标志。

10.080 渔用航标 navigation marker, navigation mark for fishing

设置在渔港港区、渔场、渔业养殖区、渔业资源保护区等渔业水域中或陆地上的引导渔业船舶航行或作业的专用导航标志。

10.081 灯塔 lighthouse

设置在海上航线附近岛屿或港口海岸的、具有很强发光设备的大型视觉航标。

10.082 船位 fix, ship position

某一时刻船舶在水面上的位置(经纬度)。

10.083 海图 chart

以海洋为主要对象所测绘的地图。

10.084 航海 navigate

驾驶船舶在海洋上航行。

10.085 航海技术 seamanship

驾驶船舶在海洋上航行的知识和技能。

10.086 地文航海 geo-navigation

利用地面物标测定船位和导航的技术。

10.087 天文航海 celestial navigation

利用观察太阳或月亮、行星和恒星在某刻的高度,通过计算和作图确定船舶在海上位置的技术。

10.088 定位 fixing, positioning

用仪器测定物体(船舶)所在位置(经纬度)。

10.089 导航 navigation

利用航标、雷达、无线电装置或卫星等引导船舶航行。

10.090 海难 maritime distress

造成船毁人亡或重大损失的海上事故。

10.091 海损 average

货物在海运中受到的损失。

10.092 海事 marine accidents

(1)泛指一切与海上运输、作业有关的事物。(2)船舶、水上结构物在航行、作业或停泊时所发生的事故。

10.093 航线 ship route

船舶航行线路。

10.094 航速 speed

船舶航行速度。

10.095 渔港监督 fishing port superintendence

对渔港、渔船和渔民的生产活动进行的水上安全监督管理。

10.096 渔港管理 fishing port management

渔港监督机关为保持渔港范围内具有良好的生产和交通秩序依法实施的管理。

10.097 港章 port regulations

主管部门制定的港口管理规章制度。

10.098 进出港签证 entry and exit visa

船舶在进港与离港时在港监部门办理的批准签证手续。

10.099 航行签证簿 navigation certificate

记载船舶航行经过并经港监部门签证的记录簿。

10.100 渔船登记 fishing vessels register

确认渔业船舶所有权和所属国籍的一项法定手续。

10.101 职务船员 officer and engineer

负责船舶驾驶和轮机管理的高级船员。

10.102 渔业船员考试 fishery seamen's examination

国家主管机关为保证渔业船舶职务船员和普通船员具备相应的技术素质而设置的一种资格考试。

10.103 海事处理 settlement of marine accidents

水上交通安全主管机关依照有关法规对渔业船舶在航航行或停泊时所发生的造成财产损失或人身伤亡事故进行的调查处理。

11. 渔业环境保护

11.001 渔业水域 fisheries water

鱼虾类的产卵场、索饵场、越冬场、洄游通道以及鱼虾贝藻类的养殖场。

11.002 渔业环境 fisheries environment

天然渔业生物和人工养殖的渔业生物栖息繁衍的水域环境。

11.003 生境 habitat

生物生存栖息场所。包括生物所需的生存条件以及直接影响它的生态因素。

11.004 水质 water quality

水体物理(盐度、悬浮物、色度等)、化学(无机物和有机物浓度)和生物(微生物、浮游生物、底栖生物)的特征及其组成情况的优劣程度。对渔业而言,水质要求不仅无污染,而且营养物质丰富,适合渔业生物生长繁衍。

11.005 水污染 water pollution

因人为因素或自然过程直接或间接将物质排入水体中,引起水体发生影响水生生物正常繁殖生长的水质变化。

11.006 污染源 pollution source

污染物的来源。

11.007 公害 public disaster, public nuisance

由于人类活动引起的环境污染和破坏对公众安全、健康、生命和生活造成的危害。

11.008 倾废 dump

全称“倾倒废弃物”。通过船舶、航空器、平台或者其他运载工具,向海洋倾倒废弃物和其他有害物质的行为。

11.009 污染物 pollutant

进入水体后使水的正常组成和性质发生变化,直接或间接危害水生生物生长和繁衍的物质。

11.010 一次污染物 primary pollutant

又称“原生污染物”。由污染源直接排入水体的,其物理、化学性质未发生变化的污染物。

11.011 二次污染物 secondary pollutant

又称“继发性污染物”。排入环境的一次污染物在物理、化学因素和水生生物的作用下发生变化,或与水中其他物质发生反应所形成的物理、化学性状与一次污染物不同的新污染物。

11.012 无机污染物 inorganic pollutant

对水体造成污染的无机物。

11.013 有机污染物 organic pollutant
对水体造成污染的有机物。

11.014 石油污染 oil pollution
在石油的开采、炼制、贮运、使用的过程中，原油或石油制品进入水体、滩涂、土壤造成的污染。

11.015 农药污染 pesticide pollution
在农药的生产使用过程中对水体产生的污染。

11.016 化肥污染 pollution by chemical fertilizer
化肥从农田流失到水体中造成的污染。

11.017 放射性污染 radioactive contamination
人类活动排放出的放射性物质，使水体的放射性水平高于天然本底或超过国家规定的标准所造成的污染。

11.018 本底污染 background pollution
水域不受局部水体污染影响的中尺度水体平均污染状况。在新开发的养殖区环境评价中也指开发前的污染状况。

11.019 热污染 thermal pollution
大量的热能排放水体，使水温升高，水中溶解氧减少，造成水生生物生存条件恶化的现象。

11.020 需氧污染物 aerobic pollution
进入水体后在分解和降解过程中需要消耗水体中氧气的一类污染物。

11.021 植物营养物质污染 plant nutrient pollution
生活污水和某些工业废水中所含的磷和氮等植物营养物质引起水体富营养化，使水质恶化的现象。

11.022 水体污染 water body pollution
污染物进入水体，使水体的物理、化学性质或生物群落组成发生变化，降低水体使用价值的现象。

11.023 化学性污染 chemical pollution
改变水体化学性质的污染。

11.024 生理性污染 physiological pollution
改变水体中生物生理规律的污染。

11.025 物理性污染 physical pollution
改变水体的物理特性的污染。

11.026 生物污染 biological pollution
致病微生物、寄生虫和某些昆虫等进入水体，或某些藻类大量繁殖，使水质恶化的现象。

11.027 细菌总数 total bacteria count
评定水体等污染程度指标之一。指1ml水（或1g样品），在普通琼脂培养基中经37℃、24h培养后所生长的细菌菌群总数。

11.028 富营养化 eutrophication
大量进入湖泊、河口、海湾等缓流水体的氮、磷等营养物质，引起藻类及其他浮游生物迅速繁殖，水体溶解氧下降，水色浑浊，水质恶化的现象。

11.029 赤潮 red tide
又称“红潮”。海洋中一些浮游生物暴发性繁殖引起水色异常现象。

11.030 废水 waste water
生活或生产活动用过的水。

11.031 无机废水 inorganic waste water
主要污染物是无机物的废水。

11.032 有机废水 organic waste water
主要污染物是有机物的废水。

11.033 工业废水 industrial waste water
各类工矿企业生产过程中排出的一切液态

废弃物的总称。

11.034　污水　sewage

由居民区、公共建筑等排出并夹带或溶解有各种污染物或微生物的废水。

11.035　城市污水　municipal sewage

城市生活污水、工业废水和城市径流污水汇流而成的污水。

11.036　生活污水　domestic sewage

居民日常生活中产生的污水。

11.037　悬浮物　suspended solid

又称“悬浮固体”。悬浮于水中不能通过一定孔径(现行标准为0.45μ)滤膜的固体物质。

11.038　沉积物　sediment

沉积在水体底部的松散矿物颗粒、生物碎屑和有机物质。

11.039　残毒　residual hazard

水体中的有毒污染物保留或积累在水生动植物体内的部分。

11.040　水体自净　self-purification of water body

受污染的水体由于自身物理、化学、生物等的作用,使污染物稀释、扩散,浓度或毒性逐渐降低,经一定时间后恢复到污染前状态的过程。

11.041　自净作用　self-purification

受污染的水体由于自身物理、化学、生物等的作用下使污染物浓度降低的过程。

11.042　水环境容量　environmental capacity of water

又称“水体环境负载容量”。在水生生物不致受害的前提下,水体所能容纳的污染物最大负荷量。

11.043　海洋环境容量　marine environmental capacity

在充分利用海洋自净能力且不造成海洋污染损害的前提下,某一海域所能接纳的污染物最大负荷量。

11.044　废水处理　waste water treatment

将废水中各污染物分离出来或将其转化成无害物质的过程。

11.045　生物净化　biological purification

又称“生物处理(biological treatment)”。生物类群通过吸收、降解和转化作用,使水体中污染物的浓度和毒性降低直至消失的过程。

11.046　生物降解　biodegradation

天然和合成有机物通过微生物代谢作用得到分解的现象。

11.047　水体污染源　pollution source of water body

向水体释放或排放污染物或造成有害影响的场所、设施。

11.048　物理处理　physical treatment

通过物理作用降低废水中污染物浓度或总量的处理方法。

11.049　沉淀处理　sedimentation treatment

利用废水中悬浮物与水的不同比重,借重力沉降作用,静置使悬浮物沉到水底的一种废水处理方法。

11.050　化学处理　chemical treatment

利用化学反应改变水体中污染物的物理和化学性质,进而从水体中将污染物除去的一种废水处理方法。

11.051　中和处理　neutralization treatment

利用中和化学反应处理酸性或碱性工业废水的方法。

11.052　化学沉淀处理　treatment by chemical precipitation

利用化学沉淀反应除去水体中污染物的一种废水处理方法。

11.053 氧化处理 oxidation treatment

利用化学氧化反应使废水中污染物转化成无害或无毒形态的一种废水化学处理方法。

11.054 需氧生物处理 aerobic biological treatment

利用好氧细菌或兼性厌氧细菌降解废水中有机污染物的一种废水处理方法。

11.055 活性污泥法 activated sludge treatment

利用活性污泥在废水中的凝聚、吸附、氧化、分解和沉淀等作用,去除废水中有机污染物的一种废水处理方法。

11.056 生物膜法 bio-membrane process

使废水接触生长在固定支撑物表面上的生物膜,利用生物降解或转化废水中有机污染物的一种废水处理方法。

11.057 氧化塘法 oxidation pond process

利用水塘中的微生物和藻类的共生作用去除废水中有机污染物的一种需氧生物处理方法。

11.058 厌氧生物处理 anaerobic biological treatment

又称"厌氧消化法"。利用厌氧微生物在缺氧条件下降解废水中有机污染物的一种废水处理方法。

11.059 氧化塘 oxidation pond

又称"生物塘"。利用水塘中的微生物和藻类对污水进行需氧生物处理的池塘。

11.060 厌氧塘 anaerobic pond

利用厌氧微生物对污水进行厌氧生物处理的封闭型池塘。

11.061 厌氧消化池 anaerobic tank

利用厌氧微生物对污水进行厌氧生物处理的构筑物。

11.062 沉淀池 sedimentation basin

应用沉淀作用去除悬浮物的构筑物。

11.063 曝气 aeration

用向水中充气或机械搅动等方法增加水与空气接触面积,是废水需氧生物处理的中间工艺。

11.064 曝气塘 aerated lagoon

污水需氧生物处理曝气用的池塘。

11.065 活性污泥 activated sludge

以降解有机污染物的微生物为主体,与污水中悬浮物、胶体物质组成的絮状混合物。

11.066 渔业环境监测 fisheries environment monitoring

又称"渔业水域环境监测"。人们对影响渔业生物生存和繁衍的环境质量状况进行的监视测定活动。

11.067 水质监测 water quality monitoring

定期测定水体中污染物的种类、浓度,观察、分析其变化和对水体影响的活动。

11.068 水质分析 water quality analysis

在实验室中对水样进行化学成分测定。

11.069 环境分析化学 environmental analytical chemistry

环境化学的分支学科之一。以研究环境中污染物及痕量化学物质种类、浓度和存在形态的分析与监测方法与技术为主要目的的学科。

11.070 采样 sampling

又称"取样"。为进行水质分析按一定规范要求采集水样的过程。

11.071 水样 water sample

从特定的水体中取出的有代表性的一定体积的水。

11.072　试份　test portion

根据不同监测指标测定的需要，将一个水样分成若干份，或在同一采样点用不同采样方法采集的水样。

11.073　浑浊度　turbidity

水体物理性状指标之一。表征水中悬浮物质等阻碍光线透过的程度。

11.074　[水]电导率　specific conductivity

水体物理性状指标之一。间接表征水中溶解盐的含量。为在水溶液中插入面积为 1cm^2 的两电极片，相隔 1cm 所测得的电导值。

11.075　总有机碳　total organic carbon, TOC

水体中溶解有机碳、颗粒有机碳和挥发性有机碳的总和。

11.076　总氮　total nitrogen

水体中各种形态氮的总和。

11.077　总磷　total phosphorus

水体中各种形态磷的总和。

11.078　溶解性固体　dissolved solid

又称"过滤性残渣"。在规定的条件下，将经过过滤的水样蒸发、烘干至恒重后留下的干物质。

11.079　溶解氧　dissolved oxygen, DO

单位水体中溶解的氧的数量。

11.080　生化需氧量　biochemical oxygen demand, BOD

在好氧条件下，微生物分解水体中有机物质过程中所需消耗的氧的数量。

11.081　水[环境]质[量]评价　water quality assessment

根据水的用途，按照一定的评价标准、评价方法，对水域的水质或水域综合体的质量进行定量或定性评定。

11.082　海洋环境质量　marine environmental quality

海洋环境的总体或它的要素水质、底质和生物对人类生存和社会发展的适宜程度，是反映人类的具体要求而形成的对海洋环境评定的一种概念。

11.083　生物监测　biological monitoring

利用水生生物个体、种群或群落对水体污染或变化所产生的反应来判断水体污染状况的一种水体污染监测方法。

11.084　指示生物　indicator organism

在一定的水质条件下生存，对水体质量的变化敏感或对某类有毒污染物有特殊反应而被用来监测和评价水体污染状况的水生生物。

11.085　水污染毒性的生物评价　biological assessment of water pollutant toxicity

利用水生生物对水体中某种污染物的响应程度来评价水体污染毒性大小的方法。

11.086　污染分布　pollution distribution

污染物进入特定水体后形成的时空分布。

11.087　寡污生物带　oligosaprobic zone

根据污水生物划定的轻度污染区域。

11.088　甲型中污生物带　α-mesosaprobic zone

又称"α－中污生物带"。根据污水生物划定的、污水得到初步净化的中度污染的区域。

11.089　乙型中污生物带　β-mesosaprobic zone

又称"β－中污生物带"。根据污水生物划定的、污水得到进一步净化的中度污染的区域。

11.090　多污生物带　polysaprobic zone

根据污水生物划定的最严重的污染区域。

11.091　生物指数　biotic index

根据某类或几类生物数量多少及其比例表达环境质量等级的简单数学形式。

11.092　污染[评价]指数　pollution index, contamination index

用环境监测结果比照环境质量标准得出的综合表示水体污染的程度或水质量等级的数值。

11.093　生物种多样性指数　species diversity index

又称"物种多样性指数"。表示生物群落内种类多样性的程度的量纲的数值,是用来判断生物群落结构变化或生态系统稳定性的指标。

11.094　水生生物群落　community of aquatic organism

在一定时间、一定水域中相互联系、相互影响的各种水生生物物种有规律的聚合。

11.095　水生生态系　aquatic ecosystem

由水生生物与水体环境构成的统一体。

11.096　生物评价　biological assessment

用生物学方法评价环境质量的现状及其变化趋势。

11.097　渔业环境毒理学　environment toxicology of fishery

研究水体中有害物质与渔业生物相互作用规律的学科。

11.098　致死浓度　lethal concentration, LC

在水生生物急性毒性试验中,引起受试生物死亡的浓度。

11.099　半致死浓度　median lethal concentration, LC_{50}

在化学物质急性毒性试验中,在规定时间内引起受试生物半数死亡的该物质浓度。

11.100　半数忍受限　median tolerance limit

在急性毒性试验中,在一定的暴露时间内使受试生物半数存活(或半数死亡)的毒物浓度。

11.101　最低致死量　minimum lethal dose, MLD

又称"最小致死量"。在污染物急性毒性试验中,引起个别试验动物死亡的剂量。

11.102　容许浓度　allowable concentration, admissible concentration

水体中有毒污染物直接或通过食物链作用于水生生物,但不会导致损害健康和品质下降的浓度。

11.103　效应浓度　effective concentration

毒物对受试生物产生不良影响或有害的生物学变化的浓度。

11.104　协同效应　synergistic effect

两种及两种以上有毒物质对水生生物的一种联合强化毒性效应。

11.105　致毒机理　mechanism of toxication

毒物进入水生生物体后毒性发生作用的方式、机制与原理。

11.106　残毒积累　residue accumulation

水体或饵料中有毒污染物在水生生物体内残留和蓄积。

11.107　生物转化　bio-transformation

水生生物在有关酶系统作用下对进入体内的毒物的代谢变化过程。

11.108　生物积累　bio-accumulation

生物在其整个代谢活跃期内通过吸收、吸附、摄食等各种生命过程,从水环境中蓄积某些化学物质,并随生物的生长发育不断浓缩的现象。

11.109　生物浓缩　bio-concentration

又称"生物富集(bio-enrichment)"。水生生物从水环境中蓄积某些化学物质,使水生生物体内该物质的浓度超过水环境中浓度的现象。

11.110 浓缩系数 concentration coefficient
水生生物体内某种化学物质的浓度同它所在的水环境中该物质的浓度的比值。

11.111 生物放大 biomagnification
在水生生态系的同一食物链上,由于高营养级生物以低营养级生物为食物,某些化学物质在生物体内的浓度随着营养级的提高而逐步增大的现象。

11.112 毒性试验 toxicity test
人为地设置某种致毒方式使受试生物中毒,然后根据受试生物的中毒反应来确定毒物毒性的试验。

11.113 水生生物急性毒性试验 acute toxicity test for aquatic organism
测定高浓度污染物在短时期(一般不超过几天)内对水生生物所产生的明显毒害作用,用以评价污染物毒性的实验方法。

11.114 水生生物亚急性毒性试验 subacute toxicity test for aquatic organism
测定低浓度污染物在较长时期(一般不超过3个月)内对水生生物生存所产生的毒害作用,用以评价污染物毒性的一种实验方法。

11.115 水生生物慢性毒性试验 chronic toxicity test for organism
测定低浓度污染物对水生生物整个生命周期的毒性作用,用以评价污染物毒性的试验方法。

11.116 毒物最大容许浓度 maximum allowable concentration for toxicant
在慢性毒性试验中,毒物对受试生物无影响的最高浓度和有影响的最低浓度之间的阈浓度。

11.117 毒性实验鱼类 fishes for toxicity test
毒性实验中使用的对毒物较敏感、生长适度、来源丰富、易于在实验条件下饲养管理的鱼类。

11.118 [鱼类毒性试验]应用系数 application factor for toxicity test with fish
根据鱼类毒性试验获得的系数。为慢性毒性试验获得的最大容许浓度与急性毒性试验获得的半致死浓度之比。

11.119 回避反应实验 avoidance reaction experiment
利用水生生物,特别是游动能力强的水生动物,能主动避开受污染的水区,游向未受污染的清洁水区的行为反应而设计的毒性实验。

11.120 回避率 rate of avoidance
回避反应实验中表征污染物毒性大小的数值。其值为在污染物一定浓度下,单位时间内实验鱼的回避数量占总数的百分率。

11.121 安全浓度 safe concentration
水体中有毒物质对水生生物没有致毒效应的浓度。

11.122 化学物质联合作用 joint action of chemicals
两种或两种以上的化学物质共同作用于水生生物所产生的综合生物学效应。

11.123 生物转运 bio-transport
水中污染物同机体接触而被吸收、分布和排泄等过程的总称。

11.124 [水生生物]急性中毒 acute poisoning
在24小时内水环境污染物一次或多次作用于水生生物所引起的中毒现象。

11.125 [水生生物]亚急性中毒 subacute poisoning
在较短时期内水环境污染物每日或反复多

次作用于水生生物所引起的中毒现象。

11.126 [水生生物]慢性中毒 chronic poisoning

水环境污染物在较长时期内持续作用于水生生物所引起的中毒现象。

11.127 致畸 teratogenicity

环境污染等因素干扰胚胎正常发育，导致先天性畸形的现象。

11.128 致突变 mutagenicity

污染物或其他环境因素引起水生生物细胞发育非自然突然变化的现象。

11.129 致癌 carcinogenicity

某些化学物质进入动物体内诱发肿瘤的现象。

11.130 慢性汞中毒 chronic mercury poisoning

长期小剂量摄入汞或汞化合物产生的汞中毒现象。

11.131 水俣病 minamata disease

由于摄取富集在水产品体内的甲基汞而引起的中枢神经疾病。

11.132 重金属中毒 heavy metal poisoning

水体或饵料中各种重金属元素或其化合物引起的水生生物中毒现象。

11.133 渔业环境保护 fisheries environmental protection

采取行政的、法律的、经济的、科学技术的多方面措施，防止渔业水域环境受到污染和破坏。

11.134 环境标准 environmental standard

国家根据人类健康、生态平衡和社会经济发展对环境结构、状态的要求，在综合考虑本国自然环境特征、科学技术水平和经济条件的基础上，对环境要素间的配置、各环境要素的组成所规定的技术规范。

11.135 [水体]环境评价 environmental appraisal, environmental assessment

根据不同的目的要求和标准，对某一水体的水质、底质和生态环境状况进行的评价和预测。

11.136 环境统计 environmental statistics

用定量数字描述一个国家或地区的自然环境、自然资源和环境变化对人类影响等的总称。

11.137 环境费用 environmental costs

为维护和改善环境质量而支付的污染控制费用、污染造成的社会损害费用和损失赔偿费用的总和。

11.138 污染防治 pollution control

运用技术、经济、法律及其他管理手段和措施，对污染源的污染物排放量进行监督和控制。

11.139 渔业水质基准 water quality criteria of fishery

水中污染物对水生生物不产生不良或有害影响的最大浓度。

11.140 渔业水质标准 water quality standard of fishery

国家为保护水生生物的生存环境，对渔业水域水体中污染物或其他有害物质最高容许浓度或最大变化范围所作的规定。

11.141 污染物排放标准 standard for discharge of pollutants

国家为实现环境质量标准或环境目标，对人为污染源排入水环境的污染物浓度或数量所作出的限量规定。

11.142 生态平衡 ecological balance, ecological equilibrium

在一个特定的生态系统中，生产者、消费者和分解者之间关系处于相对稳定的状态。

11.143 生态渔业 ecological fishery

通过渔业生态系统内的生产者、消费者和分解者之间的分层多级能量转化和物质循环作用,使特定的水生生物和特定的渔业水域环境相适应,以实现持续、稳定、高效的一种渔业生产模式。

11.144 生态修复 ecological remediation

采用某种技术手段对退化或被破坏的水域生态环境系统进行恢复的过程。

11.145 生物修复 bio-remediation

采用生物作用原理对退化或被破坏的水域生态环境系统进行恢复的过程。

11.146 物理修复 physical remediation

采用物理方法对退化或被破坏的水域环境系统进行恢复的过程。

11.147 化学修复 chemical remediation

采用化学方法对退化或被破坏的水域环境系统进行恢复的过程。

11.148 渔业污染事故 accident polluting fishery

因各种环境污染引起的渔业水域环境质量变坏,导致渔业生物死亡或水域使用功能下降的事件。

12. 渔 业 法 规

12.001 渔业法规 laws and regulations of fisheries

调整渔业活动及与渔业有关的社团、企业、事业组织和当事人相互之间关系的法律、法令、条例、暂行规定、规程等。

12.002 渔业法 law of fisheries

国家根据宪法制定的管理渔业经济活动的法律。

12.003 国际海洋法 the international law of the sea

调整各国和国际组织在不同海域中从事航行、资源开发、科学研究、海洋环境保护等各种活动的法律、原则、规则、规章制度等。

12.004 联合国海洋法公约 United Nations Convention on the Law of the Sea

由联合国召开有关会议通过的规范各国管辖范围内外各种水域的法律地位,调整国家之间、国家与国际组织之间在海洋方面关系的国际公法。1994 年 11 月 16 日生效。我国全国人民代表大会常务委员会于 1996 年 5 月 15 日通过该公约。

12.005 负责任渔业 responsible fisheries

要求各国政府和业者以承担相应责任的方式从事渔业。即,在享有捕捞权利时,应承担养护和管理水生生物资源的责任,使其可持续利用;水产养殖不应损害生态环境和原种,确保养殖产品的质量;水产品贸易应能使消费者获得优质水产品。

12.006 负责任渔业行为守则 Code of Conduct for Responsible Fisheries

1995 年 10 月联合国粮农组织渔业委员会第 28 届会议通过的旨在推行负责任渔业而制定的指导性文件。

12.007 国际水域 international waters

不受任何国家管辖的水域。一般是指公海海域,但也有通过协商,签订协议,由缔约国按规定共同管辖的水域。

12.008 公海 high sea

指除内海、领海、专属经济区和群岛水域等国家管辖范围内的海域以外的全部水域。公海对所有国家,无论沿海国或是内陆国开放,都有平等和平使用的权利。

12.009　领海　territorial sea

根据《联合国海洋法公约》规定，从领海基线量起最大宽度不超过 12 海里的一带水域。国家主权及于该水域的上空、水覆水域、海床和底土。

12.010　海洋权　marine rights

国家对海洋的使用和管辖等方面所拥有的权利。

12.011　大陆架公约　Convention on the Continental Shelf

1958 年第一次联合国海洋法会议所通过的海洋法公约之一。是规定各沿海国对其大陆架海床和底土所拥有开发利用、养护管理自然资源，包括生物资源的主权权利。

12.012　渔业协定　fishery agreement

有关国家之间、国际组织之间就渔业活动或渔业合作所签订的协议的总称。

12.013　渔业权　fishing right

国家或地方政府赋予渔业经营者的权利。

12.014　毗连区　contiguous zone

根据《联合国海洋法公约》的规定，毗邻领海外从领海基线量起的最大宽度不超过 24 海里的一带海域。沿海国可在该海域内依法行使海关、财政、卫生和移民等管辖权。外国船舶不得在该水域内从事扒载鱼货等渔业行为。

12.015　专属经济区　exclusive economic zone，EEZ

根据《联合国海洋法公约》的规定，沿海国有权在其毗邻领海外，从领海基线量起最大宽度不超过 200 海里的特定法律制度的海域，沿海国对该区内的水覆水域、海床和底土的自然资源（生物和非生物）的勘探和开发、养护和管理的主权权利等，对人工岛屿、海洋科学研究和海洋环境保护拥有管辖权。其他国家在该区内的航行、飞越、铺设海底电缆和管道不受限制。

12.016　主权权利　sovereignty right

根据《联合国海洋法公约》的规定，沿海国对其所属的大陆架和专属经济区内的自然资源（包括生物和非生物，以及能源资源）的开发、利用、养护和管理等所拥有的权利。

12.017　剩余权利　residual rights

专属经济区内各国已明确的权利以外，未来有可能享有的权利。

12.018　专属渔区　exclusive fishery zone，EFZ

在《联合国海洋法公约》通过之前，有关沿海国为了保护其沿海海洋生物资源，在毗邻领海外的一定宽度的海域内，实施专属捕捞管辖权，未经同意，其他国家渔船不准进入该区内从事捕鱼活动。现已由专属经济区制度所代替。

12.019　入渔制度　access fishing regime

有关国家根据其法律规定，对外国渔船申请进入其国家管辖范围内海域从事捕鱼活动所制定的规章制度。

12.020　入渔费　access fishing fee

其他国家渔船经沿海国同意，进入该国管辖海域内从事渔业活动时缴纳的费用。有的按渔船吨位缴纳，有的按鱼种渔获量缴纳。

12.021　入渔条件　access fishing condition

沿海国根据其法律规定，对其他国家渔船进入其国家管辖范围内海域从事渔业活动所制定的有关管理措施。如对渔船、渔具的规定，可捕鱼种和规格，可捕水域范围，以及有关渔船活动、渔获物统计的报告制度等。

12.022　入渔　access fishing

经沿海国同意，其他国家渔船进入其管辖水域从事渔业活动。

12.023　渔业资源管理　fishery resources

management

国家为合理利用渔业资源，维持渔业再生产能力并获得最佳渔获量所采取的各项措施和方法。

12.024 **渔业资源保护** fishery protection of stock

通过合理利用资源、加强水域环境保护及其他限制措施，使渔业资源达到永续利用的目的。

12.025 **渔业资源[增殖保护]费** fee for multiplication and conservation of fish resources

凡在内陆水域、滩涂、领海以及中华人民共和国管理的其他海域采捕天然生长和人工增殖水生动植物的单位和个人，必须依法缴纳的费用。

12.026 **捕捞许可制度** fishing licensing system

国家依法对捕捞业实施的一项管理措施，即从事捕捞业须经渔业行政主管部门批准的制度。

12.027 **总可捕量制度** Total Allowable Catch System, TAC System

根据某种渔业资源状况限定该种群每年总可捕量的一种渔业资源管理措施。

12.028 **配额制度** quota system

根据指定海域在一定时间内确定的捕捞群体的允许捕捞数量，分配给捕捞生产企业或个人，实施限额捕捞的制度。

12.029 **个体配额** individual quota

实施总可捕量制度的办法之一。将某一水域在一定时间内捕捞群体的总可捕量按有关规定分别分配给各捕捞企业或个人的捕捞限额。

12.030 **个体可转让配额** individual transferable quota

实施总可捕量制度的办法之一。有关捕捞企业或个人，根据总可捕量中所获得的捕捞配额，可上市场转让给其他企业或个人。

12.031 **机轮底拖网禁渔区线** line of closed fishing area for bottom trawl fishery by motorboat

中国政府为保护沿海底层渔业资源于1955年在近海划出的一条线，在该线向陆一侧的海域禁止底拖网机动渔船从事捕鱼活动。

12.032 **禁渔区** closed fishing zone

为保护渔业资源而划定的禁止捕捞的水域。

12.033 **禁渔期** closed fishing season

为保护渔业资源而规定的禁止捕捞的期限。

12.034 **开捕期** allowable fishing season

禁渔期或休渔期结束之日起允许捕捞作业的期间。

12.035 **伏季休渔** summer fishing moratorium

夏季幼鱼生长旺盛期禁止在限定海域捕捞作业的一种渔业资源保护措施。

12.036 **封海护养** protecting cultivation enclosed sea, extensive cultivation by closeting in sea area

在划定的天然海湾或海滩实行禁捕等管理措施，使该水域经济动植物得以休养生息、自然增殖。

12.037 **体长限制** size limit

保护渔业资源的措施之一。由国家或地方法规规定的允许捕捞的水生动物最小个体长度限制。

12.038 **幼鱼捕捞比例限额** limitations on ratio of catched juveniles

渔获物中低于采捕标准部分渔获量的比例，是合理利用和保护渔业资源的措施之一。

12.039 **采捕标准** harvesting size, allowable harvesting standards

又称“可采捕规格(allowable harvesting size)”。保护水生生物资源的措施之一。由国家或地方法规规定的允许采捕的鱼、虾、蟹、贝、藻等水生自然资源最小个体。

12.040 可捕规格 catchable size

保护渔业资源的措施之一。由国家或地方法规规定的允许捕捞的水生动物的最小个体。

12.041 网目限制 mesh regulation

保护渔业资源措施之一。国家依法规定的各种网具不同部位的最小网目尺寸。

12.042 渔船渔具限额 quotas for fishing boat and fishing gear

根据渔业资源及渔场状况,对投入生产的渔船、渔具数量、种类所规定的限额。

12.043 渔船动力控制指标 control indices for fishing boat power

为保护渔业资源,防止海洋捕捞能力的盲目发展,国家对各地方的机动渔船主机功率总数规定的控制指标。

12.044 毒鱼 poison fishing

在水中投放有毒物品,使鱼昏迷或死亡后捕捞的一种捕鱼方法。国家规定禁止使用。

12.045 炸鱼 explosive fishing

利用炸药在水中爆炸产生的冲击波将鱼虾炸死或炸伤后进行捕捞的一种捕捞方法。国家规定禁止使用。

12.046 养殖水面所有权 ownership of waters for aquaculture

某一水产养殖水域的产权。

12.047 养殖水面使用权 use right of waters for aquaculture

水产养殖经营者经政府或产权单位批准,在指定水域范围从事水产养殖生产的权利。

12.048 渔政管理 fisheries administrative management

渔业行政主管部门旨在合理利用并增殖、保护渔业资源,维护渔业生态环境及渔业生产秩序,保障渔业生产者及国家渔业权益而依法对渔业生产活动实施监督管理的统称。

12.049 水域自然保护区 natural conservation areas of waters

为保护水域生态环境、水资源和水生生物,由国家或地方政府对具有特定典型意义的海洋和内陆水域划定界限,采取措施加以保护的自然水域。

12.050 珍稀濒危水生野生动物 precious rare and endangered aquatic animal

在自然水域中生息繁衍,有重要科学价值、经济价值或生态价值,种群数量稀少,且濒临灭绝的水生野生动物。

12.051 珍稀濒危野生水生动物保护 conservation of precious rare and endangered aquatic animal

采取措施保护珍稀濒危野生水生动物免遭损害和灭绝,并使其得以正常繁衍。

12.052 渔业无线电管理 administration of fishery radio communication

依据国家无线电管理的行政法规及技术规范,对渔业无线电通信业务所实施的综合管理。

12.053 渔业安全通信网 fishery radio communication network for safety

专门用于渔船遇险救助的无线电通信网络。

英 汉 索 引

A

abalone pearl 鲍珍珠 04.221
AB-cut 全单脚剪裁 03.156
AB-direction 网片斜向 03.132
abdominal cut 腹开 08.028
abortive haul 空网 03.381
abortive haul rate 空网率 03.382
abscess 脓肿 07.032
absolute fecundity 个体绝对繁殖力 02.125
absorber 减振器 09.106
abundance 丰度 02.130
acanthocephalorhynchoidesiosis 似棘头吻虫病 07.216
access fishing 入渔 12.022
access fishing condition 入渔条件 12.021
access fishing fee 入渔费 12.020
access fishing regime 入渔制度 12.019
accessory 属具 03.119
accessory fin 副鳍，*小鳍 01.189
accessory mark 副轮 01.217
accessory ring 副轮 01.217
accident polluting fishery 渔业污染事故 11.148
acclimatization 驯化 04.254
accumulated temperature 积温 01.463
accessory respiratory organs 副呼吸器官，*辅助呼吸器官 01.171
acidization 酸化法 08.401
acinetasis 壳吸管虫病 07.181
acoustic fishing 音响渔法 03.369
acoustic survey 声学调查 02.092
Actinopterygii(拉) 辐鳍鱼类 01.129
activated sludge 活性污泥 11.065
activated sludge treatment 活性污泥法 11.055
active parent fish 现役亲鱼 04.271
actual count 实测支数 03.211
actual number 实际号数 03.218
actual regain 实测回潮率 03.279
actual twist 实测捻度 03.235
acutely epidemic disease of important cultured freshwater fishes *淡水养殖鱼类暴发性流行病 07.103
acute poisoning ［水生生物］急性中毒 11.124
acute toxicity test for aquatic organism 水生生物急性毒性试验 11.113
adductor muscle 闭壳肌 01.302
adhesive base 固着基 04.195
adhesive eggs 黏性卵 04.294
adhesive substrate 固着基 04.195
adipose fin 脂鳍 01.190
adjustable pitch propeller 可变螺距螺旋桨 09.147
administration of fishery radio communication 渔业无线电管理 12.052
admissible concentration 容许浓度 11.102
ado 冰孔 03.387
adult mollusk 成贝 04.181
adult shrimp 成虾 04.178
adult stage 厚成期 04.106
aerated lagoon 曝气塘 11.064
aeration 曝气 11.063
aerator 增氧机械 09.340
aerobic biological treatment 需氧生物处理 11.054
aerobic pollution 需氧污染物 11.020
aeromonasis of *Hyriopsis cumingii* 三角帆蚌气单胞菌病 07.129
aestivation 夏眠，*夏蛰 01.102
agar 琼脂，*琼胶，*冻粉 08.402
agarose 琼脂糖，*琼胶糖 08.403
agar stolon 石花菜匍匐枝 04.156
age at inflection point 拐点年龄 02.121
Agnatha(拉) *无颌类 01.133
age at recruitment 补充年龄 02.043
age composition 年龄组成 02.117
age determination 年龄鉴定 02.120
age-length key 年龄体长换算表 02.118
age of inflecting point 拐点年龄 02.121
aimed fishing 瞄准捕捞 03.370
air bladder 鳔 01.210

air blast chilling　吹风冷却　08.081
air blast freezer　强制通风式冻结装置，*吹风冻结装置　09.432
air blast freezing　吹风冻结　08.100
air blast freezing plant　强制通风式冻结装置，*吹风冻结装置　09.432
air bubble curtain　气泡幕　04.230
air cooler　冷风机，*空气冷却器　09.426
air drying　风干　08.156
air freezing　空气冻结　08.099
air temperature　气温　01.437
air thawing　空气解冻　08.117
alae scale　翼鳞　01.201
alevin　孵化稚鱼　04.320
alfin pellet machine　褐藻胶造粒机　09.403
algae　藻类　01.315
algae culture　藻类养殖　04.089
algae paste　藻膏　08.410
algal reef　藻礁　01.376
algin　褐藻胶　08.387
algin conversion　褐藻酸转化　08.390
algin fishing boat　游钓渔船　09.043
allele　等位基因　05.029
allfemale type　全雌型　01.090
allochthonous population　外来种群　02.083
allogynogenesis　异精雌核发育　05.062
allopolyploid　异源多倍体　05.049
allowable catch　可捕量　02.021
allowable concentration　容许浓度　11.102
allowable fishing season　开捕期　12.034
allowable harvesting size　*可采捕规格　12.039
allowable harvesting standards　采捕标准　12.039
alopecia of sea urchin　秃海胆病　07.139
alternation of generation　世代交替　01.322
aluminum-framed fishing vessel　铝合金渔船　09.074
ambergris　龙涎香　08.425
amino acid　氨基酸　06.009
amino acid balance　氨基酸平衡　06.012
ammonium nitrogen　氨态氮　06.114
amnesic shellfish poison　健忘性贝毒　08.454
amount of twist　捻度　03.220
amphilepsis　双亲遗传　05.151
amyloodiniosis　淀粉卵甲藻病，*淀粉卵涡鞭虫病　07.147
anadromous fishes　溯河鱼类　01.233
anadromous migration　溯河洄游　02.100
anaerobic biological treatment　厌氧生物处理，*厌氧消化法　11.058
anaerobic pond　厌氧塘　11.060
anaerobic tank　厌氧消化池　11.061
anal fin　臀鳍　01.184
anal length　肛长　01.149
analysis of stomach content　胃含物分析　02.122
anchor　锚　09.155
anchorage　锚[泊]地　10.020
anchorage area　锚[泊]地　10.020
anchor chain　锚链　09.156
anchored stow net　锚张网　03.031
anchor rope　锚纲　03.110
anchor windlass　[起]锚机　09.157
AN-cut　全边傍剪裁　03.150
androgenesis　雄核发育　05.064
anemia　萎瘪病　07.264
aneuploid　非整倍体　05.051
angler stow net　鮟鱇网　03.032
anguillicolaosis　鳗居线虫病　07.215
animal feed　动物性饲料　06.063
annual catch　年渔获量　03.375
annual laminaria　一年生海带　04.100
annual ring　年轮　01.216
annual survey　[船舶]年度检验　09.234
antenna　第二触角，*大触角　01.257
antennule　第一触角，*小触角　01.253
antibacterial agent　抗菌剂　06.039
antibody　抗体　07.069
anticaking agent　抗结块剂　06.043
anticodon　反密码子　05.018
anti El Niño　*反厄尔尼诺　01.458
antigen　抗原　07.070
antinutriment　抗营养素　06.028
antinutritional factor　抗营养素　06.028
antioxidant　抗氧化剂　08.148
apex　螺顶　01.293
aphotic zone　无光带　01.379
apparent digestibility　表观消化率　06.091
appendix masculina　雄性附肢　01.270
application factor for toxicity test with fish　[鱼类毒性试验]应用系数　11.118

approach channel　进出港航道　10.015
aquacultural machinery　养殖机械　09.319
aquaculture　水产养殖　04.002
aquaculture industry　水产养殖业　01.010
aquaculture model　养殖模式　04.022
aquaculture regulation　养殖规程　04.021
aquaculture routine　养殖规程　04.021
aquaculture science　水产养殖学　04.001
aquarium fishes　观赏鱼类　01.241
aquatic ecological efficiency　水域生态效率　02.070
aquatic ecological equilibrium　水域生态平衡　02.071
aquatic ecological succession　水域生态演替　02.069
aquatic ecosystem　水生生态系　11.095
aquatic food　水产食品　08.002
aquatic leather　水产皮革　08.416
aquatic plant　水生维管束植物　01.043
aquatic product dryer　水产品干燥设备　09.386
aquatic product industry　*水产业　01.002
aquatic productivity　水域生产力　02.056
aquatic products processing industry　水产加工业　01.011
aquiculture　水产养殖　04.002
ARG　放射自显影术　05.250
arguliosis　鲺病　07.230
arm　腕　01.303
arrangement of fish　理鱼　08.022
arranging aquatic products on mate　摆帘　08.177
arthrobranchia　关节鳃　01.274
artificial drying　人工干燥　08.162
artificial fish egg　模拟鱼子　08.408
artificial fish reef　人工鱼礁　10.048
artificial ice　人造冰，*机冰　08.067
artificial incubation　人工孵化　04.308
artificial insemination　[鱼]人工授精　04.299
artificial parthenogenesis　人工孤雌生殖　05.066
artificial pearl　人工珍珠　04.205
artificial propagation　人工繁殖　04.041
artificial releasing　人工放流　02.149
artificial sea water　人工海水　01.471
artificial seed　人工苗种　04.043
artificial seedling rearing　全人工育苗　04.042
artificial selection　人工选择　05.161
artificial shark's fin　模拟鱼翅　08.409
artificial spawning nest　鱼巢　04.290
artificial substrate　人工生长基质，*采苗器　04.038
aseptic package　无菌包装　08.296
asexual hybridization　无性杂交　05.105
ASP　健忘性贝毒　08.454
aspect ratio　网板展弦比　03.334
assimilation efficiency　同化效率　02.067
asymphylodorasis　东穴吸虫病，*闭口病　07.204
asymptotic length　渐近体长　02.114
asynchronous oocyte development　分散发育型[卵母细胞]　01.093
atavistic inheritance　返祖遗传，*隔代遗传　05.141
AT-cut　全宕眼剪裁　03.153
athwart cross　横交　05.084
atmospheric pressure　气压　01.438
atoll　环礁　01.369
atomized drying　喷雾干燥　08.167
atrophy　萎缩　07.019
attractant　诱食剂，*引诱剂　06.042
autocombustion　[鱼粉]自燃　08.373
auto-diploid　同源二倍体　05.041
autofertilization　自体受精，*同体受精　05.055
autolysis　自溶　08.046
autopolyploid　同源多倍体　05.048
autoradiography　放射自显影术　05.250
autosome　常染色体　05.010
autotomy　自切，*自残　01.108
autumn fishing season　秋汛　03.359
autumn seedling　秋苗　04.110
auxiliary winch　辅助绞机　09.306
average　海损　10.091
average abundance　平均资源量　02.014
avoidance reaction experiment　回避反应实验　11.119
axillary lobe　腋鳞　01.202

B

backcross　回交　05.082
back cut　背开　08.029
background pollution　本底污染　11.018
backward swinging gangway　后转式尾门　09.199
bacterial enteritis　细菌性肠炎　07.104
bacterial gill-rot disease　细菌性烂鳃病　07.098
bacterial intes tine disease of prawn　对虾肠道细菌病　07.124
bacterial kidney disease　细菌性肾脏病　07.112
bacterial septicemia　细菌性败血症　07.103
bacteriemia of larval of prawn　对虾幼体菌血症　07.121
baculoviral midgut gland necrosis　中肠腺坏死杆状病毒病，＊中肠腺白浊病　07.093
Baculovirus penaei disease　对虾杆状病毒病　07.090
bag seine　有囊围网　03.018
bait feed　饵料　06.002
bait hold　饵料舱　09.193
bait service tank　饵料柜　09.218
bait well　饵料舱　09.193
bake-burning　烘熟　08.183
balance line　天平钓　03.053
bamboo screen pound　箔筌　03.047
bamboo sticks spat collection　插竹采苗　04.189
bar　目脚　03.250，单脚　03.154，拦门沙　10.070
Baranov catch function　巴拉诺夫产量方程　02.045
Baranov yield equation　巴拉诺夫产量方程　02.045
bar-losing　单脚减目　03.145
barn yard manure　厩肥　06.106
barricade　拦鱼设施　04.229
barrier dam　[拦]鱼坝　04.234
barrier reef　堡礁，＊堤礁　01.368
bar size　目脚长度　03.253
basal piece　基片　01.259
basic manure　基肥　06.108
basic number of chromosome　染色体基数　05.009
basket and pot　笼壶渔具　03.061
batch freezer　间歇式冻结装置　09.440
bathybic fishes　深海层鱼类　01.225
bathypelagic fishes　次深海层鱼类　01.226
bay　海湾　01.360
B-cut　单脚剪裁　03.155
beach　海滩　01.364
beach seine　地拉网　03.020
beach seine hauling machine　大拉网起网机　09.294
beach seine winch　大拉网绞机　09.287
beam　桁杆　03.123
beam trawl　桁拖网　03.025
beam trawler　桁拖渔船　09.016
Beaufort [wind] scale　蒲福风级　01.446
bed load　推移质　10.064
belly line　力纲　03.095
benedeniasis　本尼登虫病　07.192
benthophyte　沉水植物，＊水底植物　01.045
benthos　底栖生物　01.031
berth　泊位　10.025
berthing　系泊　09.158
beta current culture　＊浮流养殖　04.133
biennial laminaria　二年生海带　04.101
biennial seedling　二年苗　04.113
big fishing vessel　大型渔船　09.004
bilge pump　舱底泵　09.150
binding　扎边　03.175
bio-accumulation　生物积累　11.108
biochemical oxygen demand　生化需氧量　11.080
bio-concentration　生物浓缩　11.109
biodegradation　生物降解　11.046
bio-enrichment　＊生物富集　11.109
biogas manure　沼气肥　06.109
biological assessment　生物评价　11.096
biological assessment of water pollutant toxicity　水污染毒性的生物评价　11.085
biological determination of fishery　渔业生物学测定　02.051
biological detritus　生物碎屑　01.377
biological enhancement-oxygen　生物增氧　04.252
biological minimum size　生物学最小型　02.148
biological monitoring　生物监测　11.083
biological nitrogen fixation　生物固氮作用　06.115
biological over fishing　生物学捕捞过度　02.023
biological pollution　生物污染　11.026

biological property 生物学特征 01.061
biological purification 生物净化 11.045
biological treatment ＊生物处理 11.045
biological value 蛋白质生物价，＊蛋白质生理价值 06.096
biology of fishes 鱼类生物学 01.117
biomagnification 生物放大 11.111
bio-membrane process 生物膜法 11.056
bio-remediation 生物修复 11.145
biosphere 生物圈 02.131
biota 生物区系 02.090
biotechnology 生物工程，＊生物技术 05.240
biotic index 生物指数 11.091
bio-transformation 生物转化 11.107
bio-transport 生物转运 11.123
bivaginaosis 双阴道虫病 07.197
Bivalvia ＊双壳贝类 01.288
BKD 细菌性肾脏病 07.112
black and white disease of prawn 对虾白黑斑病 07.259
black gill disease 虾黑鳃病 07.268
blanch 漂洗 08.339
blending inheritance 融合遗传 05.139
blind-eye disease of prawn 对虾瞎眼病 07.119
blister pearl 附壳珍珠 04.222
block ice plant 制块冰设备 09.446
blocking fish with electric screen 拦鱼电栅 04.232
blood meal 血粉 06.064
bloom 白霜 08.185
blooming 湖靛 07.255
blowing float 塑料浮子 03.318
blow-off 跳盖 08.320
blue meat 蓝斑蟹肉 08.335
blue revolution 蓝色革命 01.018
boat-set stow net 船张网 03.037
bobbin 滚轮 03.120
bobbin winch 滚轮绞机 09.308
BOD 生化需氧量 11.080
body 躯干 01.144
body-curved disease 弯体病 07.265
body length 体长，＊标准长 01.147
body main net 网身 03.072
boiled-dried oyster 熟蚝豉，＊海蛎干 08.220
bolt line 缘纲 03.094
bolt rope 缘纲 03.094
bony fishes 硬骨鱼类 01.126
bony scale 骨鳞 01.195
bopyrusiasis 虾疣虫病 07.233
bothriocephaliasis 头槽绦虫病 07.210
bottom current 底层流 01.400
bottom fishes 底层鱼类 01.223
bottom long line 底延绳钓 03.058
bottom quality 底质 01.366
bottom sediment 底质 01.366
bottom trawl 底[层]拖网 03.026
bottom trawler 底拖网渔船 09.019
bottom trawling ground 底拖网渔场 03.343
brackish fishes ＊咸淡水鱼类 01.232
brackish water aquaculture 半咸水养殖 04.073
braided netting twine 编线 03.203
braided rope 编绳 03.313
braiding 网片编结，＊结网 03.129
braiding machine 编绳机 09.474
braiding net machine 编网机 09.464
braiding netting 辫编网片 03.265
branchial arch 鳃弓 01.163
branchial filament 鳃丝 01.162
branchiomycosis 鳃霉病 07.141
branchiostegal membrane 鳃[盖]膜 01.159
branchiostegal ray 鳃条骨 01.160
branch line 支线 03.117
branch line conveyer 支线传送装置 09.214
branch line winder 支线起线机 09.298
brash ice 碎冰 08.070
breaker 碎波 01.416
breaking length 断裂长度 03.283
breaking strength 断裂强度 03.282
breakwater 防波堤 10.039
breakwater gap 防波堤口门 10.040
breed 品种 05.113
breeding 育种 05.210
breeding by selection 选择育种 05.212
breeding device 育苗器 04.039
breeding in sea 海区育苗 04.094
breeding pond 孵化产卵池 04.051
breeding screen 育苗帘 04.093
breeding value 育种值 05.211
bridge stone culture 桥石养殖 04.199
bridle 跑纲 03.107

brine 卤水 01.472
brine cooling fish tank 冷盐水鱼舱 09.182
brine cure 湿腌法，＊盐水渍法 08.244
brine freezing 盐水冻结 08.104
brine shrimp eggs processing equipment 丰年虫卵干燥设备 09.456
bringout seedling from storage 幼苗出库 04.097
brood pond 亲体池 04.048
brood stocks 亲鱼 04.270
browning 褐变 08.060
brown speckle disease 褐斑病 07.122
bryostatin 苔藓虫素 08.434
bubble disease 气泡病 07.262
bubbly rot of kelp 海带泡烂病 07.245
bucephaliasis 牛首吸虫病 07.207
bull trawl 双拖渔船 09.013
bundle strength 束纤维强度 03.292
bunt 取鱼部 03.074
buoy 浮标 03.320
buoyancy 浮力 03.323
buoyancy rate 浮率 03.324
buoyant egg 浮性卵 04.291
buoy rope 浮标绳 03.105
burrowing organism 穴居生物 01.041
bush rope 带网纲 03.103
bussus 足丝 01.301
buy boat 收鲜船 09.052
BV 蛋白质生物价，＊蛋白质生理价值 06.096
bycatch 兼捕渔获物，＊副渔获物 02.155

C

cabin 舱室 09.124
cable twist 复合捻 03.231
cable twisted netting twine 复合捻线 03.202
cable twisted rope 缆绳，＊复合捻绳 03.303
cabling machine 制绳机 09.473
cage cultivation 笼养 04.201
cage fish culture 网箱养鱼 04.259
cake formation of porphyra 浇饼 08.406
cake tearing machine 榨饼松散机 09.407
calcification 钙化法 08.400
calculational twist 计算捻度 03.236
caligusiasis 鱼虱病 07.227
can cooling 罐头冷却 08.317
canned aquatic product in natural style 清蒸水产罐头 08.282
canned aquatic product in oil 油浸水产罐头 08.283
canned aquatic product in tomato paste 茄汁水产罐头 08.281
canned food 罐头食品 08.279
canned seasoned aquatic product 调味水产罐头 08.284
cannibalism 同种相残，＊同类相残 01.069
canning equipment 罐头生产设备 09.374
canvas spreader stow net 潮帆张网 03.033
capillariaosis 毛细线虫病 07.213
capstan 绞盘 09.277
carapace 头胸甲 01.248
carbohydrate 糖类，＊碳水化合物 06.020
carcinogenicity 致癌 11.129
cargo derrick 吊[货]杆 09.161
carnivorous 肉食性 01.067
carpocerite 柄腕 01.258
carpogonium 果胞 01.324
carpospore 果孢子 01.325
carpospore cyst 果孢子囊 01.354
carpospore fluid 果孢子水 04.145
carposporophyte 果胞子体 01.326
carp pox ＊鲤痘疮病 07.084
carrageenan 卡拉胶 08.404
carrier 载体 06.078
cartilage 明骨，＊鱼脑 08.211
cartilaginous fishes 软骨鱼类 01.123
caryophyllaeusiasis 鲤蠢病 07.208
caryotype 核型，＊染色体组型 05.015
case hardening 表面硬化 08.184
cast net 掩网 03.044
catadromous fishes 降海鱼类 01.234
catadromous migration 降海洄游 02.099
catch 渔获物 03.374
catch ability 捕捞能率 02.140
catch ability coefficient ＊可捕系数 02.140
catchable size 可捕规格 12.040
catch curve 渔获曲线 02.035

catch forecast 渔获量预报 02.020
catch indicator 渔获量指示仪 09.500
catching factory ship 捕捞加工渔船 09.062
catch per boat 单船渔获量 03.376
catch per haul 单位网次渔获量 02.143
catch per unit 单产 03.377
catch per unit effort 单位捕捞努力量渔获量 02.142
catch refrigerated carrier 冷藏运输船 09.057
catch yield 渔获量 02.019
caudal fin 尾鳍 01.185
caudal peduncle 尾柄 01.152
cause of pearl formation 珍珠成因 04.210
caviar 鱼子酱 08.268
CCP 关键控制点 08.460
CCVD 斑点叉尾鮰病毒病 07.086
cDNA 互补脱氧核糖核酸 05.021
celestial navigation 天文航海 10.087
cell culture 细胞培养 05.243
cell engineering 细胞工程 05.257
cell fusion technique ＊细胞融合技术 05.106
cell line 细胞系 05.245
cell strain 细胞株 05.244
cell transplantation 细胞移植 05.226
cellular affinity 细胞亲和性 05.263
cenospecies 群型种 05.129
center temperature of fish 鱼体中心温度 08.108
Cephalaspida(拉) 头甲类 01.121
cephalopod 头足类 01.282
cephalothorax 头胸部 01.247
Ceratotrichia(拉) 角质鳍条 01.179
Certificate of Ship's National 船舶国籍证书 09.251
chaffer 防擦网衣 03.081
Channel catfish viral disease 斑点叉尾鮰病毒病 07.086
character 性状 05.174
chart 海图 10.083
check 颊部 01.136
chemical enhancement-oxygen 化学增氧 04.250
chemical fertilizer 化[学]肥[料] 06.110
chemical measurements of water 水化学指标 01.467
chemical mutation breeding 化学诱变育种 05.236
chemical pollution 化学性污染 11.023
chemical preservation 化学保鲜 08.143
chemical remediation 化学修复 11.147
chemical score ＊氨基酸化学分 06.094
chemical treatment 化学处理 11.050
chemoreceptor 化学感受器 01.310
chemotherapy 化学治疗 07.053
chilodonelliasis 斜管虫病 07.175
chin 颐部，＊颏部 01.137
chitin 甲壳质，＊几丁质，＊甲壳素 08.418
chitosan 脱乙酰壳多糖，＊壳聚糖 08.419
chloromyxiasis 四极虫病 07.165
chlorosity 氯度，＊氯量 01.469
choice rare sea food 海珍品 08.005
Chondrichthys(拉) 软骨鱼类 01.123
chondrostei 软骨硬鳞鱼类 01.130
choricotyliosis 皮叶虫病 07.199
chromatophore [载]色素细胞 01.204
chromosome 染色体 05.008
chromosome doubling 染色体加倍 05.221
chromosome engineering 染色体工程 05.220
chromosome manipulation ＊染色体操作 05.220
chromosome set 染色体组 05.014
chronic mercury poisoning 慢性汞中毒 11.130
chronic poisoning [水生生物]慢性中毒 11.126
chronic toxicity test for organism 水生生物慢性毒性试验 11.115
chytrid blight of laver 紫菜壶状菌病 07.248
ciguatoxin 雪卡毒素 08.450
circular hatching channal 孵化环道 04.052
circulating running disease 跑马病 07.263
circulating water culture ＊循环水养殖 04.268
clam bed 养蛤埕 04.197
clamping apparatus 挟具 03.066
clasper 鳍脚 01.191
class survey [船舶]入级检验，＊船级检验 09.230
clean sea water 清洁海水 08.471
clear ice 透明冰 08.076
cleavage egg 卵裂卵 04.305
clinostomiasis 扁弯口吸虫病 07.203
clone 克隆 05.216
closed circulating water system 封闭式水循环系统 04.007
closed cycle cooling system 闭式冷却系统 09.139
closed fishing season 禁渔期 12.033
closed fishing zone 禁渔区 12.032
club packaging machine 自动充填结札机 09.385

clutch 离合器 09.140
coastal current 沿岸流 01.398
coastal zone 海岸带 01.363
coastline 海岸线 01.367
coastwise quay 顺岸式码头 10.030
coastwise wharf 顺岸式码头 10.030
coccidiasis *球虫病 07.158
cod-end 网囊 03.073
Code of Conduct for Responsible Fisheries 负责任渔业行为守则 12.006
cod line 囊底纲 03.096
codon 密码子 05.017
coefficient of twist shrinkage 捻缩系数 03.244
coefficient of variability 变异系数 05.158
coil evaporator 盘管式蒸发器 09.425
cold air drying 冷风干燥 08.165
cold chain 冷[藏]链 08.131
cold current 寒流 01.403
cold net 冷藏网[帘] 04.152
cold resistance 抗寒性 05.209
cold-smoking 冷熏 08.230
cold storage 冷库 08.130
cold storing bag 蓄冷袋 08.078
cold water algae 冷水性藻类 01.317
cold water fishes 冷水性鱼类 01.243
cold wave 寒潮 01.452
collector bag 采苗袋 04.190
colony 群体 02.080
color fish finder 彩色探鱼仪 09.487
color sonar 彩色显示声呐 09.492
COLREGS 国际海上避碰规则 09.242
column 行 03.133
combinated multi-gear fishing in reservoir 水库联合渔法 03.385
combination purse seiner-trawler 拖围兼作渔船 09.046
combination rope 夹芯绳 03.311
combined rope machine 复合制绳机 09.475
combining ability 配合力 05.183
come-uptime 升温时间 08.306
commensalism 共栖 01.057
commensalism luminescent 共栖性发光细胞 01.206
commercial mollusk 成贝 04.181
commercial sterility 商业无菌 08.297
common shared resources 共享资源 02.007
community 群落 01.025
community of aquatic organism 水生生物群落 11.094
community succession 群落演替 02.108
complementary DNA 互补脱氧核糖核酸 05.021
complete artificial collection of seedling 全人工采苗 04.036
complete fertilizer 完全肥料 06.117
complete formula feed 全价配合饲料，*完全饲料、全价饲料 06.034
composite breakwater 混合式防波堤 10.043
composite cross 复交 05.092
compost 堆肥 06.107
compound diet 配合饲料 06.033
compound eye 复眼 01.250
compound pearl 复合珍珠 04.223
compound rope 包芯绳 03.310
comprehensive culture 综合养鱼 04.269
comprehensive utilization of aquatic products 水产品综合利用 08.411
compressor 制冷压缩机 09.419
concentrate 精饲料 06.073
concentrate feed 浓缩[饲]料 06.076
concentration coefficient 浓缩系数 11.110
concentration of fish into less pond 并塘 04.347
conchocelis breeding 丝状体培育 04.136
conchocelis of porphyra 紫菜丝状体 04.135
conchospore 壳孢子囊 01.355
condenser 冷凝器 09.420
conditioning 吐沙 08.472
conditioning of texture 蒸汽调质 06.101
consanguinity 近亲 05.195
conservation of precious rare and endangered aquatic animal 珍稀濒危野生水生动物保护 12.051
consumer 消费者 02.062
contact chilling 接触冷却 08.082
contact freezer 接触式冻结装置 09.435
contact freezing 接触冻结 08.101
contamination index 污染[评价]指数 11.092
contiguous zone 毗连区 12.014
continental shelf 大陆架，*陆棚 01.370
continental slope [大]陆坡 01.371
continuous output 持续功率 09.133
continuous rating 持续功率 09.133
control indices for fishing boat power 渔船动力控制指标

12.043
controlled atmosphere storage 气调贮藏 08.149
control measure 控制措施 08.456
convenience food 方便食品 08.008
convention moisture regain 公定回潮率 03.278
Convention on the Continental Shelf 大陆架公约 12.011
convergent cross 聚合杂交，*多系杂交 05.102
conversion efficiency 转换效率 02.147
convert coefficient of rope capacity 容绳量折算系数 09.262
cooked food 熟制品 08.009
cooking extruder 湿式膨化机 09.459
coolant 冷却介质，*载冷剂 08.087
cooling 冷却 08.080
cooling coil *冷却盘管 09.425
cooling in retort without pressure ［杀菌］锅内常压冷却 08.311
cooling rate 冷却速度 08.086
cooling seawater tank 冷海水舱 09.192
coral branch culture of eucheuma 珊瑚枝养殖 04.163
coral fishes 珊瑚礁鱼类 01.229
coral reef 珊瑚礁 01.374
coral reef fishing ground 礁盘渔场 03.352
core 线芯 03.204
core of rope 绳芯 03.306
core of strand 股芯 03.307
corrected strength 修正强度 03.291
corrective action 纠正措施 08.457
cosmopolitan species 广布种 02.078
count 支数 03.207
covering 贴补 03.187
CPE 致细胞病变［效应］ 07.039
CPUE 单位捕捞努力量渔获量 02.142
crab factory ship 蟹工船 09.064
crab paste 蟹酱，*蟹糊 08.272
crab pot hauler 蟹笼绞机 09.289
crab seed 蟹苗 04.354
crab seedling rearing 河蟹育苗 04.355
cramp disease 痉挛病 07.267
criss-cross inheritance 交叉遗传 05.144
critical control point 关键控制点 08.460
critical size 临界体长 02.115
critical twist 临界捻度 03.237
crookedcercal 歪尾，*歪型尾 01.154
cross 杂交 05.078
cross breeding 杂交育种 05.214
crosscombination 杂交组合 05.079
cross contamination 交叉污染 08.464
crossing over inheritance 交换遗传 05.192
Crossopterygii（拉） 总鳍鱼类 01.127
cross rope 叉纲 03.093
cross-section model test 断面模型试验 10.076
crude fiber 粗纤维 06.022
crude oil 粗［鱼］油 08.379
crude protein 粗蛋白质 06.007
crushed ice 碎冰 08.070
cryogenic freezer 超低温冻结装置，*深冷冻结装置 09.441
cryopreservation 超低温保存 05.264
cryptobiasis 隐鞭虫病 07.153
cryptocaryoniosis 隐核虫病 07.177
CS *氨基酸化学分 06.094
ctenoid scale 栉鳞 01.197
cultchless oyster 单体牡蛎，*无基牡蛎 04.202
cultivated shellfish 养殖贝类 04.180
cultivation techniques 养殖技术 04.020
culture cycle 养殖周期 04.070
culture in net cage 网箱养殖 04.014
culture of Chinese mitten crab 河蟹养殖 04.353
culture of frog 蛙类养殖 04.362
culture of special species 特种养殖 04.359
culture working boat 养殖工作艇 09.051
culturing by insert in bamboo sticker 竹签夹苗养殖 04.161
culturing by sowing-seeding in pen 鱼塭撒苗养殖 04.162
culturing raft 养殖筏 04.076
curing jelly-fish with alum and salt thrice 三矾提干 08.255
curing process 熟化工艺 06.102
current indicator 潮流计 09.504
cut for salt penetration 渗盐线 08.254
cutting 网片剪裁 03.147
cutting and blending machine 斩拌机 09.382
cut ting edge 剪［裁］边 03.158
cutting sequence 剪裁循环 03.160
cuttlefish bone 海螵蛸 08.421
cuttlefishes 乌贼类 01.284

cycle of gonad development in fishes 鱼类性腺发育周期 04.275
cycloid scale 圆鳞 01.196
cycloplectanum 圆鳞盘虫病 07.194
Cyclostomes(拉) 圆口鱼类 01.133
cystovarian 被卵巢，* 封闭卵巢 01.094
cytopathogenic effect 致细胞病变[效应] 07.039
cytoplasmic inheritance 细胞质遗传 05.147
cytoplasmic-nuclear hybridization 核质杂交 05.107

D

dactylogyriasis 指环虫病 07.187
daily ration 投饵量 04.067
daily release cycle of spore 孢子放散日周期 04.137
daintility 适口性 06.099
darkening 黑变 08.061
dark meat * 暗色肉 01.203
darning 编结补 03.185
datum level 深度基准面 10.056
daweizeng net 大围缯 03.019
daweizeng type purse seiner 大围缯渔船 09.025
DE 消化能 06.086
decaner 卧式螺旋沉降式离心机 09.409
decapod 虾类 01.246
deck bollard 落地导向滑轮 09.204
deck house 甲板室 09.126
deck machinery 甲板机械 09.154
decolorization 脱色 08.025
decomposer 分解者，* 还原者 02.065
deconcentrition of fish into more ponds 分塘 04.346
deep freezing plant [快]速冻[结]装置 09.428
deep scattering layer 深海散射层，* 深水散射层 01.388
deep sea fishing ground 深海渔场 03.348
deep water culture 深水养殖 04.086
defatted and bleaching 鱼肉漂洗装置 09.379
definitive host 终宿主 07.045
deformed division of kelp's sporophyte 海带幼孢子体畸形分裂症 07.238
deformity 畸形 07.035
deformity of immutyre kelp 海带幼体畸形病 07.237
defrosting 融霜 08.113
degelation 脱胶 08.343
degeneration 变性 07.020
degeneration of variety 品种退化 05.266
degree of stomach contents 胃饱满度，* 摄食强度 02.123
degrenerative change 退行性变化 07.034
dehydration 脱水 08.026
dehydrator 鱼肉脱水机 09.380
demersal eggs 沉性卵 04.293
demersal fishes 底层鱼类 01.223
demersal fishing ground 底层鱼渔场 03.345
denier 旦[尼尔] 03.213
density index of resources 资源密度指数 02.018
density of pellet 颗粒密度 09.325
deodorization 脱臭 08.371
deoxidant 脱氧剂 08.144
deoxyribonucleic acid 脱氧核糖核酸 05.007
deposit 底泥 06.032
dermatomycosis * 肤霉病 07.140
desalting 脱盐 08.257
designed draft 设计吃水 09.086
design water level 设计水位 10.061
detritivorous 腐屑食性 01.065
deviscidity incubating method of fish eggs 鱼卵脱黏孵化 04.312
DHA 二十二碳六烯酸 08.377
diameter of orbit 眼径 01.142
diarrhetic shellfish poison 腹泻性贝毒 08.452
diel vertical migration 昼夜垂直移动 01.060
differentiated gonochorist [性腺]分化型 01.089
digenic acid 红藻氨酸，* 海人草酸 08.430
digestibility 消化率 06.090
digestible energy 消化能 06.086
diluent 稀释剂 06.079
dimorphism 二态现象 05.054
dioecism 雌雄异体 05.052
diphyllobothriumiasis 裂头绦虫病 07.212
diplectanumiasis 鳞盘虫病 07.195
diploid 二倍体 05.040
diploidy number 二倍数 05.039
Diplorhina（拉） * 双鼻孔鱼类 01.120

diplostomumiasis 双穴吸虫病，*复口吸虫病 07.201
dip net 抄网 03.045
Dipnoi(拉) 肺鱼类 01.128
dipping bath 药浴 07.060
dip tank 融冰槽 09.449
direct freezing 直接冻结法 08.097
directional selection 定向选择 05.162
direction of prevailing wind 常风向 10.058
direction of strong wind 强风向 10.059
disc length 体盘长 01.150
disc roller 滚轮 03.120
disease caused by *Alella macrotrachelue* 长颈类柱颚虱病 07.229
disease caused by *Pleistophora priacanthicola* 大眼鲷匹里虫病 07.171
disease resistance 抗病性 05.208
displacement 排水量 09.092
dissolved oxygen 溶解氧 11.079
dissolved solid 溶解性固体，*过滤性残渣 11.078
distant fishing 远洋捕捞 03.336
distant hybrid 远缘杂种 05.206
distant hybridization 远缘杂交 05.099
diurnal tide 全日潮 01.431
DNA 脱氧核糖核酸 05.007
DO 溶解氧 11.079
docosahexaenoic acid 二十二碳六烯酸 08.377
domestication 驯化 04.254
domestic sewage 生活污水 11.036
dominant character 显性性状 05.177
dominant gene 显性基因 05.027
dominant mutation 显性突变 05.153
dominant species 优势种 02.076
domoic acid 软骨藻酸 08.455
donor 供体，*授体 05.229
dormancy 休眠 01.100
dorsal fin 背鳍 01.183
dosage of radiation 辐照剂量 08.153
dose effect 剂量效应 05.262
double cross 双交 05.094
double English knotted netting 双死结网片 03.262
double freezing 复冻 08.122
double hook machine netting 双钩型织网机 09.462
double way channel 双向航道 10.018
downwelling 下降流 01.397
draft 吃水 09.085
dragging gillnet 拖刺网 03.008
draught 吃水 09.085
dried abalone 干鲍 08.218
dried blood 血粉 06.064
dried boiled aquatic products 煮干品 08.193
dried bummelo 龙头烤 08.207
dried crab roe 干蟹子 08.216
dried cucumber ［干］海参 08.224
dried cuttlefish 螟蜅鲞，*墨鱼干 08.209
dried fishery products without salting 淡干品 08.197
dried fish floss 鱼松 08.199
dried fish maw 鱼肚 08.200
dried fish roe 干鱼子 08.205
dried fish skin ［干］鱼皮 08.204
dried frozen aquatic products 冻干品 08.195
dried mussels 淡菜 08.222
dried occlusor 干贝 08.217
dried oyster 蚝豉 08.219
dried peeled shrimp 虾米，*海米 08.213
dried product 干制品 08.154
dried razor clam 蛏干 08.223
dried salted marine eel 鳗鲞 08.210
dried salted products 盐干品 08.194
dried salted yellow croakers 黄鱼鲞 08.208
dried salted young anchovy 海蜒 08.203
dried scallop adductor 干贝 08.217
dried sea grass 苔菜，*苔条 08.225
dried sea hare ovary ［红］海粉 08.427
dried seasoned-products 调味干制品 08.196
dried shark's fin 鱼翅 08.201
dried shark's lips 鱼唇 08.202
dried shrimp peeling machine 虾米脱壳机 09.394
dried shrimp roe 干虾子 08.214
dried small shrimp 虾皮 08.215
dried squids 鱿鱼干 08.221
drift fisher 流［刺］网渔船 09.035
drift net 流刺网，*流网 03.006
drift net fishing ground 刺网渔场 03.347
driftnet hauler 流刺网起网机 09.293
driftnet shaker 流刺网振网机 09.312
drip 滴出液，*组织渗液 08.121
drug resistance 耐药性 07.063
drum 卷筒 09.269

dryer of fish meal　鱼粉干燥机　09.408
dry extruder　干式膨化机　09.458
dry fish fillet rolling machine　干鱼片辗松机　09.388
dry ice　干冰　08.077
drying boiled aquatic products　煮干　08.158
drying capacity　烘干能力　08.175
drying condition　干燥条件　08.173
drying fishery products without pretreatment　生干　08.155
drying medium　干燥介质　08.174
drying rate　干燥速度　08.176
dry in the shade stimulation　阴干刺激　04.119
dry knot strength　干结强度　03.288
dry method of artificial fertilization　干法人工授精　04.300
dry rendering　干榨法　08.367
dry salting　干腌法，＊撒盐法　08.243
dry strength　干强度　03.285
dry weight　干[燥]重[量]　03.275
DSL　深海散射层，＊深水散射层　01.388
DSP　腹泻性贝毒　08.452
dump　倾废，＊倾倒废弃物　11.008
duration of frost-free period　无霜期　01.461
dye　着色剂，＊食用色素　06.041
dyestuff　着色剂，＊食用色素　06.041
dynamic pool model　动态综合模型　02.040

E

EAAI　必需氨基酸指数　06.095
early rocks　早礁　04.138
ebb　落潮　01.425
ebb tide　落潮　01.425
ecdyson　蜕皮激素　01.277
ecological balance　生态平衡　11.142
ecological capacity　生态容量　02.055
ecological equilibrium　生态平衡　11.142
ecological fishery　生态渔业　11.143
ecological habit　生态习性　01.097
ecological remediation　生态修复　11.144
ecology　生态学　01.021
ecology of fishes　鱼类生态学　01.116
economic over fishing　经济型捕捞过度　02.026
ecosystem　生态系　01.022
ecosystem culture　生态系养殖　04.009
ectoparasite　外寄生物　07.043
edema　水肿　07.030
edge part　边缘部　01.338
edging　镶边　03.174
edible fish meal　食用鱼粉　08.366
edible part　可食部分　08.011
edible shellfishes　食用贝类　01.289
edwardsielliasis of eel　鳗爱德华氏菌病　07.113
edwardsiellosis of bullfrog　牛蛙爱德华氏菌病　07.134
edwardsiellosis of soft-shelled turtle　鳖爱德华氏菌病　07.136
EEZ　专属经济区　12.015
EFA　必需脂肪酸　06.015
effective concentration　效应浓度　11.103
EFZ　专属渔区　12.018
egg-bearing female　带卵雌体　04.170
egg disinfection　卵子消毒　04.295
egg-water　卵水　04.297
eicosapentaenoic acid　二十碳五烯酸　08.378
eimeriasis　艾美虫病　07.158
Elasmobranchii(拉)　板鳃类，＊横口类　01.124
elasticity of minced fish　鱼糜弹性　08.345
eldest stage　衰老期　04.108
electric fishing　电渔法　03.368
electric organ　发电器官　01.208
electric smoking　电熏　08.233
eliminating harmful stocks　除野　04.328
ELISA　酶联免疫吸附测定　05.249
elite breeding　良种繁育　05.265
El Niño（西）　厄尔尼诺　01.457
embryo　胚胎　04.306
emerged plant　挺水植物　01.046
emergent larvae　上浮仔鱼　04.324
enclosure culture　围栏养殖　04.019
endemic population　地方种群　02.082
endemic species　地方种　02.073
endoparasite　内寄生物　07.042
endopelos　泥内生物　01.039
endopsammon　沙内生物　01.040
endoskeleton　内骨骼　01.311

endotoxin 内毒素 07.013
endurance 续航力 09.104
energy changer 换能器 09.490
energy conversion rate 能量转换率 06.081
energy diet 能量饲料 06.060
energy exchange efficiency 能[量转化]效[率] 06.061
energy-protein ratio 能量蛋白比 06.084
engine room 机舱 09.127
English knotted netting 死结网片 03.261
enhancement of fishery resources [渔业]资源增殖 02.150
enhancement oxygen 增氧 04.249
entamoebiasis 鲩内变形虫病 07.155
entrance channel 进出港航道 10.015
entrapping gear 陷阱渔具 03.046
entry and exit visa 进出港签证 10.098
environmental analytical chemistry 环境分析化学 11.069
environmental appraisal [水体]环境评价 11.135
environmental assessment [水体]环境评价 11.135
environmental capacity of water 水环境容量，＊水体环境负载容量 11.042
environmental costs 环境费用 11.137
environmental standard 环境标准 11.134
environmental statistics 环境统计 11.136
environment toxicology of fishery 渔业环境毒理学 11.097
enzymatic salted fish 酶香鱼 08.265
enzyme-linked immunosorbent assay 酶联免疫吸附测定 05.249
EPA 二十碳五烯酸 08.378
epifauna 底表动物 01.036
epiphyte 附生植物 01.047
equatorial calms 赤道无风带 01.456
equilibrium yield 平衡渔获量 02.033
equilibrium yield model 平衡渔获量模型 02.038
equipment number 舾装数 09.115
erastophriasis 簇管虫病 07.179
essential amino acid 必需氨基酸 06.010
essential amino acid index 必需氨基酸指数 06.095
essential fatty acid 必需脂肪酸 06.015
essential nutrient element 必需营养元素 06.025
estuarine fishes 河口鱼类 01.232
estuary 河口 01.362
estuary port 河口港 10.007
euploid 整倍体 05.050
euryhaline species 广盐种 01.050
eurythermic species 广温种 01.053
eutrophication 富营养化 11.028
evaporator 蒸发器 09.424
evolutionism 进化论 05.182
exchanging water hole 换水孔 09.219
exclusive economic zone 专属经济区 12.015
exclusive fishery zone 专属渔区 12.018
Exemption Certificate 免除证书 09.248
exhaust-gas turbo changer 增压器 09.136
exhausting 罐头排气 08.287
exhaust of moisture 排湿 08.178
exoskeleton 外骨骼 01.312
exotic population 外来种群 02.083
exotoxin 外毒素 07.012
expanded pellet diet 膨化[颗粒]饲料 06.052
exploitation rate ＊开发率 02.138
exploratory fishing 探捕 03.364
explosive fishing 炸鱼 12.045
exposure and desiccation 干露 04.141
extensive cultivation 粗[放]养[殖] 04.003
extensive cultivation by closeting in sea area 封海护养 12.036
external gill 外鳃 01.170
external tag 体外标志 02.096
extract 浓鱼汁 08.445
extractable protein nitrogen 可溶性蛋白氮 08.054
extravasated blood 淤血 07.025
extreme vessel breadth 最大船宽 09.084
extrude draft net machine 挤出牵伸成网机 09.469
extruder 膨化机 09.457
eyed eggs 发眼卵 04.314
eye diameter 眼径 01.142
eye plate 眼板 01.252
eye-rot disease of prawn ＊对虾烂眼病 07.119
eye stalk 眼柄 01.251
eyestalk ablation 眼柄摘除 04.169

F

F_1 子一代 05.110
F_2 子二代 05.111
facilities for transporting live fish 活鱼运输设备 09.356
fairway 航道 10.014
false seam 假封 08.295
false swelled can 假胀罐 08.326
family selection 家系选择 05.164
farming 池塘养鱼 04.258
fascia 中带部 01.335
fathom line 等深线 10.055
fatty degeneration 脂肪变性 07.021
fatty fish 多脂鱼 08.015
FCM 流式细胞计量术 05.258
FCR 饲料转化率，＊饲料利用率 06.083
feed 饲料 06.001
feed additive 饲料添加剂 06.035
feedback culture ＊反馈养殖 04.008
feed coefficient 饲料系数，＊饲料消耗定额 06.082
feed conversion rate 饲料转化率，＊饲料利用率 06.083
feeder 投饲机 09.334
feed formula 饲料配方 06.080
feed foundation 饵料基础 02.054
feeding 摄食 01.073，投饵 04.066
feeding area 投饵场 04.240
feeding ground 索饵场 02.106，投饵场 04.240
feeding habit 食性 01.062
feeding hack 投饵台 04.069
feeding intensity 胃饱满度，＊摄食强度 02.123
feeding migration 索饵洄游 02.098
feeding platform 投饵台 04.069
feeding quantity 投饵量 04.067
feeding rate 投饵率 04.068
feeding tray 投饵台 04.069
feed processing machinery 饲料加工机械 09.329
feed resource 饲料资源 06.075
feedstuff 饲料 06.001
fee for multiplication and conservation of fish resources 渔业资源[增殖保护]费 12.025
female parent 母本 05.204
fermented feed 发酵饲料 06.070
fermented product 发酵制品 08.269
ferro-coment fishing vessel 钢丝网水泥渔船 09.076
fertilization 受精 04.296
fertilization in aquaculture 水体施肥 04.062
fertilization rate 受精率 04.304
fertilizer 肥料 06.103
fertilizer response 肥料效应 06.119
fertilizin 受精素 05.058
fertilizing by plastic bag 袋肥法 04.063
fiberglass reinforced plastic fishing vessel 玻璃纤维增强塑料渔船，＊玻璃钢渔船 09.075
fibril materials for fishing purpose 渔用纤维材料 03.189
fig counter 鱼苗计数器 09.502
filament 丝状体 01.348
filament bacterial felt 丝状细菌附着症 07.249
filamentous bacterial disease 丝状细菌病 07.127
filament yarn 长丝纱 03.192
filial generation 子代 05.205
filleting machine 鱼片机 09.372
filtration 过滤 08.396
fin 鳍 01.177
final host 终宿主 07.045
fine feed 精饲料 06.073
fingerling pond 鱼种池 04.340
fingerlings of two years 二龄鱼种 04.338
fin ray 鳍条 01.178
fin spine 鳍棘 01.181
fire-fighting equipment ［船舶］消防设备 09.170
first finial generation 子一代 05.110
first operation 预封 08.291
fish 水产品 08.001
fishable resources 捕捞资源 02.009
fish automatic feeder 自动理鱼机 09.366
fish ball 鱼丸，＊鱼圆 08.348
fish breeding 鱼类育种学 05.002
fish cake 鱼糕 08.347
fish catch handling room 渔获物处理间 09.187
fish corral 拦鱼栅 04.233

fish counter 鱼群计数器 09.495
fish culture 鱼类养殖 04.256
fish culture in channel 河道养鱼 04.261
fish culture in lake 湖泊养鱼 04.260
fish culture in net cage 网箱养鱼 04.259
fish culture in paddy field 稻田养鱼 04.263
fish culture in reservoir 水库养鱼 04.262
fish culture in running water 流水养鱼 04.266
fish culture in thermal flowing water 温流水养鱼 04.267
fish detection 鱼群侦察 03.371
fish detection vessel 围网探鱼船 09.029
fish ditch 鱼沟 04.265
fish dykes 拦鱼堤 10.050
fish ecological monitor 鱼类生态监测仪 09.503
fish egg incubating in running water 鱼卵流水孵化 04.311
fish egg incubating in still water 鱼卵静水孵化 04.309
fish epidemiology 鱼类流行病学 07.005
fish eradication 除野 04.328
fisheries administration ship 渔政船 09.056
fisheries administrative management 渔政管理 12.048
fisheries environment 渔业环境 11.002
fisheries environmental protection 渔业环境保护 11.133
fisheries environment monitoring 渔业环境监测，*渔业水域环境监测 11.066
fisheries oceanography 渔业海洋学 02.002
fisheries resources 渔业资源，*水产资源 02.003
fisheries stock assessment 渔业资源评估 02.017
fisheries water 渔业水域 11.001
fishery 渔业 01.002
fishery agreement 渔业协定 12.012
fishery auxiliary vessel 渔业辅助船舶 09.002
fishery base 渔业基地 10.002
fishery biology 渔业生物学 02.049
fishery depot vessel 渔业基地船 09.063
fishery economic 渔业经济 01.016
fishery engineering 渔业工程 10.001
fishery factory ship 渔业加工船 09.061
fishery guidance ship 渔业指导船 09.055
fishery instrument 渔用仪器 09.481
fishery machinery 渔业机械 09.254
fishery management 渔业管理 01.013
fishery materials 渔需物资 01.017
fishery mother ship 渔业基地船 09.063
fishery oceanography 渔场学 02.052
fishery port 渔港 10.004
fishery products 水产品 08.001
fishery program 渔业规划 01.014
fishery protection of stock 渔业资源保护 12.024
fishery radio communication network for safety 渔业安全通信网 12.053
fishery regionalization 渔业区划 01.015
fishery rescue ship 渔业救助船 09.058
fishery research vessel 渔业调查船 09.059
fishery resources management 渔业资源管理 12.023
fishery resources monitoring 渔业资源监测 02.016
fishery resources survey 渔业资源调查 02.048
fishery sciences 水产学 01.001
fishery seamen's examination 渔业船员考试 10.102
fishery supply ship 渔业供应船 09.066
fishery tender 渔业供应船 09.066
fishery training vessel 渔业实习船 09.060
fishery vessel 渔业船舶 09.003
fishes 鱼类 01.112
fishes for toxicity test 毒性实验鱼类 11.117
fish farming 鱼类养殖 04.256
fish fauna 鱼类区系 02.072
fish fillet 鱼片 08.030
fish fillet baking machine 鱼片烘烤机 09.387
fish finder 探鱼仪 09.483
fish finding capacity 探鱼能力 09.493
fish fingerling 鱼种 04.335
fish flesh elasticity 鱼肉弹性 08.037
fish fry 鱼苗 04.330
fish fullness 鱼类肥满度 02.119
fish gathering and dispersing 鱼群集散 02.104
fish genetics 鱼类遗传学 05.001
fish glue 鱼胶 08.436
fish glue from scale 鱼鳞胶 08.439
fish glue from skin 鱼皮胶 08.438
fish grader 鱼筛 04.344
fish grading machine 分级机 09.365
fish gravy 鱼露 08.361
fish growth 鱼类生长 02.112
fish ham 鱼肉火腿 08.352
fish hatcher 鱼卵孵化器 09.355

fish hold　鱼舱　09.178
fish immunology　鱼类免疫学　07.003
fishing aid equipment　助渔仪器　09.482
fishing area　渔区　03.354
fishing chart　渔场图　03.353
fishing condition　渔情　03.362
fishing condition forecast　渔情预报　03.363
fishing death　捕捞死亡　02.137
fishing deck　渔捞甲板　09.194
fishing effort　捕捞努力量，*捕捞作业量　02.141
fishing gear　渔具　03.002
fishing gear material　渔具材料　03.188
fishing gears mechanic simulation　渔具力学模拟　03.329
fishing gear storage　渔具舱　09.190
fishing ground　渔场　03.340
fishing ground environment　渔场环境　02.053
fishing ground type　渔场类型　03.342
fishing harbor　渔港　10.004
fishing harbor engineering　渔港工程　10.005
fishing industry　水产捕捞业　01.009
fishing intensity　捕捞强度　02.047
fishing licensing system　捕捞许可制度　12.026
fishing log　捕捞日志　03.373
fishing machinery　捕捞机械　09.255
fishing method　渔法　03.366
fishing mortality coefficient　捕捞死亡系数　02.139
fishing mortality rate　捕捞死亡率　02.138
fishing net　网具　03.003
fishing port management　渔港管理　10.096
fishing port superintendence　渔港监督　10.095
fishing port supervision boat　渔港监督艇　09.067
fishing pot　渔笼　03.062
fishing raft　渔筏　09.031
fishing right　渔业权　12.013
fishing rod box　钓竿箱　09.217
fishing season　渔汛　03.355
fishing trial　试捕　09.226
fishing twine　网线　03.196
fishing vessel　渔船　09.001
fishing vessel driving　渔船驾驶　10.078
fishing vessel power unit　渔船动力装置　09.128
fishing vessels register　渔船登记　10.100
fishing vessel survey　渔船检验　09.227
fishing vessel survey certificate　渔船检验证书　09.253
fish ladder　鱼梯　10.053
fish landing　卸鱼码头　10.026
fish landing capacity per day　泊位日卸鱼能力　10.035
fish liver digester　鱼肝消化设备　09.415
fish liver oil　鱼肝油　08.375
fish liver oil capsulizing machine　鱼肝油丸机　09.416
fish liver oil preparations　鱼肝油制剂　08.423
fish lock　鱼闸　04.235
fish luring light vessel　[诱鱼]灯船　09.028
fish manure　鱼肥　08.443
fish meal　鱼粉　08.362
fish meal deodorizing plant　鱼粉除臭设备　09.414
fish meal dry process machine　干法鱼粉加工设备　09.413
fish meal room　鱼粉舱　09.188
fish meal wet process machine　湿法鱼粉加工设备　09.412
fish meat forming machine　鱼糜成型机　09.383
fish meat quality controlling machine　鱼肉调质机　09.378
fish meat rolling machines　鱼卷机组　09.384
fish meat separator　鱼肉采取机　09.376
fish meat strainer　鱼肉精滤机　09.377
fish noodle　鱼面　08.346
fish nursery　鱼种场　04.341
fish oil　鱼油　08.374
fish oil disc centrifuge　鱼油碟式离心机　09.410
fish oil tank　鱼油舱　09.189
fish passage　鱼道　10.052
fish pass structure　过鱼设施　10.051
fish paste　鱼酱　08.270
fish pathology　鱼类病理学　07.002
fish peptone　鱼蛋白胨　08.414
fish pharmacology　鱼类药理学　07.004
fish pickled by wine　醉制品　08.276
fish pickled with grains and wine　糟制品　08.278
fish pit　鱼溜　04.264
fish pond　养鱼池　04.228
fish pond excavator　挖塘机　09.348
fish pond ridger　筑埂机　09.351
fish pox disease　鱼痘疮病　07.084
fish processing　水产品加工　08.010
fish processing room　鱼品加工间　09.186

fish productivity 鱼类生产力 02.110
fish products 鱼品 08.003
fish protein concentrate 浓缩鱼蛋白 08.412
fish protein hydrolysate 鱼类水解蛋白 08.413
fish pump 鱼泵 09.311
fish resources 鱼类资源 02.004
fish roll 鱼卷 08.349
fish sauce 鱼露 08.361
fish sausage 鱼香肠 08.351
fish school trace 鱼群映像 09.489
fish screen 拦鱼栅 04.233
fish silage 鱼贮饲料，*液体鱼蛋白饲料 08.444
fish spawning nest 鱼巢 04.290
fish steak 鱼排 08.350
fish visceral cavity 胴体 08.027
fish washer 洗鱼机 09.364
fish well 活鱼舱 09.181
fishy odour 鱼腥味 08.020
fix 船位 10.082
fixed cage 固定网箱 04.018
fixing 定位 10.088
flag state 船旗国 09.118
flake ice 片冰 08.071
flapper 舌网衣 03.084
flat cultivate 平面培养 04.142
flat culture 平养 04.123
flat part 平直部 01.350
flat-sour bacteria 平酸菌 08.334
flat sour can 平酸罐头 08.333
flavobacterisis of bullfrog 牛蛙脑膜炎脓毒性黄杆菌病 07.133
flavour 风味 08.018
flexibacteriasis of prawn 对虾屈桡杆菌病 07.125
float 浮子 03.315
floating 浮头 04.248
floating egg 浮性卵 04.291
floating fish reef 浮鱼礁 10.049
floating net cage 浮式网箱 04.016
floating pellet diet 浮性颗粒饲料 06.051
floating plant 浮水植物 01.044
floating [raft] culture 全浮动[筏式]养殖 04.133
floating rate of pellet feed 颗粒饲料漂浮率 09.322
floating rope 浮绠 04.078
floating trawl 表层拖网，*浮拖网 03.027
float line 浮[子]纲 03.088
float long line 浮延绳钓 03.057
flood 涨潮 01.424
flood period 汛期 01.466
flood tide 涨潮 01.424
flow cytometry 流式细胞计量术 05.258
fluidized bed freezer 流化床冻结装置 09.433
fluidizing drying 沸腾干燥，*流化干燥 08.168
fluorescent disease of prawn 对虾荧光病 07.123
fly-losing 飞目减目 03.146
foam plastic float 泡沫浮子 03.319
focus 病灶 07.018
folded twist 复捻 03.228
folded twisted netting twine 复捻线 03.201
folded twisted rope 复捻绳 03.302
food chain 食物链 01.070
food fishes 食用鱼类 01.240
food link 食物环节 01.072
food organism 饵料生物 06.030
food refrigeration technology 食品冷冻工艺 08.129
food safety hazard 食品安全危害 08.458
food web 食物网 01.071
foot line 下纲 03.087
forage 饲草 06.069
forced circulation air cooler 冷风机，*空气冷却器 09.426
forecast fishing season 渔汛预报 03.356
forecast of fisheries oceanographic conditions 渔场海况预报 03.341
forest on sea bottom *海底森林 04.165
fork length 叉长 01.148
forming rate of pellet feed 颗粒饲料成形率 09.320
formulated feed 配合饲料 06.033
FPC 浓缩鱼蛋白 08.412
FPH 鱼类水解蛋白 08.413
framed stow net 架子网 03.035
frame gillnet 框刺网 03.011
frame stake net 框架张网 03.038
frame swing net 框架张网 03.038
framing [船体]骨架 09.121
freeboard 干舷 09.094
free conchocelis 自由丝状体 01.358
freeze-drying [冷]冻干[燥] 08.160
freezer burn 冻烧 08.112

freezing 冻结 08.091
freezing equipment 冻结设备 09.427
freezing injury 冻害 01.465
freezing point 冻结点，*冻结温度 08.092
freezing-preservation 冷冻保藏 08.090
freezing rate 冻结速度 08.093
freezing tunnel 隧道式冻结装置 09.429
fresh-dried products 生干品 08.192
fresh fish collecting ship 收鲜船 09.052
fresh food 鲜活饵料 06.065
freshness 鲜度 08.033
fresh sea-urchin gonad 鲜海胆黄 08.262
freshwater aquaculture 淡水养殖 04.225
freshwater fishes 淡水鱼类 01.230
freshwater fishing 淡水捕捞 03.339
freshwater pearl culture 河蚌育珠 04.209
freshwater plume 淡水舌 01.385
fringe-finned 总鳍鱼类 01.127
frozen aquatic products 冷冻水产品 08.133
frozen dressed fishery products 冷冻小包装 08.136
frozen fish 冷冻水产品 08.133
frozen fish block 冻鱼段 08.138
frozen fish block dumping machine 脱盘机 09.443
frozen fish fillet 冻鱼片 08.139
frozen headless prawn 冻无头对虾 08.141
frozen prawn with head-on 冻有头对虾 08.142
frozen rate 冻结率 08.107
frozen skinless shrimp 冻虾仁 08.140
frozen temperature curve 冻结温度曲线 08.106
frozen whole fish 冻全鱼 08.137
FRP fishing vessel 玻璃纤维增强塑料渔船，*玻璃钢渔船 09.075
fry counting 鱼苗计数 04.333
fryer 油炸机 09.389
fry numeration 鱼苗计数 04.333
fry out the ponds 鱼苗出池 04.332
fry rearing 鱼苗培育 04.331
full exploitation 充分开发 02.146
full-sib mating 全同胞交配 05.068
funnel 漏斗网衣 03.083
furunculosis of carps 鲤科鱼类疖疮病 07.106
fusarium disease 镰刀菌病 07.144
F value F值 08.313

G

gaining 增目 03.138
gaining-losing cycle 增减目周期 03.142
gaining-losing locus 增减目线 03.140
gaining-losing ratio 增减目比率 03.141
galactosomiasis 乳白体吸虫病 07.205
gallows 网板架 09.203
galvanotaxis 趋电性 01.105
game fishes 游钓鱼类 01.242
gamete 配子 05.022
gametophyte 配子体 01.330
gametophyte generation 配子体世代 01.320
ganoid scale 硬鳞 01.194
gantry 吊网门形架，*龙门架 09.198
gas-liquid separator 汽液分离器 09.421
Gastropoda(拉) 腹足纲 01.287
GE 总能 06.085
gear box 齿轮箱 09.141
gear case 齿轮箱 09.141
gelation 凝胶作用 08.341
gelidium culture 石花菜养殖 04.153
gelidium stolon 石花菜匍匐枝 04.156
gel strength 凝胶强度 08.344
gene 基因 05.026
gene bank 基因库 05.031
gene engineering 基因工程 05.218
gene library 基因文库 05.032
gene map 基因图[谱] 05.033
gene mapping 基因作图 05.034
gene pool 基因库 05.031
general arrangement [船舶]总布置 09.111
gene targeting 基因打靶 05.219
genetic code 遗传密码 05.016
genetic drift 遗传漂变 05.238
genetic effect 遗传效应 05.198
genetic engineering 遗传工程 05.215
genetic information 遗传信息 05.019
genetic manipulation *遗传操作 05.215
genetic map 遗传图谱 05.036

genetic marker　遗传标记　05.201
genetic material　遗传物质　05.200
genetic polymorphism　遗传多态性　05.135
genetics of fishes　鱼类遗传学　05.001
gene transfer　基因转移　05.232
geniopores　颏孔　01.139
genotype　基因型，＊遗传型　05.173
geographical isolation　地理隔离　05.167
geo-navigation　地文航海　10.086
germplasm resources　种质资源　05.115
gill　鳃　01.156
gill cleft　鳃裂　01.157
gill filament　鳃丝　01.162
gill fisher　刺网渔船　09.033
gill lamella　鳃瓣，＊鳃片　01.161
gill net　刺网　03.004
gillnet winch　刺网绞机　09.285
gillnet winch-line hauler　刺网延绳组合机　09.305
gill opening　＊鳃孔　01.157
gill pouch　鳃囊　01.168
gill raker　鳃耙　01.164
gill-rot disease of prawn　对虾烂鳃病　07.126
glass canned food　玻璃罐头　08.285
glazing　包冰衣，＊镀冰衣　08.114
glazing machine　包冰机　09.442
Global Maritime Distress and Safety System　全球海上遇险与安全系统　09.172
global positioning system　全球定位系统　09.174
glochidiumiasis　钩介幼虫病　07.235
glugeasis　格留虫病　07.172
GMDSS　全球海上遇险与安全系统　09.172
GMP　良好操作规范　08.461
GnRH　促性腺素释放素　04.287
gonadoliberin　促性腺素释放素　04.287
gonadotropin hormone　脑垂体促性腺素　04.286
gonadotropin releasing hormone　促性腺素释放素　04.287
gondola development cycle　性腺发育周期　01.084
gonochorism　雌雄异体　05.052
good manufacturing practices　良好操作规范　08.461
gorge line　卡钓　03.059
GPS　全球定位系统　09.174
grading　过筛　04.345
graft shell　小片贝，＊细胞贝　04.219
granular ice machine　粒冰机　09.455
green feed blender　饲料打浆机　09.331
green fodder　青饲料　06.067
green house　温室　04.024
greening disease of laver　紫菜绿变病　07.251
green manure　绿肥　06.105
green rot of kelp　海带绿烂病　07.241
gregariousness　集群性　01.103
grid evaporator　盘管式蒸发器　09.425
grinding　擂溃　08.340
gripper for kelp seeding　海带夹苗机　09.359
grooved pulley　槽轮　09.272
gross energy　总能　06.085
gross primary production　初级生产量　02.059
gross section of bunched netting　过网断面　09.264
gross tonnage　总吨位　09.090
ground rope　沉[子]纲　03.089
group-synchronous oocyte development　分批发育型[卵母细胞]　01.092
growing part　生长部　01.340
growing pond　养成池　04.011
growth　生长　01.074
growth coefficient　生长系数，＊瞬时生产率　01.076
growth curve　生长曲线　01.077
growth efficiency　生长效率　02.068
growth equation　生长方程　02.113
growth line　生长线　01.295
growth over fishing　生长型捕捞过度　02.024
growth rate　生长率　01.075
growth stimulant　生长促进剂，＊促生长剂　06.038
GTH　脑垂体促性腺素　04.286
gular plate　喉板　01.140
gulf　海湾　01.360
guluronic acid　古罗糖醛酸　08.432
gun-harpoon　捕鲸炮　03.067
gusset　三角网衣　03.085
gust　阵风　01.447
gymnovarian　裸卵巢，＊游离卵巢　01.095
gynogenesis　雌核发育　05.061
gyrodactyliasis　三代虫病　07.191

H

habitat　生境　11.003
habituating bottom　栖息习性　01.056
HACCP　危害分析和关键控制点　08.459
haemogregarinasis　血簇虫病　07.180
halfer　单脚　03.154
half-fresh fish product　卤鲜品　08.248
half-round pearl　*半圆珍珠　04.222
half-salted refreshment　卤鲜　08.247
half sib mating　半同胞交配　05.069
haliotremasis　海盘虫病　07.190
halocline　盐跃层　01.387
halophile organism　嗜盐生物，*喜盐生物　01.049
hand line　手钓　03.052
hand-liner　手钓渔船　09.038
hang-gaining　挂目增目　03.143
hanging basket method　挂篓法　07.062
hanging culture　垂养　04.122
hanging ratio　缩结系数　03.179
hang rope　吊绳　04.080
haploid　单倍体　05.038
haploid breeding　单倍体育种　05.224
haploidy autosome　单套常染色体　05.011
haploidy number　单倍数　05.037
haplosporidiasis　单孢子虫病　07.174
harbor basin　港池　10.019
harbor boundary　港界　10.012
harbor channel　港内航道　10.016
harbor limit　港界　10.012
harbor water depth　港口水深　10.022
harden　[鱼种]锻炼　04.342
hardening shelf　锻炼架　04.343
hard pellet diet　硬颗粒饲料　06.048
hard swelled can　硬胀罐　08.324
harpoon gun platform　捕鲸炮台　09.221
harvesting size　采捕标准　12.039
hasher　碎鱼机　09.404
hatchability　孵化率　04.313
hatching　孵化　04.307
hatching barrel　孵化桶　04.055
hatching pond　孵化池　04.050
hatching rate　孵化率　04.313
hauling line winch　跑纲绞机　09.283
hauling speed　绞收速度　09.259
hauling whale rope hole　曳鲸孔　09.222
hazard analysis and critical control point　危害分析和关键控制点　08.459
HCG　人绒毛膜促性腺素　04.284
HE　血细胞肠炎，*蓝藻中毒　07.254
head　[鱼]头部　01.134
head-cutting machine　去头机　09.368
heading and gutting machine　去头去内脏机　09.369
headline　上纲　03.086
headspace　罐头顶隙度　08.293
healthy aquaculture　健康养殖　04.023
heat increment　体增热，*养分代谢热能　06.089
heat shocking　热烫　08.470
heavy metal poisoning　重金属中毒　11.132
heavy salting　重盐腌　08.250
heavy smoked fish　重熏品　08.229
hectocotylized arm　茎化腕　01.304
hem braiding　缘编　03.176
hemibranch　半鳃　01.165
hemocyanin　血青素，*血蓝蛋白　01.278
hemocytic enteritis　血细胞肠炎，*蓝藻中毒　07.254
hemorrhage　出血　07.028
hemorrhagic disease of grass carp　草鱼出血病　07.077
henneguyiasis　尾孢虫病　07.161
hepatopancreatic parvo-like virus disease　肝胰脏细小病毒病　07.092
herbivorous　草食性　01.066
herd of merit dams　品族　05.130
heredity　遗传　05.003
heritability　遗传力，*遗传率　05.193
hermaphrodite　雌雄同体　05.053
herpes-like virus disease of blue crab　蓝蟹疱疹状病毒病　07.095
herpesvirus salmonis disease　鲑疱疹病毒病　07.083
heteraxiniasis　异斧虫病　07.196
heterobothriumiasis　异沟虫病　07.198
heterosis　杂交优势　05.196

heterosis intensity 杂交优势强度 05.197
heterotroph 异养生物 02.066
heterozygote 杂合子 05.025
HI 体增热，*养分代谢热能 06.089
hibernation 冬眠 01.101
hidden species 隐秘种 05.127
high sea 公海 12.008
high temperature short time pasteurization 高温短时杀菌 08.300
high water 高潮 01.422
hinge 铰合部 01.297
Hirame rhabdovirus disease 牙鲆弹状病毒病 07.088
histamine 组胺 08.057
histamine poisoning 组胺中毒 08.058
hoist for net cage 网箱起吊设备 09.360
holdfast 附着器 01.334
holding pond 暂养池 04.012
holding test 罐头保温试验 08.318
holobranch 全鳃 01.166
Holocephali(拉) 全头类 01.125
holostei 全骨鱼类 01.131
home port 船籍港，*登记港 09.119
homing rate 回归率 02.101
homocercal 正尾，*正型尾 01.155
homologous chromosome 同源染色体 05.012
homozygote 纯合子 05.024
hook 钓钩 03.112
hook and line 钓[渔]具 03.051
hooking ground 钓渔场 03.350
hook line 钩线 03.116
hook rate 上钩率 03.384
hoop 网圈 03.076
horizontal fish finder 水平探鱼仪，*渔用声呐 09.485
horizontal plate freezer 卧式平板冻结机 09.437
hormone titer 激素效价 04.288
hot-air drying 热风干燥 08.166
hot-denaturation 烘熟 08.183
hot-smoking 热熏 08.231
HTST 高温短时杀菌 08.300
hull 船体 09.112
hull form 船体线型 09.117
hull structure 船体结构，*船舶结构 09.113
human chorionic gonadotropin 人绒毛膜促性腺素 04.284
humidity 湿度 01.440
hunting boat 猎捕渔船 09.050
hybrid 杂种 05.123
hybridization 杂交 05.078
hybridize breeding 杂交育种 05.214
hybrid sterility 杂种不育性 05.112
hybrid vigor 杂交优势 05.196
hydraulic model test of port 港口水工模型试验 10.074
hydraulic pond-digging set 水力挖塘机组 09.352
hydraulic winch 液压绞机 09.276
hydrobiology 水生生物学 01.020
hydrobiont 水生生物 01.019
hydrobios 水生生物 01.019
hydrodynamic float 水动力浮子 03.317
hydrodynamic sinker 水动力沉子 03.322
hydrodynamics of fishing gears 渔具水动力 03.333
hydrogenated fish oil 氢化鱼油 08.382
hydrogen swelled can 氢胀罐 08.327
hydrops 积水 07.031
hydroscopicity 吸湿性 03.272
hydroscopic property 吸湿性 03.272
hydrostatic float 静水力浮子 03.316
hyperaemia 充血 07.024
hyperparasitism 重寄生，*超寄生 07.047
hyperplasia 增生 07.037
hypophysis [鱼]脑垂体 04.285
Hyriopsis cumingii plague 三角帆蚌瘟病 07.097

I

ice block 块冰 08.068
ice bunker 冰舱 09.179
ice can 冰桶 09.447
ice crusher 碎冰机 09.450
ice crystal 冰晶 08.123
iced preservation 冰[藏保]鲜 08.065
ice drill 钻冰机 09.314
ice hole 加冰孔 09.195
ice jigger 冰下穿索器 09.315
ice-maker 制冰机 09.445

ice-making tank 制冰池 09.448
ice manufactured by machinery 人造冰，＊机冰 08.067
ice separator 冰鱼分离机 09.417
ice storage room 冰库 08.079
ice supply quay 供冰码头 10.027
ichthyobodiasis 鱼波豆虫病，＊口丝虫病 07.154
ichthyology 鱼类学 01.113
ichthyopathology 鱼病学 07.001
ichthyophonosis 鱼醉菌病 07.143
ichthyophthiriasis 小瓜虫病 07.183
ichthyotoxic fishes 有毒鱼类 01.238
ichthyoxeniosis 鱼怪病 07.232
icing 积冰 01.450
icing tower 碎冰楼 10.038
IHHN 传染性皮下和造血器官坏死病 07.094
IHN 传染性造血器官坏死病 07.079
I line 近交系 05.071
ILLC 国际船舶载重线公约 09.241
illumination length 光照长度 01.464
imitation crab meat 模拟蟹肉 08.354
imitation jellyfish 模拟海蜇皮 08.407
immersion freezer 沉浸式冻结装置 09.439
immersion infection 浸浴感染 07.010
immune response 免疫应答 07.067
immune serum 免疫血清 07.068
immunity 免疫 07.066
IMO 国际海事组织 09.239
improved cross 改良杂交 05.100
improved variety 改良品种 05.133
inbred line 近交系 05.071
inbreeding 近交，＊近亲交配 05.067
inbreeding depression 近交衰退 05.076
incidental catch 兼捕渔获物，＊副渔获物 02.155
inclining test 倾斜试验 09.096
incorporation-losing 并目减目 03.144
incross 内交，＊同系交配 05.070
incubation 孵化 04.307
incubation period 潜伏期 07.052
incubation tank 孵化槽 04.053
incubator 孵化器 04.054
index of fish freshness 鲜度指标 08.034
indicator organism 指示生物 11.084
indicator species 指示种 02.074
indirect freezing 间接冻结法 08.098
individual quick freezing 单体速冻 08.109
individual quota 个体配额 12.029
individual selection 个体选择 05.163
individual transferable quota 个体可转让配额 12.030
indoor seed collection 室内采苗 04.092
indoor seeding 室内采苗 04.092
induced mutation 诱发突变 05.156
induced spawning 诱导产卵 04.281
inducing agent for fish 鱼类催产剂 04.283
industrial aquaculture 工厂化养殖 04.006
industrialized fish culture 工厂化养鱼 04.268
industrial seedling rearing 工厂化育苗 04.044
industrial waste water 工业废水 11.033
inedible part 不可食部分 08.012
infarct 梗死 07.027
infauna 底内动物 01.037
infection 感染 07.009
infectious disease of aquatic animal 水产动物传染性疾病 07.006
infectious hematopoietic necrosis 传染性造血器官坏死病 07.079
infectious hypodermal and hematopoietic necrosis disease 传染性皮下和造血器官坏死病 07.094
infectious pancreatic necrosis 传染性胰脏坏死病 07.078
inferior breed 劣种 05.124
infertidal mudflat 滩涂 01.365
infill factor 回淤率 10.067
inflammation 炎症 07.033
inflatable aerator 充气式增氧机 09.344
inheritance 遗传 05.003
inheritance of acquired characters ［后天］获得性遗传 05.138
inheritance of sex-conditioned characters 从性遗传 05.146
initial metacentric height 初重稳距 09.100
initial survey ［船舶］初次检验 09.232
initial temperature 初温 08.304
initial twist 初捻 03.227
injection of fish protein hydrolyzate 水解蛋白注射液 08.415
inland fishing boat 淡水渔船 09.008
inland water fishery resources 内陆水域渔业资源 02.006

inland waters fishery　内陆水域渔业　01.007
inlaying　嵌补　03.186
inner diameter of mesh　网目内径　03.254
inner twist　内捻　03.233
inorganic fertilizer　无机肥料　06.118
inorganic pollutant　无机污染物　11.012
inorganic salts　无机盐，*矿物质　06.024
inorganic waste water　无机废水　11.031
insect pest　虫害　08.062
insert frondose　簇夹　04.117
inserting-twisting netting　插捻网片　03.267
insert seedling　*夹苗　04.115
insert single frond　单夹　04.116
inshore fishery　沿岸渔业　01.006
inshore fishing　近海捕捞　03.338
inshore fishing vessel　沿岸渔船　09.010
in situ hybridization　原位杂交　05.081
insoluble protein　不溶性蛋白质　08.053
insoluble solid in water　水不溶物　08.048
inspection of products for marine service　船用产品检验　09.238
instantaneous fishing mortality rate　*瞬时捕捞死亡率　02.139
instantaneous mortality rate　*瞬时死亡率　02.133
integrated control　综合防治　07.072
integrated culture　综合养殖　04.226
integrated fish farming　综合养鱼　04.269
intensive cultivation　集约养殖，*精养　04.004
intercropping　套养　04.027
intercrossing　互交　05.083
interferon　干扰素　07.071
intergeneric cross　属间杂交　05.104
interharvesting　间收　04.128
intermating　互交　05.083
intermediate fishing　间捕　04.350
intermediate host　中间宿主　07.046
intermediate rearing　中间培育　04.057
intermediate shaft　中间轴　09.143
intermediate survey　[船舶]期间检验　09.236
intermittent drying　罨蒸　08.181
internal tag　体内标志　02.095
International Convention for the prevention Pollution from Ships　国际防止船舶造成污染公约　09.244
International Convention for the Safety of Life at Sea　国际海上人命安全公约　09.240
International Convention on Load Line　国际船舶载重线公约　09.241
International Convention on Tonnage Measurement of ships　国际船舶吨位丈量公约　09.243
International Fishing Vessel Safety Certificate　国际渔船安全证书　09.246
International Load Line Certificate　国际船舶载重线证书　09.247
International Maritime Organization　国际海事组织　09.239
International Oil Pollution Prevention Certificate　国际防止油污证书　09.250
International Regulations for Preventing Collisions at Sea　国际海上避碰规则　09.242
International Sewage Pollution Prevention Certificate　国际防止生活污水污染证书　09.252
International Tonnage Certificate　国际吨位证书　09.249
international waters　国际水域　12.007
interorbital space　眼间隔　01.141
interorbital width　眼间隔　01.141
intertidal mudflat culture　滩涂养殖　04.084
intertidal zone　潮间带　01.373
intervarietal hybridization　品种间杂交　05.097
introduced variety　引进种　05.118
introduction　引种　05.117
introgressive cross　渐渗杂交　05.096
introgressive hybridization　渐渗杂交　05.096
invading diseases of fish　侵袭性鱼病　07.151
IPN　传染性胰脏坏死病　07.078
IQF　单体速冻　08.109
iridocyte　虹彩细胞　01.205
irregular wave　不规则波　01.414
I-sib mating　全同胞交配　05.068
isinglass　鱼鳔胶　08.437
isobath　等深线　10.055
isohaline　等盐线　01.383
isolation pond　隔离池塘　07.075
isotherm　等温线　01.381
isotonic egg washing method of artificial fertilization　等渗液洗卵法人工授精　04.303
isthmus　鳃峡[部]　01.138

J

Japanese eel iridovirus disease 日本鳗虹彩病毒病 07.085
jet aerator 射流式增氧机 09.343
jetty 突[堤式]码头 10.031
jig 滚钩 03.060
jigging machine 鱿鱼钓机 09.302
joining 网衣缝合 03.162
joining edge 缝[合]边 03.164
joining ratio 缝合比 03.172
joining yarn 缝线 03.163
joint 连接点 03.251
joint action of chemicals 化学物质联合作用 11.122
jumped seam 跳封 08.294
justice survey [船舶]公正检验 09.231
juvenile 稚鱼 04.318
juvenile mollusk 稚贝 04.193
juvenile shellfish 稚贝 04.193
juvenile shrimp 幼虾 04.177
juvenile stage 幼龄期 04.103

K

kainic acid 红藻氨酸，＊海人草酸 08.430
karyotype 核型，＊染色体组型 05.015
khawiasis 许氏绦虫病 07.209
knit-netting machine 经编织网机 09.467
knot [网]结 03.248
knot fastness 结牢度 03.297
knotless netting 无结网片 03.263
knot stability 结牢度 03.297
knot strength 结强度 03.287
knotted netting 有结网片 03.259
kudoasis 库道虫病 07.167
Kurile current 亲潮，＊千岛寒流 01.404
Kuroshio current 黑潮 01.402
K value K值 08.039

L

ladder 网坡 03.078
lagenidialesosis 链壶菌病 07.145
lake fishes 湖沼鱼类 01.235
lake fish farming 湖泊养鱼 04.260
Lamellibranchiata(拉) 瓣鳃纲 01.288
lamellodiscusiasis 片盘虫病 07.193
laminaria breeding by sprinkling method 海带淋水育苗 04.120
laminaria culture 海带养殖 04.099
laminarian slitter 海带切丝机 09.402
lamph heart 淋巴心脏 01.175
lampreys 圆口鱼类 01.133
lamproglenasis 狭腹鱼蚤病 07.226
land area of fishing harbor 渔港陆域 10.036
landslide body 滑坡体 10.071
La Ņiña (西) 拉尼娜 01.458
larva fish 仔鱼 04.315
laser mutation breeding 激光诱变育种 05.235
lateral line 侧线 01.173
lateral plate 侧板 01.249
lateral propeller 侧[向]推[力]器 09.164
late rocks 晚礓 04.140
laver breeding by sprinkling method 紫菜淋水育苗法 04.148
laver culture 紫菜养殖 04.129
laver culture on rocks 菜坛养殖 04.130
laver cutting and washing machine 紫菜切洗机 09.398
laver dehydrator 紫菜脱水机 09.400
laver drying machine 紫菜饼干燥机 09.401
laver harvester 紫菜采集机 09.397
laver wafer machine 紫菜制饼机 09.399
law of fisheries 渔业法 12.002
law of independent assortment 自由组合定律，＊独立分配定律 05.190
law of segregation 分离定律 05.189
laws and regulations of fisheries 渔业法规 12.001

LC 致死浓度 11.098
LC_{50} 半致死浓度 11.099
LD 淋巴囊肿 07.082
LD_{50} 半数致死量 07.057
leader 网墙 03.075
lead net 网导 03.077
lean fish 少脂鱼 08.016
leg 空纲 03.090
length composition 体长组成 02.116
length overall ［船舶］总长 09.081
lepidorthosis 竖鳞病，＊松鳞病 07.117
Lepidotrichia(拉) 鳞质鳍条，＊骨质鳍条 01.180
lernaeosis 锚头鱼蚤病，＊针虫病 07.225
lernanthropusiasis 人形鱼虱病 07.228
lesion 病变 07.015
lethal concentration 致死浓度 11.098
lethal dose 致死剂量 07.056
level infection 水平感染 07.051
LHRH ＊促黄体生成素释放素 04.287
licmophorasis 楔形藻病 07.148
licnophoraosis 丽克虫病 07.186
life cycle 生活史，＊生活周期 01.321
life history 生活史，＊生活周期 01.321
life-saving appliance 救生设备 09.169
lift net 敷网 03.041
light fishing 光诱渔法 03.367
lighthouse 灯塔 10.081
light luring seine vessel 灯光诱鱼围网船 09.026
light luring seine vessel group 灯光诱鱼围网船组 09.027
light-purse seine 光诱围网 03.013
light salting 轻盐腌 08.252
light smoked fish 轻熏品 08.228
ligulaosis 舌状绦虫病 07.211
limitations on ratio of catched juveniles 幼鱼捕捞比例限额 12.038
limiting amino acid 限制性氨基酸 06.013
limit or conservation reference points 极限或养护参考点 02.153
limnetic fishes 湖沼鱼类 01.235
limnotrachelobdellaiosis 湖蛭病 07.220
line 钓线 03.115，品系 05.116
line arranger 干线理线机 09.299
line breeding 品系繁育 05.121
line casting machine 干线放线机 09.300
line cross 系间杂交 05.098
line density 线密度 03.212
line fishing boat 钓船 09.041
line hauler 干线起线机 09.297
line of closed fishing area for bottom trawl fishery by motorboat 机轮底拖网禁渔区线 12.031
lines 钓[渔]具 03.051
line selection 家系选择 05.164
line winder 盘线装置 09.216
linkage inheritance 连锁遗传 05.191
lipids 脂类 06.014
liquid nitrogen freezing 液氮冻结 08.103
liquid phase conversion 液相转化 08.392
liquid smoking 液熏 08.232
littoral current 沿岸流 01.398
live fish carrier 活鱼运输船 09.053
live fish container 活鱼集装箱 09.357
live fish hold 活鱼舱 09.181
live food 活饵料 06.031
load at certain elongation 定伸长负荷 03.290
loaded draft 满载吃水 09.087
load line 载重线 09.120
local anemia 局部贫血 07.026
lock 船闸 10.054
long-distant fishery 远洋渔业 01.004
long-finned squids 枪乌贼类 01.285
longicollumiasis 长颈棘头虫病 07.218
longitudinal system of framing 纵骨架式 09.122
long line 延绳钓 03.056
long line culture 延绳式养殖，＊一条龙式养殖 04.125
longline fishing boat 延绳钓渔船 09.039
longline machine 延绳钓机 09.304
loose 水扣，＊档 03.180
loose joining 活络缝 03.167
Lorenzini's ampullae 罗伦氏瓮群 01.174
losing 减目 03.139
lower hauling rope 下进纲 09.266
low temperature drying 低温烘干 08.169
low temperature narcotization 低温麻醉 04.329
low water 低潮 01.423
LT_{50} 半数致死时间 07.058
lugger 采珍船 09.049

luminescent organ　发光器　01.207
luminous organ　发光器　01.207
lungfishes　肺鱼类　01.128
lure multiple hooks　拟饵复钩　03.114
luteinizing hormone releasing hormone　*促黄体生成素释放素　04.287
lymphocystis disease　淋巴囊肿　07.082
lyophilization　[冷]冻干[燥]　08.160

M

macro-algae　大型藻类　01.318
macroelement　常量元素　06.026
main engine　主机　09.130
main laminaria　种海带　04.109
main laver　种紫菜　04.144
mainline　干线　03.118
main line guide block　干线导向滑轮　09.213
main line guide pipe　干线导管　09.212
male parent　父本　05.203
male sterility　雄性不育　05.065
malnutrition disease of aquatic animal　水产动物营养不良病　07.257
mandible　大颚　01.260
maneuverability　操纵性　09.101
manila rope　白棕绳　03.312
mannitol　甘露醇　08.405
mannuronic acid　甘露糖醛酸　08.431
mantle　外套膜　01.298
mantle cavity　外套腔　01.299
mantle length　胴长　01.151
mariculture　海水养殖　04.071
marine accidents　海事　10.092
marine aquaculture　海水养殖　04.071
marine auxiliary machinery　船舶辅机　09.149
marine biotoxins　海洋生物毒素　08.448
marine detritus　海洋碎屑　01.473
marine drug　海洋药物　08.417
marine electrical equipment　船舶电气设备　09.167
marine environmental capacity　海洋环境容量　11.043
marine environmental quality　海洋环境质量　11.082
marine faces　海相　10.068
marine fishery　海洋渔业　01.003
marine fishery resources　海洋渔业资源　02.005
marine fishes　海洋鱼类　01.220
marine fishing　海洋捕捞　03.335
marine geology　海洋地质学　01.359
marine hydrology　海洋水文学　01.380
marine mammal oil　海兽油　08.384
marine microorganism　海洋微生物　01.027
marine organism　海洋生物　01.026
marine pond extensive culture　港[塭]养[殖]　04.074
marine ranching　海洋牧场　04.072
marine rights　海洋权　12.010
maritime distress　海难　10.090
maritime piping　船舶管系　09.152
marketable fish　成鱼　04.351
marketable turtle culture　成鳖养殖　04.360
marketing fresh fish　鲜销　08.031
MARPOL　国际防止船舶造成污染公约　09.244
marsh gas manure　沼气肥　06.109
marsh organism　沼泽生物　01.042
mash feed　粉状饲料　06.059
mast　桅，*桅杆　09.160
master plan of fishery port　渔港总体规划　10.011
mast man　鱼眼　03.365
maternal influence　母体影响　05.148
mathematical model　数学模型　10.077
matrocliny　偏母遗传　05.149
mature coefficient　性成熟系数　01.083
mature stage　成熟期　04.107，*性成熟期　01.082
maturity　性成熟度　01.082
maturity of fish gonad　鱼类性腺成熟度　04.274
maxilla　第二小颚　01.262
maxilliped　颚足　01.263
maxillula　第一小颚　01.261
maximum allowable concentration for toxicant　毒物最大容许浓度　11.116
maximum economic yield　最大经济渔获量　02.027
maximum sustainable yield　最大持续渔获量　02.034
maximum wind speed　最大风速　01.444
MBD　微黏结饲料　06.056
MCD　微被膜饲料　06.057
ME　代谢能　06.087
mean wave height　平均波高　01.408

meat separation 采肉 08.338
meat stick 黏罐 08.322
mechanical damage 机械损伤 07.256
mechanical enhancement-oxygen 机械增氧 04.251
mechanical smoking 机熏 08.234
mechanical ventilation drying 机械通风干燥 08.164
mechanical winch 机械传动绞机 09.274
mechanics of fishing gear 渔具力学 03.271
mechanism of toxication 致毒机理 11.105
MED 微胶囊饲料 06.055
median fin 奇鳍 01.182
median lethal concentration 半致死浓度 11.099
median lethal dose 半数致死量 07.057
median lethal time 半数致死时间 07.058
median tolerance limit 半数忍受限 11.100
medical treatment 药物防治 07.059
medicated 药饵 07.061
medicinal fishes 药用鱼类 01.237
medicinal shellfishes 药用贝类 01.290
medium fat content fish 中脂鱼 08.014
medium-fatty fish 中脂鱼 08.014
medium salting 中盐腌 08.251
megalopa 大眼幼体 04.358
megalopa larva 大眼幼体 04.358
meiosis 减数分裂 05.184
meiotic drive 减数引发 05.185
membranate *膜状体 04.134
mending 网衣修补，*补网 03.183
meristem 分生组织 01.323
mesh 宕眼 03.151，网目 03.249
meshes 网片 03.128
mesh regulation 网目限制 12.041
mesh selectivity 网目选择性 03.328
mesh size 网目长度，*网目尺寸 03.252
mesh strength 网目强度 03.294
mesopelagic fishes 中海层鱼类 01.227
β-mesosaprobic zone 乙型中污生物带，*β－中污生物带 11.089
α-mesosaprobic zone 甲型中污生物带，*α－中污生物带 11.088
messenger RNA 信使核糖核酸 05.020
metabolic disturbance 代谢障碍 07.038
metabolizable energy 代谢能 06.087
metacentric height 重稳距，*稳心高，*稳性高 09.099
metamorphosis 变态 01.098
meteorological tide 气象潮 01.434
metric count 公制支数 03.208
MEY 最大经济渔获量 02.027
MIC 最小抑菌浓度 07.055
microalgae *微藻类 01.316
micro-bound diet 微黏结饲料 06.056
micro-coated diet 微被膜饲料 06.057
micro diet 微型饲料，*微粒饲料 06.054
microelement 微量元素 06.027
micro-encapsulated diet 微胶囊饲料 06.055
microinjection 显微注射 05.255
micromanipulation 显微操作 05.261
micro mineral additive 微量元素添加剂 06.046
microorganisms feed 微生物类饲料 06.071
microparticle diet 微型饲料，*微粒饲料 06.054
microspore 小孢子 01.353
microsporidiasis 微孢子虫病 07.168
microsporidiasis of prawn 对虾微孢子虫病 07.169
microwave drying 微波干燥 08.171
microwave thawing 微波解冻 08.118
middle fishing vessel 中型渔船 09.005
middle rocks 中礓 04.139
mid-water trawl 中层拖网，*变水层拖网 03.028
migration 洄游 01.099
minamata disease 水俣病 11.131
mineral feed 矿物质饲料 06.074
mineral fertilizer 无机肥料 06.118
minimal inhibitory concentration 最小抑菌浓度 07.055
minimum lethal dose 最低致死量，*最小致死量 11.101
mitochondrial DNA 线粒体脱氧核糖核酸 05.254
mixed cut 混合剪裁 03.157
mixed fish soluble meal 鱼精粉 08.442
mixed netting twine 混合线 03.205
mixed rope 混合绳 03.309
mixed sperm insemination 混合精液授精 05.059
mixed yarn 混纺纱 03.195
mixing and kneading machine 擂溃机 09.381
mix salting 拌盐法 08.253
mixture homogeneity 混合均匀度 06.100
MLD 最低致死量，*最小致死量 11.101
model test of fishing gears in tank 渔具模型水池试验

03.331
model test of fishing gears in wind tunnel 渔具模型风洞试验 03.330
model test principles of fishing gears 网渔具模型试验准则，＊网渔具模型试验相似律 03.332
modified atmosphere storage 改性气体贮藏 08.150
moist diet 湿性饲料 06.058
moisture content 含水率 03.280
moisture loss 干耗 08.127
moisture regain 回潮率 03.276，回潮 08.191
molecular genetics 分子遗传学 05.239
molecular hybridization 分子杂交 05.080
molecular mark assisted breeding 分子标记辅助育种 05.225
Mollusca（拉） 软体动物 01.281
mollusk culture ＊软体动物养殖 04.179
monoculture 单养 04.025
monoecism 雌雄同体 05.053
monofilament 单丝 03.198
monofilament manufacturing machine 拉丝机 09.480
monofilament yarn 单丝纱 03.193
monolepsis 单亲遗传 05.150
Monorhina（拉） ＊单鼻孔鱼类 01.121
monosomic 单体 05.044
monospermism 单精受精 05.056
monospore 单孢子 01.356
monotypic species 单型种 05.125
monsoon 季风 01.460
mooring arrangement 系泊装置，＊系船设备 09.159
mooring trial 系泊试验 09.224
morphology of fishes 鱼类形态学 01.114
mortality 死亡率 02.132
mother pearl shellfish 珍珠母贝 04.207
mother ship type longliner 钓艚 09.042
mother-ship with fishing dory 母子式渔船 09.047
mould-proof agent 防霉剂 08.147
mound type breakwater 斜坡式防波堤 10.041
mounting 网衣装配 03.177
mouth appendage 口器 01.305
mouth feel 口感 08.035
mRNA 信使核糖核酸 05.020
MSY 最大持续渔获量 02.034
mtDNA 线粒体脱氧核糖核酸 05.254
mucilage cavity 黏液腔 01.344
mucous gland 黏液腺 01.214
mud pump 泥浆泵 09.353
mud-water separator 泥水分离机 09.354
mulberry fish pond 桑基鱼塘 04.227
multi-beam sonar 多波束渔用声呐 09.491
multi-class culture 多级养殖 04.008
multi-codend seine 百袋网 03.029
multifilament yarn 复丝纱 03.194
multi-frequency fish finder 多频率探鱼仪 09.488
multi-panel trawl 多片式拖网 03.023
multiparasitism 多寄生 07.044
multiple alleles 复等位基因 05.030
multiple hooks 复钩 03.113
multiple stocking and multiple fishing 轮捕轮放 04.348
multi-purpose fishing vessel 多种作业渔船 09.045
multi-salting 混合腌渍 08.245
municipal sewage 城市污水 11.035
muscle necrosis 肌肉坏死病 07.266
muscle pearl 肌肉珍珠，＊芥子珠 04.224
mushroom stage 薄嫩期 04.105
mussel sauce 贻贝油 08.360
mutagen 诱变剂 05.237
mutagenicity 致突变 11.128
mutation 突变 05.152
mutation breeding 诱变育种 05.233
mysis stage 糠虾幼体期 04.175
mytilicolasis 居贻贝蚤病 07.224
myxidiasis 两极虫病 07.164
myxoboliasis 碘泡虫病 07.160
myxosomiasis 黏体虫病 07.163
myxosporidiosis 黏孢子虫病 07.159

N

nacreous layer powder　珍珠层粉　08.429
natural conservation areas of waters　水域自然保护区　12.049
natural death　自然死亡　02.134
natural draft drying　自然通风干燥　08.163
natural drying　天然干燥　08.161
natural enemy　天敌　07.064
natural fertility　自然肥力　06.120
natural food　天然饵料　06.029
natural ice　天然冰　08.066
natural insemination　[鱼]自然受精　04.298
natural light seedling rearing method　自然光育苗法　04.114
natural mortality coefficient　自然死亡系数，*瞬时自然死亡率　02.136
natural mortality rate　自然死亡率　02.135
natural pearl　天然珍珠　04.204
natural propagation　自然繁殖　04.032
natural seeding　天然苗种　04.033
natural selection　自然选择　05.160
nauplius stage　无节幼体期　04.173
navigate　航海　10.084
navigation　导航　10.089
navigation certificate　航行签证簿　10.099
navigation equipment　航行设备　09.173
navigation mark　航[行]标[志]　10.079
navigation marker　渔用航标　10.080
navigation mark for fishing　渔用航标　10.080
N-cut　边傍剪裁　03.149
N-direction　网片纵向　03.130
NE　净能　06.088
neap tide　小潮　01.427
necking machine　梳麻机　09.476
necrosis　坏死　07.023
neoergasiliasis　新鱼蚤病　07.223
nephritis caused by *Amoeba*　变形虫肾炎　07.156
neritic fishes　浅海层鱼类　01.228
neritic organism　近海生物　01.038
net bottom　网底　03.079
net cage　网箱　04.015
net cage positioner　网箱沉浮装备　09.362
net cage rinser　网箱清洗设备　09.361
net capacity　容网量　09.263
net dehydrator　网片脱水机　09.472
net diagram　网图　03.068
net drum　卷网机　09.295
net dyeing machine　网片染色机　09.471
net enclosure culture　围栏养殖　04.019
net energy　净能　06.088
net fish screen　拦鱼网　04.231
net hauling system　起网机组　09.296
net hold　网舱　09.191
net monitor　网位仪　09.498
net mouth height monitor　网口高度仪　09.496
net mouth spreading monitor　网口扩张仪　09.499
net platform　网台　09.209
net primary production　净初级生产量　02.060
net screen　网帘　04.150
net setting machine　网片定形机　09.470
net shifter　理网机　09.310
netting　网衣　03.080
netting breaking strength　网片断裂强度　03.295
netting direction　网片方向　03.255
netting hanging　网衣缩结　03.178
netting length　网片长度　03.257
netting machine　织网机　09.461
netting shuttle　网梭　03.270
netting tearing strength　网片撕裂强度　03.296
netting twine　网线　03.196
netting width　网片宽度　03.258
net tonnage　净吨位　09.091
net winch　起网机　09.290
neurotoxic shellfish poison　神经性贝毒　08.453
neutralization treatment　中和处理　11.051
neutral spore　*中性孢子　01.356
NFE　无氮浸出物　06.021
nitrate nitrogen　硝态氮　06.113
nitrogen equilibrium　氮平衡　06.008
nitrogen free extract　无氮浸出物　06.021
nitrogenous balance　氮平衡　06.008

nitrogenous fertilizer 氮[素]肥[料] 06.111
N-joining 纵缝 03.168
N-meshes 纵向目数 03.135
nocardiosis 诺卡氏菌病 07.116
nocturnal habit 夜行性 01.107
nominal count 公称支数 03.209
nominal hauling speed 公称速度 09.260
nominal pull [捕捞机械]公称拉力 09.257
nominal twist 公称捻度 03.234
nominal winch pull 绞机公称拉力 09.258
non-bag purse seine 无囊围网 03.015
nonessential amino acid 非必需氨基酸 06.011
non-nutritional feed additive 非营养性饲料添加剂 06.037
non-parasitic aquatic animal disease 非寄生性水产动物病 07.252
non power-driven fishing boat 非机动渔船 09.069
non-ring purse seine 无环围网 03.017
nosemiasis of crab 蓝蟹微粒子虫病 07.173
NSP 神经性贝毒 08.453
NT-joining 纵横缝 03.170
nuclear transplantation [细胞]核移植 05.227
nucleated pearl 有核珍珠 04.212
nucleic acid 核酸 05.004
nuclei implanting 插核 04.217
nucleotide 核苷酸 05.005
nucleus insertion 插核 04.217
nullisomic 缺体 05.043
number of adhered spore 附着量 04.095
number of lateral-line scale 侧线鳞数 01.198
nuptial coloration 婚姻色 01.211
nuptial dance 婚舞 01.213
nuptial tubercle 追星，*珠星 01.212
nursery pond 育苗池 04.056
nurture of fish fingerlings 鱼种培育 04.336
N-using 纵目使用 03.181
nutrient 营养素 06.003
nutrients in sea water 海水营养盐 01.470
nutritional disturbance 营养障碍 07.036
nutritional feed additive 营养性饲料添加剂 06.036
nutritional requirement 营养需要 06.004

O

obligatory parasitism 专性寄生，*专性活体营养 07.048
oblique flat culture 斜平养殖 04.124
ocean current 海流 01.394
ocean engineering 海洋工程 10.003
ocean fishing vessel 远洋渔船 09.009
oceanic fishes 大洋性鱼类 01.221
ocean wave 海浪 01.405
octopus 蛸类 01.286
ocular plate 眼板 01.252
odour 气味 08.019
offal 下脚料 08.013
off-board pole 舷外撑杆 09.207
officer and engineer 职务船员 10.101
official regain 公定回潮率 03.278
offshore fishery 近海渔业 01.005
offshore fishing 外海捕捞 03.337
oil dock 油码头 10.028
oil pollution 石油污染 11.014
oil-water separating equipment 油水分离设备 09.153
oldest stage 衰老期 04.108
oligosaprobic zone 寡污生物带 11.087
omnivory 杂食性 01.068
on-bottom culture 岩礁养殖 04.087
one way channel 单向航道 10.017
ongrown fish 成鱼 04.351
ontogenesis 个体发育 05.246
ontogeny 个体发育 05.246
oodiniosis 卵甲藻病，*卵涡鞭虫病、打粉病 07.146
opaque ice 白冰 08.075
open cycle cooling system 开式冷却系统 09.138
opening rope 网口纲 03.109
operated shellfish 施术贝 04.213
operating method 施术法 04.215
operating tools 施术工具 04.214
operculum 厣 01.306，鳃盖 01.158
optimum catchable size 最适开捕体长 02.030
optimum yield 最适渔获量，*最适持续渔获量 02.028
organelle 细胞器 05.259

organic detritus ＊有机碎屑 01.377
organic manure 有机肥料 06.104
organic nitrogen 有机氮 06.112
organic pollutant 有机污染物 11.013
organic waste water 有机废水 11.032
original seed 原种 05.122
ornamental fishes 观赏鱼类 01.241
orthoselection 定向选择 05.162
Osteichthyes(拉) 硬骨鱼类 01.126
Ostracodermi(拉) 甲胄鱼类 01.119
otoliths 耳石 01.143
otter board 网板 03.124
otter trawl 网板拖网 03.024
outboard motor 舷外挂机 09.166
outcross 异[型杂]交 05.072
outer twist 外捻 03.232
outfiting 舾装 09.114
outfit of deck and accommodation 舾装设备 09.116
output of seedling 出苗量 04.096
outrigger 舷外撑杆 09.207
overall model test 整体模型试验 10.075
overall stability 整体稳定性 10.072
over dominant 超显性 05.181
over fishing 捕捞过度 02.022
over line bridge for ice transportation 输冰桥 10.037
over-wintering ground 越冬场 02.107
over wintering migration 越冬洄游 02.102
oviparity 卵生 01.085
ovoviviparity 卵胎生 01.086
ownership of waters for aquaculture 养殖水面所有权 12.046
oxidation pond 氧化塘，＊生物塘 11.059
oxidation pond process 氧化塘法 11.057
oxidation treatment 氧化处理 11.053
oxygenation 增氧 04.249
oxygen consumption 耗氧量 04.243
oxygen debt 氧债 04.244
oxygen deficit 氧亏 04.245
oxygen surplus 氧盈 04.246
oxygen transfer efficiency 增氧动力效率 09.328
oxygen transfer rate 增氧能力 09.327
OY 最适渔获量，＊最适持续渔获量 02.028
Oyashio current 亲潮，＊千岛寒流 01.404
oyster cocktail 蚝油 08.358
oyster reef 牡蛎礁 01.375

P

P 亲代 05.202
paddle aerator 叶轮式增氧机 09.341
paddy field fish culture 稻田养鱼 04.263
paired fin 偶鳍 01.186
pair trawler 双拖渔船 09.013
pan-dressed fish 胴体 08.027
pan freezing 盘冻 08.110
panmixis 随机交配 05.077
paralytic shellfish poison 麻痹性贝毒 08.451
paramoebiasis 拟变形虫病 07.157
paranophrysiasis 拟阿脑虫病 07.182
parasite 寄生物 07.041
parasitism 寄生 01.059
parental generation 亲代 05.202
parent crab 亲蟹 04.356
parent fish 亲鱼 04.270
parent fish rearing 亲鱼培育 04.273
parent prawn 亲虾 04.167
parents culture 亲体培育 04.047
parent shellfish 亲贝 04.182
parent shrimp 亲虾 04.167
parent shrimp rearing 亲虾培育 04.168
parent stock 亲体数量 02.124
parent turtle 亲鳖 04.361
parotitis of soft-shelled turtle 鳖腮腺炎病 07.135
parr 幼鱼斑稚鱼 04.322
parthenogenesis 孤雌生殖，＊单性生殖 05.060
particulate inheritance 颗粒遗传 05.140
pasteurellosis 巴斯德氏菌病 07.114
patchiness 斑块分布 02.109
pathogen 病原体 07.007
pathogenicity 致病性 07.014
patroclinal inheritance 偏父遗传 05.142
PCR 聚合酶链式反应 05.253
peak period of fishing season 旺发 03.361
pearl 珍珠 04.203

pearl boat 采珍船 09.049
pearl culture 珍珠养殖 04.206
pearl essence 鱼光鳞 08.441
pearl nucleus 珍珠核 04.211
pearl organ 追星，＊珠星 01.212
pearl oysters 珍珠贝 04.208
pearl powder 珍珠粉 08.428
pearl sac 珍珠囊 04.216
pearl shell 珍珠贝 04.208
pearl white 鱼鳞粉 08.440
pectoral fin 胸鳍 01.187
pedigree 系谱 05.132
peg stow net 桩张网 03.034
pelagic egg 浮性卵 04.291
pelagic fishes 中上层鱼类 01.222
pelagic fishing ground 中上层鱼渔场 03.346
pellet binder 黏合剂，＊黏结剂 06.044
pellet diet 颗粒饲料 06.047
pellet feed 颗粒饲料 06.047
pellet feed mill 颗粒饲料压制机 09.330
Penaeus monodon-type Baculovirus disease 斑节对虾杆状病毒病 07.089
pendant 游纲 03.101
PER 蛋白质效率 06.093
percentage of twist shrinkage 捻缩率 03.243
pereopod 步足 01.264
periodical survey ［船舶］定期检验 09.233
peroral infection 经口感染 07.049
pesticide pollution 农药污染 11.015
pesticide resistance ＊抗药性 07.063
petalosomasis 瓣体虫病 07.176
petasma 雄性交接器 01.269
phantom trawler 中层拖网渔船 09.020
phenotype 表型 05.172
philometrosis 嗜子宫线虫病，＊红线虫病 07.214
phosphate fertilizer 磷［素］肥［料］ 06.116
phospholipid 磷脂 06.019
photic zone 透光带 01.378
photoreceptor 光感受器 01.309
phototaxis 趋光性 01.104
phototaxy 趋光性 01.104
phototropic face 向光面 01.336
pH value 酸碱度 01.474
phycoculture 藻类养殖学 04.088
phyllosoma stage 叶状幼体期 04.357
phylogenesis 系统发育 05.247
phylogeny 系统发育 05.247
physical map 物理图谱 05.035
physical pollution 物理性污染 11.025
physical remediation 物理修复 11.146
physical treatment 物理处理 11.048
physiological pollution 生理性污染 11.024
physiology of fishes 鱼类生理学 01.118
phytoplankton 浮游植物 01.032
pick 花节 03.246
pickle 鱼卤 08.259
pickled fish in wine 醉制 08.275
pickled fish with grains and wine 糟制 08.277
pickled product 浸渍品 08.274
piece cutter 鱼段机 09.371
piece shell 小片贝，＊细胞贝 04.219
pigment 着色剂，＊食用色素 06.041
pigment cell ［载］色素细胞 01.204
pillar type culture ＊支柱式养殖 04.131
pinholing 孔蚀 08.328
pinnipeds 鳍脚类 01.314
pinnotheresosis 豆蟹病 07.234
pipeline system 管系 09.151
piscatology 水产捕捞学 03.001
piscieolaiosis 鱼蛭病 07.219
piscine culture 鱼类养殖 04.256
pitch of twist 捻距 03.240
pith filament 髓丝 01.343
pith part 髓部 01.341
pitocin 鱼类催产剂 04.283
pitocin response time 催产剂效应时间 04.289
pituitary gland ［鱼］脑垂体 04.285
Placodermi(拉) 盾皮鱼类 01.122
placoid scale 盾鳞 01.193
plain netting 平织网片 03.268
plankton 浮游生物 01.030
plankton feeding habit 浮游生物食性 01.064
plant feed 植物性饲料 06.066
plant nutrient pollution 植物营养物质污染 11.021
plasmid 质粒 05.260
plate freezer 平板冻结机 09.436
plate freezing 平板冻结 08.105
plate ice 板冰 08.069

plate ice machine　板冰机　09.453
pleistophorosis of eel　鳗匹里虫病　07.170
pleopod　腹肢　01.265
pleurobranch　侧鳃　01.273
pleuston　漂浮生物　01.034
ploidy breeding　倍性育种　05.222
podobranchia　足鳃　01.275
poikilotherm　变温动物　01.055
point　边傍　03.148
poison fishing　毒鱼　12.044
poison gland　毒腺　01.215
pole and line fishing boat　竿钓渔船　09.036
pole and line fishing platform　竿钓台　09.215
pole and line machine　竿钓机　09.303
pollutant　污染物　11.009
pollution by chemical fertilizer　化肥污染　11.016
pollution control　污染防治　11.138
pollution distribution　污染分布　11.086
pollution index　污染[评价]指数　11.092
pollution source　污染源　11.006
pollution source of water body　水体污染源　11.047
polyculture　混养　04.026
polydoraiosis　才女虫病　07.221
polymerase chain reaction　聚合酶链式反应　05.253
polymerized cross　聚合杂交，*多系杂交　05.102
polyploid　多倍体　05.047
polyploid breeding　多倍体育种　05.223
polysaprobic zone　多污生物带　11.090
polyspermism　多精受精　05.057
polytypic species　多型种　05.126
polyunsaturated fatty acid　多不饱和脂肪酸　08.376
pond cleaning　清塘　04.237
pond culture　池塘养殖　04.010
pond dike　池堤　04.236
pond fish culture　池塘养鱼　04.258
pond inspection　巡塘　04.241
pontoon　浮码头，*趸船　10.034
popped aquatic product in hot-oil　油发　08.189
popped aquatic product in hot-salt　盐发　08.190
population　种群　02.079
population characteristics　种群特性　02.084
population density　种群密度　02.086
population dynamics　种群动态，*种群数量变动　02.085
population ecology　种群生态学　02.081
population fecundity　种群繁殖力　02.087
port of registry　船籍港，*登记港　09.119
port regulations　港章　10.097
positioning　定位　10.088
posthodiplostomumiasis　茎双穴吸虫病，*新复口吸虫病　07.202
postlarva　后期仔鱼　04.317
post larval　仔虾期　04.176
post mortem change　[鱼体]死后变化　08.043
potential yield　潜在渔获量　02.029
pound net　建网　03.049
powder diet　粉状饲料　06.059
power block　动力滑轮，*悬挂式围网起网机　09.292
power-driven fishing vessel　机动渔船　09.068
power factor　捕捞能力指数　02.144
power operated winch　电动绞机　09.275
power-rating　[主机]额定功率　09.132
power-sail fishing vessel　机帆渔船　09.070
practical storage life　实用冷藏期　08.132
prawn crisp　虾片　08.212
precautionary reference points　预防性参考点　02.152
precious rare and endangered aquatic animal　珍稀濒危水生野生动物　12.050
precooked frozen food　冷冻熟食品　08.135
precooker　蒸煮机　09.405
pre cooling　预冷　08.085
predator　捕食者　02.129
preheating　预热处理　08.286
prelarva　前期仔鱼　04.316
premix feed　预混料，*预混合饲料　06.077
pre-refrigerating room　预冷室　09.184
present abundance　资源量　02.013
preservation by chilled sea water　冷[却]海水保鲜　08.088
preservation by low temperature　低温保鲜　08.064
preservation by partial freezing　微冻保鲜　08.089
preservation of fishery products　水产品保鲜　08.063
preservative　防腐剂　08.146
pressing　压榨　08.395
press liquid　榨液　08.369
pressure cooling in retort with steam and water　锅内汽－水加压冷却　08.310
pressure cooling in retort with air and water　锅内空气－

水加压冷却 08.309
pressure release 降压 08.308
pressure sterilization 加压[蒸汽]杀菌 08.302
pressure sterilization with water 加压水杀菌 08.301
pretreatment of fish [鱼]预处理 08.021
prevent action of fish from escaping 防逃 04.255
prey 被食者 02.128
primary consumer 初级消费者 02.063
primary pollutant 一次污染物，＊原生污染物 11.010
primary productivity 初级生产力 02.058
primary taste canned aquatic product ＊原汁水产罐头 08.282
primer 引物 05.252
principal dimension [船舶]主尺度 09.079
probe 探针 05.256
probiotic 益生素 06.040
processing deck 加工甲板 09.183
processing machinery 水产品加工机械 09.363
processing trawler 拖网加工渔船 09.021
producer 生产者，＊自养生物 02.057
productive capacity of pellet feed processing machine 颗粒饲料机生产能力 09.324
productivity of pellet feed processing machine 颗粒饲料机生产率 09.323
progeny 后代 05.108
progeny test 后代测验 05.109
progressive culture 多级轮养 04.349
promoter 启动子 05.251
propagation of elite tree species 良种繁育 05.265
propeller 推进器 09.145
propeller in nozzle 导管螺旋桨 09.148
propelling plant 推进装置 09.129
propulsion device 推进装置 09.129
propylene gliycol alginate 褐藻酸丙二酯 08.389
prosartema 内侧附肢 01.255
protamine 鱼精蛋白 08.422
protecting cultivation enclosed sea 封海护养 12.036
protein 蛋白质 06.006
protein denaturalization 蛋白质变性 08.050
protein diet 蛋白质饲料 06.062
protein efficiency ratio 蛋白质效率 06.093
protein freeze denaturalization 蛋白质冷冻变性 08.125
protein score 蛋白价 06.094
protocercal 原尾，＊原型尾 01.153
protozoan 原生动物 01.028
provisional survey [船舶]临时检验 09.237
pruning 修剪 03.184
PS 蛋白价 06.094
pseudancylodiscoidiosis 拟似盘钩虫病 07.189
pseudobranch 假鳃 01.167
pseudodactylogyrosis 伪指环虫病 07.188
pseudogamy 假受精 05.063
pseudopregnacy 假受精 05.063
PSP 麻痹性贝毒 08.451
Pteraspida(拉) 鳍甲类 01.120
public disaster 公害 11.007
public nuisance 公害 11.007
puffing 膨化 08.024
pull [捕捞机械]拉力 09.256
pulp shooting machine 喷浆机 09.335
pure breed 纯种 05.119
pure breeding 纯种繁育 05.120
pure line 纯系 05.131
pure line breeding 纯系育种 05.213
pure line selection 纯系育种 05.213
purification 提纯 05.267
purification center 净化中心 08.473
purse line 括纲 03.108
purse line davit 括纲吊臂 09.208
purse line winch 括纲绞机 09.282
purse ring 围网底环 03.121
purse ring bridle 底环绳 03.106
purse seine 围网 03.012
purse seine fishing ground 围网渔场 03.351
purse seine hauling machine 围网起网机 09.291
purse seine winch 围网绞机 09.281
putrefaction 腐败 08.055
putrefaction stage 腐败阶段 08.056
putrid-skin disease ＊腐皮病 07.105
pyloric caeca 幽门垂，＊幽门盲囊 01.209

Q

qualitative character 质量性状 05.175
qualitative inheritance 质量遗传 05.136
quality control ［食品］质量控制 08.446
quality index of aquatic product 水产品质量指标 08.032
quantitative character 数量性状 05.176
quantitative inheritance 数量遗传 05.137
quarantine 检疫 07.074
quarter rope 引扬纲 03.098
quay 码头 10.024
quay wall 直立式码头 10.032
quick freezing ［快］速冻［结］ 08.096
quick freezing food 冷冻食品 08.134
quick freezing plant ［快］速冻［结］装置 09.428
quick freezing room 冻结间 09.185
quotas for fishing boat and fishing gear 渔船渔具限额 12.042
quota system 配额制度 12.028

R

rack culture 棚架养殖 04.083
radiaction mutation breeding 辐射诱变育种 05.234
radial rib 放射肋 01.296
radiation dose 辐照剂量 08.153
radiation preservation 辐照保藏 08.151
radiation sterilizing 辐照杀菌 08.152
radioactive contamination 放射性污染 11.017
radio communication equipment 无线电通信设备 09.171
radula 齿舌 01.294
raft culture 筏式养殖 04.075
raft seed collection 筏式采苗 04.188
rake 耙刺渔具 03.063
rake net 耙齿网 03.064
ramp gate 滑道门 09.197
rancidity 油脂酸败 08.042
random mating 随机交配 05.077
rare species 稀有种 02.075
raschel netting 经编网片，*套编网片 03.264
rated output 标定功率 09.131
rated revolution 额定转速 09.135
rate of avoidance 回避率 11.120
rate of sinking force 沉降率 03.326
rate of utilization of strength 强度利用率 03.293
rate of water exchange 换水率 04.247
ration 日粮 06.005
ratio of twist 捻度比 03.241
razor clams sauce 蛏油 08.359
recapture rate 回捕率 02.094
receive natural seed 自然纳苗 04.040
receiver 贮液器 09.423
receptor 受体 05.228
recessed channel 隐埋索槽 09.205
recessive character 隐性性状 05.178
recessive gene 隐性基因 05.028
recessive mutation 隐性突变 05.154
reciprocal crosses 正反交 05.088
reciprocal hybrid 正反交杂种 05.089
recirculation of humid hot-air 回风 08.180
recombinant DNA technique *重组脱氧核糖核酸技术 05.218
reconstitution capacity 复原性 08.187
re-contamination 二次污染 08.463
recording fish finder 记录式探鱼仪 09.486
recreational fisheries 休闲渔业，*游乐渔业 01.012
recruiting curve 补充曲线 02.041
recruitment 补充量 02.011
recruitment over fishing 补充型捕捞过度 02.025
recruitment stock 补充群体 02.010
recuperate site 桥石养殖 04.199
red appendages disease of prawn 对虾红腿病 07.120
reddening 赤变 08.059
red-fin disease of eel 鳗赤鳍病 07.108
red fish meal 红鱼粉 08.364
red leg of bullfrog 牛蛙红腿病 07.131
red meat 红色肉 01.203

red neck disease of soft-shelled turtle 鳖红脖子病，＊鳖大脖子病、俄托克病 07.130
red rot of laver 紫菜赤腐病 07.247
red skin disease 赤皮病，＊赤皮瘟，＊擦皮瘟 07.101
red spot disease of eel 鳗红点病 07.111
red tide 赤潮，＊红潮 11.029
reef knotted netting 活结网片 03.260
reference points 参考点 02.151
refined filtration 精滤 08.397
refined oil 精[鱼]油 08.380
re-freezing 复冻 08.122
refrigerated fish hold 冷藏鱼舱 09.180
refrigerated seawater fresh-keeping fish carrier 冷海水保鲜运输船 09.054
refrigerated seawater tank 冷海水舱 09.192
refrigerated storage 冷藏 08.126
refrigerating plant 制冷装置 09.418
refuge harbor 避风港 10.009
regeneration 再生 01.109
register ton 登记吨 09.089
regressive change 退行性变化 07.034
regular wave 规则波 01.413
regulation of the target gland 靶腺调控 01.280
re-hydration 复水 08.186
reinforcing 网衣补强 03.173
rejuvenation 复壮 05.268
relative character 相对性状 05.180
relative fecundity 个体相对繁殖力 02.126
relative fishing capacity 相对捕捞能力 03.372
relative fishing power 相对捕捞能力 03.372
relative humidity 相对湿度 01.441
relaying 暂养 04.030
removing from the pan 脱盘 08.111
renewal survey [船舶]换证检验 09.235
reovirus-like virus disease of blue crab 蓝蟹呼肠孤病毒状病毒病 07.096
re-pasteurization 二次杀菌 08.312
representative species 代表种 02.077
reproduction 繁殖 01.078
reproduction curve ＊繁殖曲线 02.041
reproduction model 繁殖模型 02.037
reproduction ring 产卵轮 01.218
reproductive habit 繁殖习性 01.080
reproductive isolation 生殖隔离 05.168
reserve parent fish 后备亲鱼 04.272
reservoir fish farming 水库养鱼 04.262
residual hazard 残毒 11.039
residual rights 剩余权利 12.017
residue 残留 08.465
residue accumulation 残毒积累 11.106
resmoking 重熏 08.235
responsible fisheries 负责任渔业 12.005
resultant linear density 综合线密度 03.216
revement 护岸 10.044
reverberation [交]混[回]响 09.494
reversion 返元，＊胶析 08.342
revolution [主机]转速 09.134
rhadinarhynchiosis 长棘吻虫病 07.217
rheotaxis 趋流性 01.106
rhizoid 假根 01.352
rhizoid reproduction 假根繁殖 04.158
ribonucleic acid 核糖核酸 05.006
rigging 索具 03.300
rigging, equipment and outfit ＊船体设备 09.116
rigor mortis [鱼体]僵直 08.044
rigor stage 僵直期 08.045
ring purse seine 有环围网 03.016
ripeness of canned fish 鱼类罐头的成熟 08.316
ripeness of salted fish 咸鱼成熟 08.256
river fish culture 河道养鱼 04.261
river fishes 河流鱼类 01.231
river flood 江汛，＊发江 04.326
river mouth 河口 01.362
river port 河港 10.008
R-joining 斜缝 03.171
RNA 核糖核酸 05.006
RNA polymerase ＊核糖核酸多聚酶 05.187
rock-base culture 岩礁养殖 04.087
rock cleaning 清礁 04.192
rocky fishes 岩礁鱼类 01.224
rod 钓竿 03.126
rod line 竿钓 03.054
rogue 劣种 05.124
rolled disease of kelp 海带卷曲病 07.244
roller 滚柱 09.271
rolling period 横摇周期 09.098
rope arrangement angle 排绳角 09.267
rope capacity 容绳量 09.261

rope for inserting seedling 苗绳 04.081
rope-netting machinery 绳网机械 09.460
rope on fixed peg 橛缆 04.079
rope reel 卷纲机 09.278
rope strand 绳股 03.305
rope yarn 绳纱 03.304
rotational crossing 轮回杂交 05.101
rotational culture 轮养 04.029
rotten disease of young sea cucumber 稚参溃烂病 07.138
rotten seedling of kelp 海带脱苗烂苗病 07.239
rotten skin of Chinese river dolphin 白鳖豚腐皮病 07.137
roughage 粗饲料 06.072
rough filtration 粗滤 08.398
round pearl 正圆珍珠 04.220
row 列 03.134
rudder 舵 09.162
rugose part ＊波褶部 01.338
rules for the construction of fishing vessel 渔船建造规范 09.228
Russell's fishing theory of population 拉塞尔种群捕捞理论 02.046

S

saccharide 糖类，＊碳水化合物 06.020
sacculinasis 蟹奴病 07.231
sac-fry 孵化稚鱼 04.320
safe concentration 安全浓度 11.121
safety device 安全设备 09.168
sailing fishing vessel 风帆渔船 09.071
salinity 盐度 01.382
salinity temperature depth recorder 温盐深记录仪 09.505
salt bloom 盐霜 08.258
salted Chinese herring 咸鳓鱼，＊曹白鱼 08.264
salted fish roe 咸鱼子 08.267
salted jellyfish body 海蜇皮 08.260
salted jellyfish head 海蜇头 08.261
salted paper bubble 咸黄泥螺，＊吐铁 08.266
salted product 腌制品 08.239
salted sea-urchin gonad 腌制海胆黄 08.263
salting 腌制 08.238
salting equilibrium 盐渍平衡 08.246
salting in barrels 桶腌 08.241
salting in bulk 垛腌 08.240
salting in tank 池腌 08.242
salt water wedge 盐[水]楔 01.384
sampling 采样，＊取样 11.070
sampling of fishery biology 渔业生物学取样 02.050
sand preventing dike 防沙堤 10.047
sanguinicolosis 血居吸虫病 07.200
sanitation standard operation procedure 卫生标准操作程序 08.462
saprolegniasis 水霉病 07.140
satellite navigation equipment 卫星导航设备 09.176
satellite navigation system 卫星导航系统 09.175
saturated fatty acid 饱和脂肪酸 06.016
saturation deficit 氧亏 04.245
scale 鳞 01.192
scale above lateral line 侧线上鳞数 01.199
scale below lateral line 侧线下鳞数 01.200
scale ice 片冰 08.071
scaling machine 去鳞机 09.367
scatter and disappear ratio 散失率，＊散溶率 06.098
scatter ratio 散失率，＊散溶率 06.098
science of algae culture 藻类养殖学 04.088
science of aquiculture 水产养殖学 04.001
science of fish culture 鱼类养殖学 04.257
science of fisheries resources 渔业资源学，＊水产资源学 02.001
scoop net 抄网 03.045
screen washing 洗帘 04.121
screw presser 鱼粉压榨机 09.406
screw propeller 螺旋桨 09.146
sea anchor 海锚，＊阻力伞 03.127
seabeach cultivator 海涂翻耕机 09.358
sea fishes 海洋鱼类 01.220
sea fog 海雾 01.451
seafood 海味品 08.004
seagoing fishing vessel 海洋渔船 09.007
seakeeping qualities 耐波性 09.102
sealing 封罐 08.290

seamanship 航海技术 10.085
seaming lacing 绕缝 03.166
sea port 海港 10.006
seasoned-dried fish fillet 烤鱼片 08.206
sea-urchin paste 海胆酱 08.273
seaway 航道 10.014
seaweed glue 海藻胶 08.386
seaweed industry 海藻工业 08.385
seaweed woods 海藻林 04.165
seaworthiness 适航性 09.103
secondary consumer 次级消费者 02.064
secondary pollutant 二次污染物，*继发性污染物 11.011
secondary productivity 次级生产力 02.061
second finial generation 子二代 05.111
sediment 沉积物 11.038
sedimentation basin 沉淀池 11.062
sedimentation treatment 沉淀处理 11.049
sediment concentration 含沙量 10.062
sediment runoff 输沙量 10.063
seed box 种子箱 04.149
seed catching 苗种捕捞 04.034
seed collection area 采苗海区 04.186
seeding by sprinkling spore fluid 泼孢子水采苗 04.091
seeding collecting season 采苗季节，*采苗期 04.191
seedling from spore 孢子育苗 04.154
seedling rearing in earth ponds 土池育苗 04.046
seedling rearing room 育苗室 04.045
seedling rope inverting 苗绳倒置 04.126
seed pearl 肌肉珍珠，*芥子珠 04.224
seed rearing 苗种培育 04.031
seine painter winch 网头纲绞机 09.284
seine vessel 围网渔船 09.022
selecting 分选 08.023
selection 选择 05.159
K selection K 选择 02.089
r selection r 选择 02.088
selection index 选择指数 05.166
selection of port site 港址选择 10.010
selective breeding 选择育种 05.212
self-fertilization 自体受精，*同体受精 05.055
self-infertility 自交不育 05.075
selfing 自交 05.073
selfing line 自交系 05.074
self-purification 自净作用 11.041
self-purification of water body 水体自净 11.040
self-sterility 自交不育 05.075
selvedge 缘网衣 03.082
semi-artificial collection of seedling 半人工采苗 04.035
semi-diurnal tide 半日潮 01.430
semi-dried product 半干品 08.198
semi-floating eggs 半浮性卵 04.292
semifloating [raft] culture 半浮动[筏式]养殖 04.132
semigymnovarian 不完全裸卵巢 01.096
semi-intensive cultivation 半集约养殖，*半精养 04.005
sensory index 感官指标 08.036
separating seedling 分苗 04.115
septum filament 隔丝 01.346
serological technique 血清学技术 05.241
sessile organism 固着生物 01.048
sessilinasis 固着类纤毛虫病 07.184
set gillnet 定置刺网 03.005
set net 建网 03.049
set net fish boat 定置网渔船 09.044
set net pile hammer 定置网打桩机 09.313
setting period 固着期 04.196
setting stage 固着期 04.196
settled fishes 定居性鱼类 01.236
settlement 沉降 10.073
settlement of marine accidents 海事处理 10.103
sewage 污水 11.034
sewing 编结缝 03.165
sex chromosome 性染色体 05.013
sex control 性别控制 05.170
sex determination 性[别]决定 05.169
sex-influenced inheritance 从性遗传 05.146
sex-limited inheritance 限性遗传 05.145
sex-linked inheritance 伴性遗传 05.143
sex ratio 性比 01.079
sex reversal 性逆转 05.171
sexual hybridization 有性杂交 05.095
sexual maturity 性成熟 01.081
shade-purse seine 阴凉围网 03.014
shady face 背光面 01.337
shafting 轴系 09.142
shallow sea culture 浅海养殖 04.085
shaping netting 成型网片 03.269

shared stocks 共享资源 02.007
shark skin disease of porphyra filament 紫菜丝状体鲨皮病 07.246
shelf fishing ground 大陆架渔场 03.349
shelf-life 保质期 08.447
shell conchocelis 贝壳丝状体 01.357
shellfish-algae intercropping 贝藻套养，＊贝藻间养 04.028
shellfish crusher 轧螺蚬机 09.332
shellfish culture 贝类养殖 04.179
shellfish farming ＊软体动物养殖 04.179
shellfish harvester 贝类采捕机 09.337
shellfish hatchery 贝类育苗 04.184
shellfish processing machines 贝类脱壳机组 09.396
shellfish purification 贝类净化 08.468
shellfishes ＊贝类 01.281
shellfish toxicity 贝毒 01.307
shellfish washing machine 贝类清洗机 09.395
shell ice 管冰 08.072
shell ice machine 壳冰机 09.454
shell of abalone 石决明 08.420
shell ulcer disease ＊甲壳溃疡病 07.122
shelter 避风锚地 10.021
ship breadth 船宽 09.083
ship building berth 船台 10.045
ship engine 主机 09.130
ship length 船长 09.080
ship lock 船闸 10.054
ship oscillation 船舶摇荡 09.097
ship piping 船舶管系 09.152
ship position 船位 10.082
ship route 航线 10.093
ship trial 试航 09.225
ship type 船型 09.110
ship vibration 船舶振动 09.105
ship's depth 船深 09.082
shoaling rate 回淤率 10.067
shrimp culture 虾类养殖 04.166
shrimp heading machine 摘虾头机 09.393
shrimp meat cleaning machine 虾仁清理机 09.391
shrimp meat grading machine 虾仁分级机 09.392
shrimp paste 虾酱 08.271
shrimp peeling machine 虾仁机 09.390
shrimp sauce 虾油 08.357
shrimp seed 虾苗 04.171
shrimp seed rearing 虾苗培育 04.172
shrimp trawler 虾拖网渔船 09.017
shrinkage 收缩率 03.298
shrouded propeller 导管螺旋桨 09.148
shucking 去壳 08.469
sibling species 姐妹种，＊亲缘种 05.128
side power roller 舷边动力滚筒 09.316
side rope 侧纲 03.104
side trawler 舷拖渔船 09.015
signal appliance 信号设备 09.177
significant wave height 有效波高 01.409
silage 青贮饲料 06.068
siltation volume 淤积量 10.066
silt remover 清淤机 09.349
simple twisted rope 单捻绳 03.301
simulated prawn meat 人造虾仁 08.356
simulated scallop adductor 人造扇贝柱 08.355
simulated seafood 模拟海味食品 08.353
sinergasilliasis 中华鱼蚤病 07.222
single cross 单交 05.090
single cross hybrid 单交种 05.091
single raft 单筏 04.077
single seine vessel 单船围网渔船 09.023
single trawler 单拖渔船 09.012
single twisted netting twine 单捻线 03.200
single yarn 单纱 03.190
sinker 沉子 03.321
sinking force 沉降力 03.325
sinking pellet diet 沉性颗粒饲料 06.050
sinking rope culture 潜绳养殖 04.164
sinking speed 沉降速度 03.327
sister species 姐妹种，＊亲缘种 05.128
size limit 体长限制 12.037
size of netting 网片尺寸 03.256
size sorting 过筛 04.345
skiff 渔艇 09.030
skinning machine 去皮机 09.373
slice ice 片冰 08.071
slice ice machine 片冰机 09.451
slip hook 弹钩 09.201
slipway 滑道 10.046
slope 网坡 03.078
sloping breakwater 斜坡式防波堤 10.041

sloping wharf 斜坡式码头 10.033
slow freezing ［缓］慢冻［结］ 08.095
slush ice 湿雪冰 08.074
small fishing vessel 小型渔船 09.006
small pieces of net 小片 04.218
small scale fishery 群众渔业 01.008
smoked-curing 熏制 08.226
smoked product 熏制品 08.227
smoke oil 熏液 08.236
smoking drying 熏干 08.159
smoking material 熏材 08.237
smoldering liquid 熏液 08.236
smoldering wood 熏材 08.237
smolt 银白化幼鱼 04.323
snout 吻部 01.135
snow-ice 雪冰 08.073
soaking fertilization 浸肥法 04.065
sociability 集群性 01.103
sodium alginate 褐藻酸钠 08.388
sodium morrhuate preparations 鱼肝油酸钠制剂 08.424
soft can 软罐头 08.280
soft pellet diet 软颗粒饲料 06.049
soft shell disease 软壳病 07.260
soft swelled can 软胀罐 08.325
SOLAS 国际海上人命安全公约 09.240
solid phase conversion 固相转化 08.391
soluble component 可溶性成分 08.047
soluble protein in salt solution 盐溶性蛋白质 08.052
soluble protein in water 水溶性蛋白质 08.051
solvent extraction 浸出 08.394
somatic hybridization 体细胞杂交 05.106
sorting box 鱼筛 04.344
sound test 打检 08.321
source of infection 传染源 07.008
sovereignty right 主权权利 12.016
space 舱室 09.124
spat 贝苗 04.183
spat collection prediction 采苗预报 04.187
spatial distribution 空间分布 01.110
spawning ground 产卵场 02.105
spawning induction 催产 04.282
spawning migration 生殖洄游，＊产卵洄游 02.097
spawning peak 产卵高峰 04.280
spawning pond 产卵池 04.049
spawning season 产卵季节 04.278
spawning stock recruitment relationship model 亲体与补充量关系模型 02.044
spear 鱼叉 03.065
species 种 01.023
species cross 种间杂交 05.103
species diversity index 生物种多样性指数，＊物种多样性指数 11.093
species hybridization 种间杂交 05.103
specific conductivity ［水］电导率 11.074
speed 航速 10.094
speed governor 调速器 09.137
spermaceti 鲸蜡 08.426
spermatophore 精荚，＊精包 01.271
spiracle 喷水孔 01.172
spiral belt freezer 螺旋带式冻结装置 09.430
spiral whorl 螺层 01.291
spire 螺旋部 01.292
spirosuturiasis 旋缝虫病 07.162
split branch culture 劈枝养殖 04.159
splitting machine 剖背机 09.370
splitting strop 网囊束纲 03.097
spoilage 腐败 08.055
sponges 海绵动物 01.029
spontaneous heating 自然发热 08.372
spontaneous mutation 自发突变 05.155
spool winder 绕线盘机 09.463
sporangiorus 孢子囊群 01.345
spore fluid 孢子水 04.090
sporophyte 孢子体 01.329
sporophyte generation 孢子体世代 01.319
spray cooling 喷淋冷却 08.084
spray drying 喷雾干燥 08.167
spray freezer 浸淋式冻结装置 09.431
spray freezing 喷淋式冻结 08.102
spring fishing season 春汛 03.357
spring seedling 春苗 04.112
spring tide 大潮 01.426
spring viremia of carp 鲤春病毒血症 07.080
sprinkle incubating method of fish eggs 鱼卵淋水孵化 04.310
sprinkler 喷洒装置 09.220
sprinkling fertilization 泼肥法 04.064
spun yarn 短纤纱，＊牵切纱 03.191

squalene ［角］鲨烯 08.433
square net 网盖 03.071
square netter 敷网渔船 09.034
square net winch 敷网绞机 09.286
squid angling boat 鱿鱼钓渔船 09.040
squids 柔鱼类 01.283
SSOP 卫生标准操作程序 08.462
stability ［船］稳性 09.095
stability of viscidity 黏度稳定性 08.393
stability quality of pellet feed in water 颗粒饲料水中稳定性 09.326
stabilizer 减摇装置 09.165
stable manure 厩肥 06.106
stages of gonad development 卵巢分期 04.276
stages of testes development 精巢分期 04.277
stake rope 桩纲 03.111
stake-set stow net 樯张网 03.036
stalk 海藻柄 01.333
standard atmosphere pressure 标准大气压 01.439
standard equilibrium regain 标准回潮率 03.277
standard for discharge of pollutants 污染物排放标准 11.141
standard length 体长，＊标准长 01.147
standard number 标准号数 03.219
standard sea water 标准海水 01.468
standing crop 资源量 02.013
standing wave 驻波 01.415
α-starch processing machine α淀粉机 09.333
starter diet 开口饲料 06.053
starter feed 开口饲料 06.053
starting braiding 起编 03.137
stationary lift net 扳罾 03.043
statocyst 平衡囊，＊平衡泡 01.256
statutory survey ［船舶］法定检验 09.229
STD 温盐深记录仪 09.505
steam-jet exhaust 蒸汽喷射排气 08.179
steam regulation of texture 蒸汽调质 06.101
stearin ［鱼］硬脂 08.381
steel fishing vessel 钢［质渔］船 09.072
steeping in water for reconstitution 水发 08.188
steering arrangement 操舵装置，＊舵机 09.163
steering gear 操舵装置，＊舵机 09.163
stenohaline species 狭盐种 01.051
stenophagy 狭食性 01.063
stenothermal species 狭温种 01.054
stereoscopic cultivate 立体培养 04.143
sterilization 杀菌 08.298
sterilization in open kettle 常压杀菌 08.303
sterilizer 杀菌设备 09.375
sterilizing time 杀菌时间 08.307
stern barrel 尾滚筒 09.210
stern ramp 尾滑道 09.196
stern ramp trawler 尾滑道拖网渔船 09.018
stern roll 尾滚筒 09.210
stern shaft 尾轴 09.144
stern trawler 尾拖渔船 09.014
steroids 固醇类，＊甾醇类 06.018
stick 竖杆 03.122
stick-held lift net 舷敷网 03.042
stick-net 插网 03.050
sticks culture 插竹养殖 04.200
stick water 鱼汁 08.370
stick water vacuum concentrating plant 汁水真空浓缩设备 09.411
stigmatosis 打印病 07.105
still tide 平潮 01.428
stimulation by running water 流水刺激 04.146
stimulation in the sea 下海刺激 04.147
stitch 花节 03.246
stitch length 花节长度 03.247
stock 原种 05.122
stocking by natural 自然纳苗 04.040
stocking density 放养密度 04.059
stocking rate 放养量 04.058
stocking ratio 放养比例 04.060
stocking size 放养规格 04.061
stock-recruitment model ＊亲体补充量模型 02.037
stolon reproduction 匍匐枝繁殖 04.157
stone throwing culture 投石养殖 04.198
storage pond 暂养池 04.012
storm 风暴 01.449
storm surge 风暴潮 01.455
stow net 张网 03.030
straddling fisheries resources 跨界渔业资源 02.008
strain 品系 05.116
strait 海峡 01.361
strand ［线］股 03.197
stranding machine 制股机 09.479

8 strands plaited rope 八股编绞绳 03.314
stream fish culture 河道养鱼 04.261
streptococcicosis 链球菌病 07.115
stress resistance 抗逆性 05.207
structure number 结构号数 03.217
struvite 玻璃状结晶 08.332
S-twist 右捻，＊S捻 03.226
stylocerite 柄刺 01.254
subacute poisoning ［水生生物］亚急性中毒 11.125
subacute toxicity test for aquatic organism 水生生物亚急性毒性试验 11.114
submerging cage 沉式网箱 04.017
subspecies 亚种 01.024
substratum 生长基质，＊附着基 04.037
successive selection 连续选择 05.165
sucker 吸盘 01.339
suction accumulator 液体分离器 09.422
suction trap 液体分离器 09.422
suffocation 泛池 07.261
sulphide stain 硫化物污染 08.331
sulphur blackening 硫化黑变 08.329
summer fishing moratorium 伏季休渔 12.035
summer fishing season 夏汛 03.358
summerlings 夏花 04.339
summer seedling 夏苗 04.111
sunburn 晒熟 08.182
sun-dried of the pond 晒池 04.239
sun drying 晒干 08.157
sunning net 晒网［帘］ 04.151
super dominant 超显性 05.181
superstructure 上层建筑 09.125
suprabranchial organ 鳃上器官 01.169
supralittoral zone 潮上带 01.372
surface current 表层流 01.399
surface longline 浮延绳钓 03.057
surface quality pellet feed 颗粒饲料表面质量 09.321
surface temperature 地面温度 01.462
surimi 鱼糜 08.337
surimi product 鱼糜制品 08.336
surplus yield 剩余资源量，＊剩余渔获量 02.015
surplus yield model ＊剩余产量模型 02.038
surrounding gillnet 围刺网 03.007
survival rate 存活率，＊残存率 02.111
survival rate of fish fry 鱼苗成活率 04.334
survivorship curve 存活曲线，＊残存曲线 02.036
suspended load 悬移质 10.065
suspended solid 悬浮物，＊悬浮固体 11.037
sustainable yield 持续渔获量 02.032
SVC 鲤春病毒血症 07.080
sweep line 手纲 03.100
swell 涌浪 01.419
swelled can 胀罐 08.323
swim bladder 鳔 01.210
swim-up fry 上浮稚鱼 04.321
swim-up larvae 上浮仔鱼 04.324
symbiosis 共生 01.058
symmetrical cutting 对称剪裁 03.161
symptom 症状 07.016
symptomatic treatment 对症治疗 07.073
synchronous oocyte development 同步发育型［卵母细胞］ 01.091
synedrasis 针杆藻病 07.149
synergistic effect 协同效应 11.104
systematic count 设计支数 03.210

T

TAC 总允许渔获量 02.031
TAC System 总可捕量制度 12.027
tagging and releasing 标志放流 02.093
tail 尾部 01.145
tail fan 尾扇 01.268
tail hauling machine 尾部起网机 09.318
tail-rot disease 烂尾病 07.109
tandem selection 连续选择 05.165
taper ratio 剪裁斜率 03.159
target gland 靶腺 01.279
target or management points 指标或管理参考点 02.154
tassel finned fishes 总鳍鱼类 01.127
taxonomy of fishes 鱼类分类学 01.115
$TCID_{50}$ 半数组织培养感染剂量 07.040
T-cut 宕眼剪裁 03.152
TD 真实消化率 06.092
T-direction 网片横向 03.131
TDT 热力致死时间 08.314

teleostei 真骨鱼类 01.132
telson 尾节 01.267
temperate water fishes 温水性鱼类 01.244
temporary culture 暂养 04.030
temporary culture of seedling 幼苗暂养 04.098
tensile strength 断裂应力 03.284
tentacle 触手 01.308
teratogenicity 致畸 11.127
tergum 背甲 01.313
terrestrial faces 陆相 10.069
territorial sea 领海 12.009
test cross 测交 05.085
test portion 试份 11.072
test run 试航 09.225
test strain line 测交品系 05.086
tetraploid 四倍体 05.046
tetraspore 四分孢子 01.327
tetrasporophyte 四分孢子体 01.328
tetrodotoxin 河鲀毒素 08.449
tex 特[克斯] 03.214
texture 质地 08.017
6-TG 6-硫代鸟嘌呤制剂 08.435
thallus 叶状体，*原植体 01.331
thallus of porphyra 紫菜叶状体 04.134
thawing 解冻 08.115
thawing equipment 解冻设备 09.444
thawing tank 融冰槽 09.449
the international law of the sea 国际海洋法 12.003
thelohanelliasis 单极虫病 07.166
thelycum 雌性交接器，*纳精器 01.272
theory of pure line 纯系学说 05.199
The Protocol of 1993 Relating to the International Convention for the Safety of Fishing Vessels 国际渔船安全公约1993年议定书 09.245
thermal center 热中心点 08.094
thermal death time 热力致死时间 08.314
thermal exhaust 加热排气 08.288
thermal pollution 热污染 11.019
thermal resistance 抗热性，*耐热性 08.315
thermocline 温跃层 01.386
thermophilic species 适温种 01.052
thickness 粗度 03.206
thick stem and roll leave disease of kelp 海带柄粗叶卷病 07.242
6-thioguanine preparation 6-硫代鸟嘌呤制剂 08.435
three dimensional model test 整体模型试验 10.075
thrombus 血栓 07.029
tidal current 潮流 01.432
tidal rip 潮隔 01.433
tide 潮汐 01.420
tide current limit 潮流界 01.435
tide flat culture of gracilaria 江蓠浅滩养殖 04.160
tide level 潮位 01.421
tide range 潮差 01.429
tide table 潮汐表 01.436
tightness 松紧度 03.245
tin sulphide 硫化锡斑 08.330
tip cutting 切尖 04.127
tip part 梢部 01.351
tissue culture 组织培养 05.242
50% tissue culture infective dose 半数组织培养感染剂量 07.040
tissue lesion 组织损伤 07.017
titer 效价 05.248
T-joining 横缝 03.169
T-meshes 横向目数 03.136
TOC 总有机碳 11.075
tolerance 允许值 08.466
tonnage 吨位 09.088
top cross 顶交 05.087
torrymeter 鱼鲜度测定仪 09.506
torsional vibration [轴系]扭振 09.107
total allowable catch 总允许渔获量 02.031
Total Allowable Catch System 总可捕量制度 12.027
total bacteria count 细菌总数 11.027
total length 全长 01.146
total linear density 总线密度 03.215
total mortality coefficient 总死亡系数 02.133
total nitrogen 总氮 11.076
total organic carbon 总有机碳 11.075
total phosphorus 总磷 11.077
total volatile basic nitrogen 挥发性盐基氮 08.038
totipotency 全能性 05.217
towing block 曳纲束锁 09.202
towing power 拖力 03.380
towing speed 拖速 03.379
towing warp tensiometer 曳纲张力仪 09.501
toxicity 毒性 07.054

toxicity of algae 藻类毒害 07.253
toxicity test 毒性试验 11.112
trachelobdellaiosis *颈蛭病 07.220
tractive winch 牵引绞机 09.307
trade winds 信风 01.459
trait 性状 05.174
trammel net 三重刺网 03.010
transcriptase 转录酶 05.187
transcription [遗传]转录 05.186
transducer 换能器 09.490
transgene 转基因 05.230
transgenic fish 转基因水产品 08.006
transgenics 转基因学 05.231
transgenic seafood 转基因水产食品 08.007
transgenosis 基因转移 05.232
translation [遗传]翻译 05.188
transparency 透明度 01.393
transplantation 移植 04.253
transport of living fish 活鱼运输 04.352
transverse framing system 横骨架式 09.123
trap net 建网 03.049
trawl 拖网 03.021
trawler 拖网渔船 09.011
trawling-seining combination 拖围兼作 03.383
trawl monitor 拖网监测仪 09.497
trawl winch 拖网绞机 09.280
treatment by chemical precipitation 化学沉淀处理 11.052
trial trip 试航 09.225
trichodiniasis 车轮虫病 07.185
trichophryiasis 毛管虫病 07.178
tricylinder hauling machine 三滚筒起网机 09.317
triple cross 三交 05.093
triploid 三倍体 05.045
trisomics 三体 05.042
troller 曳绳钓渔船 09.037
trolling boat 曳绳钓渔船 09.037
trolling gurdy 曳绳钓起线机 09.301
trolling line 曳绳钓，*拖钓 03.055
troll line 曳绳钓，*拖钓 03.055
trophic level 营养级 02.127
tropical storm 热带风暴 01.453
tropic fishes 热带鱼类 01.239
true digestibility 真实消化率 06.092
trumpet hyphae 喇叭丝 01.342
trunk 躯干 01.144
trypanosomiasis 锥体虫病 07.152
T-T-T of frozen food 冷冻食品 T-T-T 08.128
TTX 河鲀毒素 08.449
tube ice 管冰 08.072
tube ice machine 管冰机 09.452
tuberculosis of black bream 黄鳍鲷结节病 07.118
tumour of laver 紫菜癌肿病 07.250
tumours of fish 鱼类肿瘤 07.236
tuna seine vessel 金枪鱼围网渔船 09.032
tunnel freezing plant 隧道式冻结装置 09.429
turbidity 浑浊度 11.073
turn platform 旋转网台 09.211
T-using 横目使用 03.182
TVB-N 挥发性盐基氮 08.038
twig bundle culture 插篊养殖 04.131
twin-hull fishing vessel 双体渔船 09.077
twist 捻回 03.223
twist angle 捻回角 03.239
twist direction 捻向 03.224
twisted netting twine 捻线 03.199
twist factor 捻系数 03.238
twist in different direction 交互捻 03.230
twisting 加捻 03.221
twisting machine 捻线机 09.477
twisting netting 绞捻网片 03.266
twisting winder 络筒机 09.466
twist in same direction 同向捻 03.229
twist-netting machine 绞捻编网机 09.465
twist off 退捻 03.222
twist shrinkage 捻缩 03.242
two boat seine vessel 双船围网渔船 09.024
two boat trawler 双拖渔船 09.013
two decked fishing vessel 双甲板渔船 09.078
two-panel trawl 两片式拖网 03.022
two-stick stow net 竖杆张网 03.040
two-stick swing net 桁杆张网 03.039
tying sporelings to rocks 绑苗投石法 04.118
tympanites of *Rana grylis* 美国青蛙膨气病 07.132
types of spawning stock 鱼类生殖群体类型 02.091
typhoon 台风 01.454

U

UHTST 超高温瞬时杀菌 08.299
ulcer disease 溃烂病 07.107
ulothrixosis of prawn 对虾丝状藻类附着病 07.150
ultrafiltration 超滤 08.399
ultra high temperature short time sterilization 超高温瞬时杀菌 08.299
ultra short wave thawing 超短波解冻 08.119
ultra-ultrared drying 远红外干燥 08.172
undercurrent 潜流 01.395
under exploitation 轻度开发 02.145
under-ice fishing 冰下捕鱼 03.386
underwater light winch 水下灯绞机 09.309
underwater silt remover 水下清淤机 09.350
undifferentiated gonochorist ［性腺］未分化型 01.088
uneven part 凹凸部 01.349
uneven stage 凹凸期 04.104
unicellular algae 单细胞藻类 01.316
unit character 单位性状 05.179
United Nations Convention on the Law of the Sea 联合国海洋法公约 12.004
unpaired fin 奇鳍 01.182
unsaturated fatty acid 不饱和脂肪酸 06.017
upper hauling rope 上进纲 09.265
upwelling 上升流 01.396
upwelling fishing ground 上升流渔场 03.344
uropoda 尾肢 01.266
used salt 乏盐 08.249
use right of waters for aquaculture 养殖水面使用权 12.047
utility factor of berth 泊位利用率 10.029

V

vaccine 疫苗 07.065
vacuolar degeneration 空泡变性 07.022
vacuum chilling 真空冷却 08.083
vacuum drying 真空干燥 08.170
vacuum-exhaust 真空排气 08.289
vacuum freeze-drying equipment 真空冷冻干燥设备 09.434
vacuum in canned product 罐头真空度 08.319
vacuum sealing 真空封罐 08.292
vacuum thawing 真空解冻 08.120
value of trimethylamine TMA 值 08.041
value of volatile basic nitrogen VBN 值 08.040
variable pitch propeller 可变螺距螺旋桨 09.147
variation 变异 05.157
variety 品种 05.113
variety identification 品种鉴定 05.134
variety resources 品种资源 05.114
vegetative growth 营养生长 04.102
vegetative reproduction 营养繁殖 04.155
venting ［杀菌锅］排气 08.305
ventral fin 腹鳍 01.188
vertical breakwater 直立式防波堤 10.042
vertical distribution 垂直分布 01.111
vertical-face wharf 直立式码头 10.032
vertical fish finder 垂直探鱼仪 09.484
vertical infection 垂直感染 07.050
vertical migration 垂直移动 02.103
vertical plate freezer 立式平板冻结机 09.438
vesicocoeliumosis of sinonovacula 缢蛏泄肠吸虫病 07.206
vessel age 船龄 09.223
vessel ton 登记吨 09.089
VHS 病毒性出血败血症 07.081
vibriosis of clam 文蛤弧菌病 07.128
vibriosis of fishes 弧菌病 07.110
viral disease 病毒性疾病 07.076
viral hemorrhagic septicemia 病毒性出血败血症 07.081
virgin abundance 原始资源量 02.012
virgin biomass 原始资源量 02.012
virtual population analysis 有效种群分析 02.039
virulence 毒力 07.011
virulent ascitesosis of yellowtail fingerling 鰤幼鱼病毒性腹水病 07.087

visceral mass 内脏团 01.300
visceral mycosis of salmon 虹鳟内脏真菌病 07.142
viscid eggs 黏性卵 04.294
visibility 能见度 01.448
vitality 生活力，＊生活强度 05.194
vitamin 维生素 06.023
vitamin additive 维生素添加剂 06.045
vitamin deficiency 维生素缺乏病 07.258
viviparity 胎生 01.087
volume of unload fish 卸鱼量 10.013
voyage 航次 03.378
VPA 有效种群分析 02.039

W

warm current 暖流 01.401
warm water fishes 暖水性鱼类 01.245
warp 曳纲 03.102
warp block 曳纲滑轮 09.200
warping end 摩擦鼓轮 09.270
warping machine 整经机 09.468
washing method of artificial fertilization 洗卵法人工授精 04.302
waste water 废水 11.030
waste water treatment 废水处理 11.044
water activity of fish products 水产品水分活度 08.049
water body pollution 水体污染 11.022
water color 水色 01.392
water content 吸水率 03.281
water depth in front of wharf 码头前水深 10.023
water imbibition 吸水性 03.273
water improving machine 水质改良机 09.339
water-keep agent 保水剂 08.145
water level 水位 10.060
waterline 水线 09.093
water mass 水团 01.389
water pollution 水污染 11.005
water processor machinery 水处理机械 09.338
water purifier 水质净化机 09.345
water purifier by biological rotating disc 生物转盘净化机 09.346
water purifier by biological rotating tube 生物转筒净化机 09.347
water quality 水质 11.004
water quality analysis 水质分析 11.068
water quality assessment 水[环境]质[量]评价 11.081
water quality criteria of fishery 渔业水质基准 11.139
water quality management 水质管理 04.242
water quality monitoring 水质监测 11.067
water quality standard of fishery 渔业水质标准 11.140
water sample 水样 11.071
water shrinkage 缩水率 03.299
water stability 水中稳定性 06.097
water stage 水位 10.060
water system 水系 01.390
water temperature 水温 01.391
water testing 试水 04.238
water thawing 水解冻 08.116
watertight 水密 09.108
waterwheel aerator 水车式增氧机 09.342
wave celerity 波速 01.412
wave height 波高 01.407
wave length 波长 01.410
wave parameters 波浪要素 01.406
wave period 波周期 01.411
wave scale 波级 01.418
weather tightness 风雨密[性] 09.109
Weberian apparatus 韦伯器 01.176
Weberian organ 韦伯器 01.176
weed cutting machine 水草收割机 09.336
weight at recruitment 补充体重 02.042
weight in wet case 含水重量 03.274
weight stone 坠石 04.082
weir 鱼梁 03.048
well room 活鱼舱 09.181
wet cure 湿腌法，＊盐水渍法 08.244
wet knot strength 湿结强度 03.289
wet method of artificial fertilization 湿法人工授精 04.301
wet rendering 湿榨法 08.368
wet strength 湿强度 03.286
whale catcher 捕鲸船 09.048
whale factory ship 鲸工船 09.065
whale oil 鲸油 08.383
whaler 捕鲸船 09.048

whaling ship 捕鲸船 09.048
whaling winch 捕鲸绞机 09.288
wharf 码头 10.024
white cloud disease of carp 鲤白云病 07.102
white fish meal 白鱼粉 08.363
white head-mouth disease 白头白嘴病 07.100
white ice 白冰 08.075
white mold disease of kelp 海带白烂病 07.243
white rot disease of kelp 海带白烂病 07.243
white skin disease 白皮病 07.099
white-spot disease ＊白点病 07.183
white spot disease of marine fish ＊海水鱼白点病 07.177
white spot syndrome virus disease 白斑[症病毒]病 07.091
white tail disease ＊白尾病 07.099
white tip disease of kelp 海带白尖病 07.240
whole fish meal 全鱼粉 08.365
wide cross 远缘杂交 05.099
wide hybrid 远缘杂种 05.206
wild fishes 野杂鱼 04.327
wild fry 天然苗种 04.033
wild spat 野生贝苗 04.185
winch 绞[纲]机，＊绞车 09.273
winch-rope reel 绞[纲]机组 09.279
wind direction 风向 01.442
wind force 风力 01.445
winding diameter 卷绕直径 09.268
windlass [起]锚机 09.157
wind rose 风玫瑰图 10.057
wind speed 风速 01.443
wind wave 风浪 01.417
wing 网袖 03.069，网翼 03.070
wing bollard 舷边导向滑轮 09.206
wingtip line 袖端纲 03.091，翼端纲 03.092
winter fishing season 冬汛 03.360
wintering pond 越冬池 04.013
wire rope 钢丝绳 03.308
withdrawal time 停药时间 08.467
without footline drift net 无下纲刺网，＊散腿刺网 03.009
wooden anchor 椗 03.125
wooden fishing vessel 木[质渔]船 09.073

Y

yarn collecting machine 制系机 09.478
yearlings 一龄鱼种，＊当年鱼种 04.337
year-round spawning 周年产卵 04.279
yield-per recruitment model ＊单位补充量渔获量模型 02.040
yolk-sac larvae 卵黄囊仔鱼 04.325
Y-organ Y器官 01.276
young fish 幼鱼 04.319
young fish of two years 二龄鱼种 04.338
young mollusk 幼贝 04.194
young ring 幼轮 01.219
young shellfish 幼贝 04.194

Z

zipper line 网囊抽口绳 03.099
zoea stage 蚤状幼体期 04.174
zonate frond 带状叶片 01.332
zone of maximum ice crystal formation 最大冰晶生成带 08.124
zoobenthos 底栖动物 01.035
zooplankton 浮游动物 01.033
zoospore [游]动孢子 01.347
Z-twist 左捻，＊Z捻 03.225
zygote 合子，＊受精卵 05.023

汉 英 索 引

A

＊艾格特韦德病毒　Egtved virus　07.081
艾美虫病　eimeriasis　07.158
氨基酸　amino acid　06.009
＊氨基酸化学分　chemical score, CS　06.094
氨基酸平衡　amino acid balance　06.012
氨态氮　ammonium nitrogen　06.114
安全浓度　safe concentration　11.121
安全设备　safety device　09.168
鮟鱇网　angler stow net　03.032
＊暗色肉　dark meat　01.203
凹凸部　uneven part　01.349
凹凸期　uneven stage　04.104

B

八股编绞绳　8 strands plaited rope　03.314
巴拉诺夫产量方程　Baranov yield equation, Baranov catch function　02.045
巴斯德氏菌病　pasteurellosis　07.114
靶腺　target gland　01.279
靶腺调控　regulation of the target gland　01.280
耙齿网　rake net　03.064
耙刺渔具　rake　03.063
白斑[症病毒]病　white spot syndrome virus disease　07.091
白冰　white ice, opaque ice　08.075
＊白点病　white-spot disease　07.183
白鳖豚腐皮病　rotten skin of Chinese river dolphin　07.137
白皮病　white skin disease　07.099
白霜　bloom　08.185
白头白嘴病　white head-mouth disease　07.100
＊白尾病　white tail disease　07.099
白鱼粉　white fish meal　08.363
白棕绳　manila rope　03.312
百袋网　multi-codend seine　03.029
摆帘　arranging aquatic products on mate　08.177
斑点叉尾鮰病毒病　Channel catfish viral disease, CCVD　07.086
斑节对虾杆状病毒病　*Penaeus monodon*-type Baculovirus disease　07.089
斑块分布　patchiness　02.109
扳罾　stationary lift net　03.043
板冰　plate ice　08.069
板冰机　plate ice machine　09.453
板鳃类　Elasmobranchii(拉)　01.124
拌盐法　mix salting　08.253
伴性遗传　sex-linked inheritance　05.143
瓣鳃纲　Lamellibranchiata(拉)　01.288
瓣体虫病　petalosomasis　07.176
半浮动[筏式]养殖　semifloating [raft] culture　04.132
半浮性卵　semi-floating eggs　04.292
半干品　semi-dried product　08.198
半集约养殖　semi-intensive cultivation　04.005
＊半精养　semi-intensive cultivation　04.005
半人工采苗　semi-artificial collection of seedling　04.035
半日潮　semi-diurnal tide　01.430
半鳃　hemibranch　01.165
半数忍受限　median tolerance limit　11.100
半数致死量　median lethal dose, LD_{50}　07.057
半数致死时间　median lethal time, LT_{50}　07.058
半数组织培养感染剂量　50% tissue culture infective dose, $TCID_{50}$　07.040
半同胞交配　half sib mating　05.069
半咸水养殖　brackish water aquaculture　04.073
＊半圆珍珠　half-round pearl　04.222
半致死浓度　median lethal concentration, LC_{50}　11.099
绑苗投石法　tying sporelings to rocks　04.118
包冰机　glazing machine　09.442
包冰衣　glazing　08.114
包芯绳　compound rope　03.310

孢子放散日周期 daily release cycle of spore 04.137
孢子囊群 sporangiorus 01.345
孢子水 spore fluid 04.090
孢子体 sporophyte 01.329
孢子体世代 sporophyte generation 01.319
孢子育苗 seedling from spore 04.154
薄嫩期 mushroom stage 04.105
保水剂 water-keep agent 08.145
保质期 shelf-life 08.447
堡礁 barrier reef 01.368
饱和脂肪酸 saturated fatty acid 06.016
鲍珍珠 abalone pearl 04.221
背光面 shady face 01.337
背甲 tergum 01.313
背开 back cut 08.029
背鳍 dorsal fin 01.183
贝毒 shellfish toxicity 01.307
贝壳丝状体 shell conchocelis 01.357
*贝类 shellfishes 01.281
贝类采捕机 shellfish harvester 09.337
贝类净化 shellfish purification 08.468
贝类清洗机 shellfish washing machine 09.395
贝类脱壳机组 shellfish processing machines 09.396
贝类养殖 shellfish culture 04.179
贝类育苗 shellfish hatchery 04.184
贝苗 spat 04.183
*贝藻间养 shellfish-algae intercropping 04.028
贝藻套养 shellfish-algae intercropping 04.028
倍性育种 ploidy breeding 05.222
被卵巢 cystovarian 01.094
被食者 prey 02.128
本底污染 background pollution 11.018
本尼登虫病 benedeniasis 07.192
闭壳肌 adductor muscle 01.302
*闭口病 asymphylodorasis 07.204
闭式冷却系统 closed cycle cooling system 09.139
必需氨基酸 essential amino acid 06.010
必需氨基酸指数 essential amino acid index, EAAI 06.095
必需营养元素 essential nutrient element 06.025
必需脂肪酸 essential fatty acid, EFA 06.015
避风港 refuge harbor 10.009
避风锚地 shelter 10.021
边傍 point 03.148
边傍剪裁 N-cut 03.149
边缘部 edge part 01.338
编结补 darning 03.185
编结缝 sewing 03.165
编绳 braided rope 03.313
编绳机 braiding machine 09.474
编网机 braiding net machine 09.464
编线 braided netting twine 03.203
扁弯口吸虫病 clinostomiasis 07.203
*变水层拖网 mid-water trawl 03.028
变态 metamorphosis 01.098
变温动物 poikilotherm 01.055
变形虫肾炎 nephritis caused by *Amoeba* 07.156
变性 degeneration 07.020
变异 variation 05.157
变异系数 coefficient of variability 05.158
辫编网片 braiding netting 03.265
标定功率 rated output 09.131
标志放流 tagging and releasing 02.093
*标准长 standard length, body length 01.147
标准大气压 standard atmosphere pressure 01.439
标准海水 standard sea water 01.468
标准号数 standard number 03.219
标准回潮率 standard equilibrium regain 03.277
表层流 surface current 01.399
表层拖网 floating trawl 03.027
表观消化率 apparent digestibility 06.091
表面硬化 case hardening 08.184
表型 phenotype 05.172
鳔 swim bladder, air bladder 01.210
鳖爱德华氏菌病 edwardsiellosis of soft-shelled turtle 07.136
*鳖大脖子病 red neck disease of soft-shelled turtle 07.130
鳖红脖子病 red neck disease of soft-shelled turtle 07.130
鳖腮腺炎病 parotitis of soft-shelled turtle 07.135
冰舱 ice bunker 09.179
冰[藏保]鲜 iced preservation 08.065
冰晶 ice crystal 08.123
冰孔 ado 03.387
冰库 ice storage room 08.079
冰桶 ice can 09.447
冰下捕鱼 under-ice fishing 03.386

冰下穿索器　ice jigger　09.315
冰鱼分离机　ice separator　09.417
柄刺　stylocerite　01.254
柄腕　carpocerite　01.258
病变　lesion　07.015
病毒性出血败血症　viral hemorrhagic septicemia, VHS　07.081
病毒性疾病　viral disease　07.076
病原体　pathogen　07.007
病灶　focus　07.018
并目减目　incorporation-losing　03.144
并塘　concentration of fish into less pond　04.347
*玻璃钢渔船　fiberglass reinforced plastic fishing vessel, FRP fishing vessel　09.075
玻璃罐头　glass canned food　08.285
玻璃纤维增强塑料渔船　fiberglass reinforced plastic fishing vessel, FRP fishing vessel　09.075
玻璃状结晶　struvite　08.332
波长　wave length　01.410
波高　wave height　01.407
波级　wave scale　01.418
波浪要素　wave parameters　01.406
波速　wave celerity　01.412
*波褶部　rugose part　01.338
波周期　wave period　01.411
箔筌　bamboo screen pound　03.047
泊位　berth　10.025
泊位利用率　utility factor of berth　10.029
泊位日卸鱼能力　fish landing capacity per day　10.035
捕鲸船　whaling ship, whaler, whale catcher　09.048
捕鲸绞机　whaling winch　09.288
捕鲸炮　gun-harpoon　03.067
捕鲸炮台　harpoon gun platform　09.221
捕捞过度　over fishing　02.022
捕捞机械　fishing machinery　09.255
[捕捞机械]公称拉力　nominal pull　09.257
[捕捞机械]拉力　pull　09.256
捕捞加工渔船　catching factory ship　09.062
捕捞能力指数　power factor　02.144
捕捞能率　catch ability　02.140
捕捞努力量　fishing effort　02.141
捕捞强度　fishing intensity　02.047
捕捞日志　fishing log　03.373
捕捞死亡　fishing death　02.137
捕捞死亡率　fishing mortality rate　02.138
捕捞死亡系数　fishing mortality coefficient　02.139
捕捞许可制度　fishing licensing system　12.026
捕捞资源　fishable resources　02.009
*捕捞作业量　fishing effort　02.141
捕食者　predator　02.129
补充量　recruitment　02.011
补充年龄　age at recruitment　02.043
补充曲线　recruiting curve　02.041
补充群体　recruitment stock　02.010
补充体重　weight at recruitment　02.042
补充型捕捞过度　recruitment over fishing　02.025
*补网　mending　03.183
不饱和脂肪酸　unsaturated fatty acid　06.017
不规则波　irregular wave　01.414
不可食部分　inedible part　08.012
不溶性蛋白质　insoluble protein　08.053
不完全裸卵巢　semigymnovarian　01.096
步足　pereopod　01.264

C

*擦皮瘟　red skin disease　07.101
才女虫病　polydoraiosis　07.221
采捕标准　harvesting size, allowable harvesting standards　12.039
采苗袋　collector bag　04.190
采苗海区　seed collection area　04.186
采苗季节　seeding collecting season　04.191
*采苗期　seeding collecting season　04.191
*采苗器　artificial substrate　04.038
采苗预报　spat collection prediction　04.187
采肉　meat separation　08.338
采样　sampling　11.070
采珍船　pearl boat, lugger　09.049
彩色探鱼仪　color fish finder　09.487
彩色显示声呐　color sonar　09.492
菜坛养殖　laver culture on rocks　04.130
参考点　reference points　02.151
*残存率　survival rate　02.111

*残存曲线　survivorship curve　02.036
残毒　residual hazard　11.039
残毒积累　residue accumulation　11.106
残留　residue　08.465
舱底泵　bilge pump　09.150
舱室　cabin, space　09.124
操舵装置　steering gear, steering arrangement　09.163
操纵性　maneuverability　09.101
槽轮　grooved pulley　09.272
*曹白鱼　salted chinese herring　08.264
草食性　herbivorous　01.066
草鱼出血病　hemorrhagic disease of grass carp　07.077
侧板　lateral plate　01.249
侧纲　side rope　03.104
侧鳃　pleurobranch　01.273
侧线　lateral line　01.173
侧线鳞数　number of lateral-line scale　01.198
侧线上鳞数　scale above lateral line　01.199
侧线下鳞数　scale below lateral line　01.200
侧[向]推[力]器　lateral propeller　09.164
测交　test cross　05.085
测交品系　test strain line　05.086
插篊养殖　twig bundle culture　04.131
插核　nuclei implanting, nucleus insertion　04.217
插捻网片　inserting-twisting netting　03.267
插网　stick-net　03.050
插竹采苗　bamboo sticks spat collection　04.189
插竹养殖　sticks culture　04.200
叉长　fork length　01.148
叉纲　cross rope　03.093
产卵场　spawning ground　02.105
产卵池　spawning pond　04.049
产卵高峰　spawning peak　04.280
*产卵洄游　spawning migration　02.097
产卵季节　spawning season　04.278
产卵轮　reproduction ring　01.218
常风向　direction of prevailing wind　10.058
常量元素　macroelement　06.026
常染色体　autosome　05.010
常压杀菌　sterilization in open kettle　08.303
长棘吻虫病　rhadinarhynchiosis　07.217
长颈棘头虫病　longicollumiasis　07.218
长颈类柱颚虱病　disease caused by *Alella macrotrachelue* 07.229
长丝纱　filament yarn　03.192
超低温保存　cryopreservation　05.264
超低温冻结装置　cryogenic freezer　09.441
超短波解冻　ultra short wave thawing　08.119
超高温瞬时杀菌　ultra high temperature short time sterilization, UHTST　08.299
*超寄生　hyperparasitism　07.047
超滤　ultrafiltration　08.399
超显性　over dominant, super dominant　05.181
抄网　dip net, scoop net　03.045
潮差　tide range　01.429
潮帆张网　canvas spreader stow net　03.033
潮隔　tidal rip　01.433
潮间带　intertidal zone　01.373
潮流　tidal current　01.432
潮流计　current indicator　09.504
潮流界　tide current limit　01.435
潮上带　supralittoral zone　01.372
潮位　tide level　01.421
潮汐　tide　01.420
潮汐表　tide table　01.436
车轮虫病　trichodiniasis　07.185
沉淀池　sedimentation basin　11.062
沉淀处理　sedimentation treatment　11.049
沉积物　sediment　11.038
沉降　settlement　10.073
沉降力　sinking force　03.325
沉降率　rate of sinking force　03.326
沉降速度　sinking speed　03.327
沉浸式冻结装置　immersion freezer　09.439
沉式网箱　submerging cage　04.017
沉水植物　benthophyte　01.045
沉性颗粒饲料　sinking pellet diet　06.050
沉性卵　demersal eggs　04.293
沉子　sinker　03.321
沉[子]纲　ground rope　03.089
城市污水　municipal sewage　11.035
蛏干　dried razor clam　08.223
蛏油　razor clams sauce　08.359
成贝　adult mollusk, commercial mollusk　04.181
成鳖养殖　marketable turtle culture　04.360
成熟期　mature stage　04.107
成虾　adult shrimp　04.178
成型网片　shaping netting　03.269

成鱼　marketable fish, ongrown fish　04.351
吃水　draft, draught　09.085
持续功率　continuous output, continuous rating　09.133
持续渔获量　sustainable yield　02.032
池堤　pond dike　04.236
池塘养鱼　pond fish culture, farming　04.258
池塘养殖　pond culture　04.010
池腌　salting in tank　08.242
齿轮箱　gear box, gear case　09.141
齿舌　radula　01.294
赤变　reddening　08.059
赤潮　red tide　11.029
赤道无风带　equatorial calms　01.456
赤皮病　red skin disease　07.101
*赤皮瘟　red skin disease　07.101
充分开发　full exploitation　02.146
充气式增氧机　inflatable aerator　09.344
充血　hyperaemia　07.024
虫害　insect pest　08.062
重寄生　hyperparasitism　07.047
重熏　resmoking　08.235
*重组脱氧核糖核酸技术　recombinant DNA technique　05.218
初级生产力　primary productivity　02.058
初级生产量　gross primary production　02.059
初级消费者　primary consumer　02.063
初捻　initial twist　03.227
初温　initial temperature　08.304
初重稳距　initial metacentric height　09.100
出苗量　output of seedling　04.096
出血　hemorrhage　07.028
除野　eliminating harmful stocks, fish eradication　04.328
触手　tentacle　01.308
传染性皮下和造血器官坏死病　infectious hypodermal and hematopoietic necrosis disease, IHHN　07.094
传染性胰脏坏死病　infectious pancreatic necrosis, IPN　07.078
传染性造血器官坏死病　infectious hematopoietic necrosis, IHN　07.079
传染源　source of infection　07.008
[船舶]初次检验　initial survey　09.232
船舶电气设备　marine electrical equipment　09.167
[船舶]定期检验　periodical survey　09.233
[船舶]法定检验　statutory survey　09.229
船舶辅机　marine auxiliary machinery　09.149
[船舶]公正检验　justice survey　09.231
船舶管系　maritime piping, ship piping　09.152
船舶国籍证书　Certificate of Ship's National　09.251
[船舶]换证检验　renewal survey　09.235
*船舶结构　hull structure　09.113
[船舶]临时检验　provisional survey　09.237
[船舶]年度检验　annual survey　09.234
[船舶]期间检验　intermediate survey　09.236
[船舶]入级检验　class survey　09.230
[船舶]消防设备　fire-fighting equipment　09.170
船舶摇荡　ship oscillation　09.097
船舶振动　ship vibration　09.105
[船舶]主尺度　principal dimension　09.079
[船舶]总布置　general arrangement　09.111
[船舶]总长　length overall　09.081
船长　ship length　09.080
船籍港　port of registry, home port　09.119
*船级检验　class survey　09.230
船宽　ship breadth　09.083
船龄　vessel age　09.223
船旗国　flag state　09.118
船深　ship's depth　09.082
船台　ship building berth　10.045
船体　hull　09.112
[船体]骨架　framing　09.121
船体结构　hull structure　09.113
*船体设备　rigging, equipment and outfit　09.116
船体线型　hull form　09.117
船位　fix, ship position　10.082
[船]稳性　stability　09.095
船型　ship type　09.110
船用产品检验　inspection of products for marine service　09.238
船闸　lock, ship lock　10.054
船张网　boat-set stow net　03.037
吹风冻结　air blast freezing　08.100
*吹风冻结装置　air blast freezing plant, air blast freezer　09.432
吹风冷却　air blast chilling　08.081
垂养　hanging culture　04.122
垂直分布　vertical distribution　01.111
垂直感染　vertical infection　07.050

垂直探鱼仪　vertical fish finder　09.484
垂直移动　vertical migration　02.103
春苗　spring seedling　04.112
春汛　spring fishing season　03.357
纯合子　homozygote　05.024
纯系　pure line　05.131
纯系学说　theory of pure line　05.199
纯系育种　pure line breeding, pure line selection　05.213
纯种　pure breed　05.119
纯种繁育　pure breeding　05.120
雌核发育　gynogenesis　05.061
雌性交接器　thelycum　01.272
雌雄同体　monoecism, hermaphrodite　05.053
雌雄异体　dioecism, gonochorism　05.052
刺网　gill net　03.004
刺网绞机　gillnet winch　09.285
刺网延绳组合机　gillnet winch-line hauler　09.305
刺网渔场　drift net fishing ground　03.347
刺网渔船　gill fisher　09.033
次级生产力　secondary productivity　02.061
次级消费者　secondary consumer　02.064
次深海层鱼类　bathypelagic fishes　01.226
从性遗传　sex-influenced inheritance, inheritance of sex-conditioned characters　05.146
粗蛋白质　crude protein　06.007
粗度　thickness　03.206
粗[放]养[殖]　extensive cultivation　04.003
粗滤　rough filtration　08.398
粗饲料　roughage　06.072
粗纤维　crude fiber　06.022
粗[鱼]油　crude oil　08.379
簇管虫病　erastophriasis　07.179
簇夹　insert frondose　04.117
*促黄体生成素释放素　luteinizing hormone releasing hormone, LHRH　04.287
*促生长剂　growth stimulant　06.038
促性腺素释放素　gonadotropin releasing hormone, gonadoliberin, GnRH　04.287
催产　spawning induction　04.282
催产剂效应时间　pitocin response time　04.289
存活率　survival rate　02.111
存活曲线　survivorship curve　02.036

D

打粉病　oodiniosis　07.146
打检　sound test　08.321
打印病　stigmatosis　07.105
大潮　spring tide　01.426
*大触角　antenna　01.257
大颚　mandible　01.260
大拉网绞机　beach seine winch　09.287
大拉网起网机　beach seine hauling machine　09.294
大陆架　continental shelf　01.370
大陆架公约　Convention on the Continental Shelf　12.011
大陆架渔场　shelf fishing ground　03.349
[大]陆坡　continental slope　01.371
大围缯　daweizeng net　03.019
大围缯渔船　daweizeng type purse seiner　09.025
大型渔船　big fishing vessel　09.004
大型藻类　macro-algae　01.318
大眼鲷匹里虫病　disease caused by *Pleistophora priacanthicola*　07.171
大眼幼体　megalopa larva, megalopa　04.358
大洋性鱼类　oceanic fishes　01.221
带卵雌体　egg-bearing female　04.170
带网纲　bush rope　03.103
带状叶片　zonate frond　01.332
代表种　representative species　02.077
代谢能　metabolizable energy, ME　06.087
代谢障碍　metabolic disturbance　07.038
袋肥法　fertilizing by plastic bag　04.063
单孢子　monospore　01.356
单孢子虫病　haplosporidiasis　07.174
单倍数　haploidy number　05.037
单倍体　haploid　05.038
单倍体育种　haploid breeding　05.224
*单鼻孔鱼类　Monorhina（拉）　01.121
单产　catch per unit　03.377
单船围网渔船　single seine vessel　09.023
单船渔获量　catch per boat　03.376
单筏　single raft　04.077
单极虫病　thelohanelliasis　07.166

单夹 insert single frond 04.116
单交 single cross 05.090
单交种 single cross hybrid 05.091
单脚 bar, halfer 03.154
单脚剪裁 B-cut 03.155
单脚减目 bar-losing 03.145
单精受精 monospermism 05.056
单捻绳 simple twisted rope 03.301
单捻线 single twisted netting twine 03.200
单亲遗传 monolepsis 05.150
单纱 single yarn 03.190
单丝 monofilament 03.198
单丝纱 monofilament yarn 03.193
单套常染色体 haploidy autosome 05.011
单体 monosomic 05.044
单体牡蛎 cultchless oyster 04.202
单体速冻 individual quick freezing, IQF 08.109
单拖渔船 single trawler 09.012
单位捕捞努力量渔获量 catch per unit effort, CPUE 02.142
* 单位补充量渔获量模型 yield - per recruitment model 02.040
单位网次渔获量 catch per haul 02.143
单位性状 unit character 05.179
单细胞藻类 unicellular algae 01.316
单向航道 one way channel 10.017
单型种 monotypic species 05.125
* 单性生殖 parthenogenesis 05.060
单养 monoculture 04.025
旦[尼尔] denier 03.213
氮平衡 nitrogen equilibrium, nitrogenous balance 06.008
氮[素]肥[料] nitrogenous fertilizer 06.111
淡菜 dried mussels 08.222
淡干品 dried fishery products without salting 08.197
淡水捕捞 fresh water fishing 03.339
淡水舌 freshwater plume 01.385
淡水养殖 freshwater aquaculture 04.225
* 淡水养殖鱼类暴发性流行病 acutely epidemic disease of important cultured freshwater fishes 07.103
淡水鱼类 freshwater fishes 01.230
淡水渔船 inland fishing boat 09.008
弹钩 slip hook 09.201
蛋白价 protein score, PS 06.094
蛋白质 protein 06.006
蛋白质变性 protein denaturalization 08.050
蛋白质冷冻变性 protein freeze denaturalization 08.125
* 蛋白质生理价值 biological value, BV 06.096
蛋白质生物价 biological value, BV 06.096
蛋白质饲料 protein diet 06.062
蛋白质效率 protein efficiency ratio, PER 06.093
* 当年鱼种 yearlings 04.337
* 档 loose 03.180
宕眼 mesh 03.151
宕眼剪裁 T-cut 03.152
导管螺旋桨 shrouded propeller, propeller in nozzle 09.148
导航 navigation 10.089
稻田养鱼 paddy field fish culture, fish culture in paddy field 04.263
灯光诱鱼围网船 light luring seine vessel 09.026
灯光诱鱼围网船组 light luring seine vessel group 09.027
灯塔 lighthouse 10.081
登记吨 register ton, vessel ton 09.089
* 登记港 port of registry, home port 09.119
等深线 isobath, fathom line 10.055
等渗液洗卵法人工授精 isotonic egg washing method of artificial fertilization 04.303
等位基因 allele 05.029
等温线 isotherm 01.381
等盐线 isohaline 01.383
* 堤礁 barrier reef 01.368
低潮 low water 01.423
低温保鲜 preservation by low temperature 08.064
低温烘干 low temperature drying 08.169
低温麻醉 low temperature narcotization 04.329
滴出液 drip 08.121
底表动物 epifauna 01.036
底层流 bottom current 01.400
底[层]拖网 bottom trawl 03.026
底层鱼类 demersal fishes, bottom fishes 01.223
底层鱼渔场 demersal fishing ground 03.345
底环绳 purse ring bridle 03.106
底内动物 infauna 01.037
底泥 deposit 06.032
底栖动物 zoobenthos 01.035
底栖生物 benthos 01.031

底拖网渔场　bottom trawling ground　03.343
底拖网渔船　bottom trawler　09.019
底延绳钓　bottom long line　03.058
底质　bottom quality, bottom sediment　01.366
地方种　endemic species　02.073
地方种群　endemic population　02.082
地拉网　beach seine　03.020
地理隔离　geographical isolation　05.167
地面温度　surface temperature　01.462
地文航海　geo-navigation　10.086
第二触角　antenna　01.257
第二小颚　maxilla　01.262
第一触角　antennule　01.253
第一小颚　maxillula　01.261
碘泡虫病　myxoboliasis　07.160
电动绞机　power operated winch　09.275
电熏　electric smoking　08.233
电渔法　electric fishing　03.368
α淀粉机　α-starch processing machine　09.333
淀粉卵甲藻病　amyloodiniosis　07.147
＊淀粉卵涡鞭虫病　amyloodiniosis　07.147
吊[货]杆　cargo derrick　09.161
吊绳　hang rope　04.080
吊网门形架　gantry　09.198
钓艚　mother ship type longliner　09.042
钓船　line fishing boat　09.041
钓竿　rod　03.126
钓竿箱　fishing rod box　09.217
钓钩　hook　03.112
钓线　line　03.115
钓渔场　hooking ground　03.350
钓[渔]具　lines, hook and line　03.051
顶交　top cross　05.087
定居性鱼类　settled fishes　01.236
定伸长负荷　load at certain elongation　03.290
定位　fixing, positioning　10.088
定向选择　orthoselection, directional selection　05.162
定置刺网　set gillnet　03.005
定置网打桩机　set net pile hammer　09.313
定置网渔船　set net fish boat　09.044
椗　wooden anchor　03.125
东穴吸虫病　asymphylodorasis　07.204
冬眠　hibernation　01.101
冬汛　winter fishing season　03.360
动力滑轮　power block　09.292
动态综合模型　dynamic pool model　02.040
动物性饲料　animal feed　06.063
＊冻粉　agar　08.402
冻干品　dried frozen aquatic products　08.195
冻害　freezing injury　01.465
冻结　freezing　08.091
冻结点　freezing point　08.092
冻结间　quick freezing room　09.185
冻结率　frozen rate　08.107
冻结设备　freezing equipment　09.427
冻结速度　freezing rate　08.093
＊冻结温度　freezing point　08.092
冻结温度曲线　frozen temperature curve　08.106
冻全鱼　frozen whole fish　08.137
冻烧　freezer burn　08.112
冻无头对虾　frozen headless prawn　08.141
冻虾仁　frozen skinless shrimp　08.140
冻有头对虾　frozen prawn with head-on　08.142
冻鱼段　frozen fish block　08.138
冻鱼片　frozen fish fillet　08.139
胴长　mantle length　01.151
胴体　fish visceral cavity, pan-dressed fish　08.027
豆蟹病　pinnotheresosis　07.234
毒力　virulence　07.011
毒物最大容许浓度　maximum allowable concentration for toxicant　11.116
毒腺　poison gland　01.215
毒性　toxicity　07.054
毒性实验鱼类　fishes for toxicity test　11.117
毒性试验　toxicity test　11.112
毒鱼　poison fishing　12.044
＊独立分配定律　law of independent assortment　05.190
＊镀冰衣　glazing　08.114
短纤纱　spun yarn　03.191
锻炼架　hardening shelf　04.343
断裂长度　breaking length　03.283
断裂强度　breaking strength　03.282
断裂应力　tensile strength　03.284
断面模型试验　cross-section model test　10.076
堆肥　compost　06.107
对称剪裁　symmetrical cutting　03.161
对虾白黑斑病　black and white disease of prawn　07.259
对虾肠道细菌病　bacterial intes tine disease of prawn

07.124
对虾杆状病毒病 *Baculovirus penaei* disease 07.090
对虾红腿病 red appendages disease of prawn 07.120
对虾烂鳃病 gill-rot disease of prawn 07.126
*对虾烂眼病 eye-rot disease of prawn 07.119
对虾屈桡杆菌病 flexibacteriasis of prawn 07.125
对虾丝状藻类附着病 ulothrixosis of prawn 07.150
对虾微孢子虫病 microsporidiasis of prawn 07.169
对虾瞎眼病 blind-eye disease of prawn 07.119
对虾荧光病 fluorescent disease of prawn 07.123
对虾幼体菌血症 bacteriemia of larval of prawn 07.121
对症治疗 symptomatic treatment 07.073
吨位 tonnage 09.088
盾鳞 placoid scale 01.193
*趸船 pontoon 10.034
盾皮鱼类 Placodermi(拉) 01.122
多倍体 polyploid 05.047
多倍体育种 polyploid breeding 05.223
多波束渔用声呐 multi-beam sonar 09.491
多不饱和脂肪酸 polyunsaturated fatty acid 08.376
多级轮养 progressive culture 04.349
多级养殖 multi-class culture 04.008
多寄生 multiparasitism 07.044
多精受精 polyspermism 05.057
多片式拖网 multi-panel trawl 03.023
多频率探鱼仪 multi-frequency fish finder 09.488
多污生物带 polysaprobic zone 11.090
*多系杂交 convergent cross, polymerized cross 05.102
多型种 polytypic species 05.126
多脂鱼 fatty fish 08.015
多种作业渔船 multi-purpose fishing vessel 09.045
垛腌 salting in bulk 08.240
舵 rudder 09.162
*舵机 steering gear, steering arrangement 09.163

E

*俄托克病 red neck disease of soft-shelled turtle 07.130
额定转速 rated revolution 09.135
厄尔尼诺 El Niño (西) 01.457
颚足 maxilliped 01.263
耳石 otoliths 01.143
饵料 bait feed 06.002
饵料舱 bait hold, bait well 09.193
饵料柜 bait service tank 09.218
饵料基础 feed foundation 02.054
饵料生物 food organism 06.030
二倍数 diploidy number 05.039
二倍体 diploid 05.040
二次杀菌 re-pasteurization 08.312
二次污染 re-contamination 08.463
二次污染物 secondary pollutant 11.011
二龄鱼种 young fish of two years, fingerlings of two years 04.338
二年苗 biennial seedling 04.113
二年生海带 biennial laminaria 04.101
二十二碳六烯酸 docosahexaenoic acid, DHA 08.377
二十碳五烯酸 eicosapentaenoic acid, EPA 08.378
二态现象 dimorphism 05.054

F

乏盐 used salt 08.249
发电器官 electric organ 01.208
发光器 luminescent organ, luminous organ 01.207
*发江 river flood 04.326
发酵饲料 fermented feed 06.070
发酵制品 fermented product 08.269
发眼卵 eyed eggs 04.314
筏式采苗 raft seed collection 04.188
筏式养殖 raft culture 04.075
繁殖 reproduction 01.078
繁殖模型 reproduction model 02.037
*繁殖曲线 reproduction curve 02.041
繁殖习性 reproductive habit 01.080
*反厄尔尼诺 anti El Niño 01.458
*反馈养殖 feedback culture 04.008
反密码子 anticodon 05.018

返元 reversion 08.342
返祖遗传 atavistic inheritance 05.141
泛池 suffocation 07.261
方便食品 convenience food 08.008
防波堤 breakwater 10.039
防波堤口门 breakwater gap 10.040
防擦网衣 chaffer 03.081
防腐剂 preservative 08.146
防霉剂 mould-proof agent 08.147
防沙堤 sand preventing dike 10.047
防逃 prevent action of fish from escaping 04.255
放射肋 radial rib 01.296
放射性污染 radioactive contamination 11.017
放射自显影术 autoradiography, ARG 05.250
放养比例 stocking ratio 04.060
放养规格 stocking size 04.061
放养量 stocking rate 04.058
放养密度 stocking density 04.059
非必需氨基酸 nonessential amino acid 06.011
非机动渔船 non power-driven fishing boat 09.069
非寄生性水产动物病 non-parasitic aquatic animal disease 07.252
非营养性饲料添加剂 non-nutritional feed additive 06.037
非整倍体 aneuploid 05.051
飞目减目 fly-losing 03.146
肥料 fertilizer 06.103
肥料效应 fertilizer response 06.119
肺鱼类 lungfishes, Dipnoi(拉) 01.128
废水 waste water 11.030
废水处理 waste water treatment 11.044
沸腾干燥 fluidizing drying 08.168
分级机 fish grading machine 09.365
分解者 decomposer 02.065
分离定律 law of segregation 05.189
分苗 separating seedling 04.115
分批发育型[卵母细胞] group-synchronous oocyte development 01.092
分散发育型[卵母细胞] asynchronous oocyte development 01.093
分生组织 meristem 01.323
分塘 deconcentrition of fish into more ponds 04.346
分选 selecting 08.023
分子标记辅助育种 molecular mark assisted breeding 05.225
分子遗传学 molecular genetics 05.239
分子杂交 molecular hybridization 05.080
粉状饲料 powder diet, mash feed 06.059
丰度 abundance 02.130
丰年虫卵干燥设备 brine shrimp eggs processing equipment 09.456
＊封闭卵巢 cystovarian 01.094
封闭式水循环系统 closed circulating water system 04.007
封罐 sealing 08.290
封海护养 protecting cultivation enclosed sea, extensive cultivation by closeting in sea area 12.036
风暴 storm 01.449
风暴潮 storm surge 01.455
风帆渔船 sailing fishing vessel 09.071
风干 air drying 08.156
风浪 wind wave 01.417
风力 wind force 01.445
风玫瑰图 wind rose 10.057
风速 wind speed 01.443
风味 flavour 08.018
风向 wind direction 01.442
风雨密[性] weather tightness 09.109
＊疯狂病 whirling disease 07.160
缝合比 joining ratio 03.172
缝[合]边 joining edge 03.164
缝线 joining yarn 03.163
敷网 lift net 03.041
敷网绞机 square net winch 09.286
敷网渔船 square netter 09.034
＊肤霉病 dermatomycosis 07.140
孵化 incubation, hatching 04.307
孵化槽 incubation tank 04.053
孵化产卵池 breeding pond 04.051
孵化池 hatching pond 04.050
孵化环道 circular hatching channal 04.052
孵化率 hatchability, hatching rate 04.313
孵化器 incubator 04.054
孵化桶 hatching barrel 04.055
孵化稚鱼 alevin, sac-fry 04.320
辐鳍鱼类 Actinopterygii(拉) 01.129
辐射诱变育种 radiaction mutation breeding 05.234
辐照保藏 radiation preservation 08.151

辐照剂量　radiation dose, dosage of radiation　08.153
辐照杀菌　radiation sterilizing　08.152
伏季休渔　summer fishing moratorium　12.035
浮标　buoy　03.320
浮标绳　buoy rope　03.105
浮绠　floating rope　04.078
浮力　buoyancy　03.323
＊浮流养殖　beta current culture　04.133
浮率　buoyancy rate　03.324
浮码头　pontoon　10.034
浮式网箱　floating net cage　04.016
浮水植物　floating plant　01.044
浮头　floating　04.248
＊浮拖网　floating trawl　03.027
浮性颗粒饲料　floating pellet diet　06.051
浮性卵　buoyant egg, floating egg, pelagic egg　04.291
浮延绳钓　float long line, surface longline　03.057
浮游动物　zooplankton　01.033
浮游生物　plankton　01.030
浮游生物食性　plankton feeding habit　01.064
浮游植物　phytoplankton　01.032
浮鱼礁　floating fish reef　10.049
浮子　float　03.315
浮[子]纲　float line　03.088
＊辅助呼吸器官　accessory respiratory organs　01.171
辅助绞机　auxiliary winch　09.306
腐败　putrefaction, spoilage　08.055
腐败阶段　putrefaction stage　08.056
＊腐皮病　putrid-skin disease　07.105
腐屑食性　detritivorous　01.065
副呼吸器官　accessory respiratory organs　01.171
副轮　accessory ring, accessory mark　01.217
副鳍　accessory fin　01.189
＊副渔获物　bycatch, incidental catch　02.155
复等位基因　multiple alleles　05.030
复冻　re-freezing, double freezing　08.122
复钩　multiple hooks　03.113
复合捻　cable twist　03.231
＊复合捻绳　cable twisted rope　03.303
复合捻线　cable twisted netting twine　03.202
复合珍珠　compound pearl　04.223
复合制绳机　combined rope machine　09.475
复交　composite cross　05.092
＊复口吸虫病　diplostomumiasis　07.201
复捻　folded twist　03.228
复捻绳　folded twisted rope　03.302
复捻线　folded twisted netting twine　03.201
复水　re-hydration　08.186
复丝纱　multifilament yarn　03.194
复眼　compound eye　01.250
复原性　reconstitution capacity　08.187
复壮　rejuvenation　05.268
父本　male parent　05.203
腹开　abdominal cut　08.028
腹鳍　ventral fin　01.188
腹泻性贝毒　diarrhetic shellfish poison, DSP　08.452
腹肢　pleopod　01.265
腹足纲　Gastropoda(拉)　01.287
负责任渔业　responsible fisheries　12.005
负责任渔业行为守则　Code of Conduct for Responsible Fisheries　12.006
富营养化　eutrophication　11.028
附壳珍珠　blister pearl　04.222
附生植物　epiphyte　01.047
＊附着基　substratum　04.037
附着量　number of adhered spore　04.095
附着器　holdfast　01.334

G

干线　mainline　03.118
干线导管　main line guide pipe　09.212
干线导向滑轮　main line guide block　09.213
干线放线机　line casting machine　09.300
干线理线机　line arranger　09.299
干线起线机　line hauler　09.297
改良品种　improved variety　05.133
改良杂交　improved cross　05.100
改性气体贮藏　modified atmosphere storage　08.150
钙化法　calcification　08.400
干鲍　dried abalone　08.218
干贝　dried scallop adductor, dried occlusor　08.217
干冰　dry ice　08.077
干法人工授精　dry method of artificial fertilization

04.300
干法鱼粉加工设备 fish meal dry process machine 09.413
[干]海参 dried cucumber 08.224
干耗 moisture loss 08.127
干结强度 dry knot strength 03.288
干露 exposure and desiccation 04.141
干强度 dry strength 03.285
干扰素 interferon 07.071
干式膨化机 dry extruder 09.458
干虾子 dried shrimp roe 08.214
干舷 freeboard 09.094
干蟹子 dried crab roe 08.216
干腌法 dry salting 08.243
[干]鱼皮 dried fish skin 08.204
干鱼片辗松机 dry fish fillet rolling machine 09.388
干鱼子 dried fish roe 08.205
干燥介质 drying medium 08.174
干燥速度 drying rate 08.176
干燥条件 drying condition 08.173
干[燥]重[量] dry weight 03.275
干榨法 dry rendering 08.367
干制品 dried product 08.154
甘露醇 mannitol 08.405
甘露糖醛酸 mannuronic acid 08.431
竿钓 rod line 03.054
竿钓机 pole and line machine 09.303
竿钓台 pole and line fishing platform 09.215
竿钓渔船 pole and line fishing boat 09.036
肝胰脏细小病毒病 hepatopancreatic parvo-like virus disease 07.092
感官指标 sensory index 08.036
感染 infection 07.009
钢丝绳 wire rope 03.308
钢丝网水泥渔船 ferro-coment fishing vessel 09.076
钢[质渔]船 steel fishing vessel 09.072
肛长 anal length 01.149
港池 harbor basin 10.019
港界 harbor boundary, harbor limit 10.012
港口水工模型试验 hydraulic model test of port 10.074
港口水深 harbor water depth 10.022
港内航道 harbor channel 10.016
港[塭]养[殖] marine pond extensive culture 04.074
港章 port regulations 10.097
港址选择 selection of port site 10.010
高潮 high water 01.422
高温短时杀菌 high temperature short time pasteurization, HTST 08.300
格留虫病 glugeasis 07.172
＊隔代遗传 atavistic inheritance 05.141
隔离池塘 isolation pond 07.075
隔丝 septum filament 01.346
个体发育 ontogeny, ontogenesis 05.246
个体绝对繁殖力 absolute fecundity 02.125
个体可转让配额 individual transferable quota 12.030
个体配额 individual quota 12.029
个体相对繁殖力 relative fecundity 02.126
个体选择 individual selection 05.163
梗死 infarct 07.027
工厂化养鱼 industrialized fish culture 04.268
工厂化养殖 industrial aquaculture 04.006
工厂化育苗 industrial seedling rearing 04.044
工业废水 industrial waste water 11.033
供冰码头 ice supply quay 10.027
供体 donor 05.229
公称捻度 nominal twist 03.234
公称速度 nominal hauling speed 09.260
公称支数 nominal count 03.209
公定回潮率 official regain, convention moisture regain 03.278
公海 high sea 12.008
公害 public disaster, public nuisance 11.007
公制支数 metric count 03.208
共栖 commensalism 01.057
共栖性发光细胞 commensalism luminescent 01.206
共生 symbiosis 01.058
共享资源 common shared resources, shared stocks 02.007
钩介幼虫病 glochidiumiasis 07.235
钩线 hook line 03.116
孤雌生殖 parthenogenesis 05.060
古罗糖醛酸 guluronic acid 08.432
骨鳞 bony scale 01.195
＊骨质鳍条 Lepidotrichia(拉) 01.180
股芯 core of strand 03.307
固醇类 steroids 06.018
固定网箱 fixed cage 04.018
固相转化 solid phase conversion 08.391

固着基　adhesive substrate, adhesive base　04.195
固着类纤毛虫病　sessilinasis　07.184
固着期　setting period, setting stage　04.196
固着生物　sessile organism　01.048
寡污生物带　oligosaprobic zone　11.087
挂篓法　hanging basket method　07.062
挂目增目　hang-gaining　03.143
拐点年龄　age of inflecting point, age at inflection point　02.121
关键控制点　critical control point, CCP　08.460
关节鳃　arthrobranchia　01.274
观赏鱼类　ornamental fishes, aquarium fishes　01.241
管冰　tube ice, shell ice　08.072
管冰机　tube ice machine　09.452
管系　pipeline system　09.151
罐头保温试验　holding test　08.318
罐头顶隙度　headspace　08.293
罐头冷却　can cooling　08.317
罐头排气　exhausting　08.287
罐头生产设备　canning equipment　09.374
罐头食品　canned food　08.279
罐头真空度　vacuum in canned product　08.319
光感受器　photoreceptor　01.309
光诱围网　light-purse seine　03.013
光诱渔法　light fishing　03.367
光照长度　illumination length　01.464
广布种　cosmopolitan species　02.078
广温种　eurythermic species　01.053
广盐种　euryhaline species　01.050
鲑疱疹病毒病　herpesvirus salmonis disease　07.083
规则波　regular wave　01.413
滚钩　jig　03.060
滚轮　bobbin, disc roller　03.120
滚轮绞机　bobbin winch　09.308
滚柱　roller　09.271
锅内空气－水加压冷却　pressure cooling in retort with air and water　08.309
锅内汽－水加压冷却　pressure cooling in retort with steam and water　08.310
国际船舶吨位丈量公约　International Convention on Tonnage Measurement of ships　09.243
国际船舶载重线公约　International Convention on Load Line, ILLC　09.241
国际船舶载重线证书　International Load Line Certificate　09.247
国际吨位证书　International Tonnage Certificate　09.249
国际防止船舶造成污染公约　International Convention for the prevention Pollution from Ships, MARPOL　09.244
国际防止生活污水污染证书　International Sewage Pollution Prevention Certificate　09.252
国际防止油污证书　International Oil Pollution Prevention Certificate　09.250
国际海上避碰规则　International Regulations for Preventing Collisions at Sea, COLREGS　09.242
国际海上人命安全公约　International Convention for the Safety of Life at Sea, SOLAS　09.240
国际海事组织　International Maritime Organization, IMO　09.239
国际海洋法　the international law of the sea　12.003
国际水域　international waters　12.007
国际渔船安全公约 1993 年议定书　The Protocol of 1993 Relating to the International Convention for the Safety of Fishing Vessels　09.245
国际渔船安全证书　International Fishing Vessel Safety Certificate　09.246
果胞　carpogonium　01.324
果胞子体　carposporophyte　01.326
果孢子　carpospore　01.325
果孢子囊　carpospore cyst　01.354
果孢子水　carpospore fluid　04.145
过滤　filtration　08.396
＊过滤性残渣　dissolved solid　11.078
过筛　size sorting, grading　04.345
过网断面　gross section of bunched netting　09.264
过鱼设施　fish pass structure　10.051

H

海岸带　coastal zone　01.363
海岸线　coastline　01.367
海带白尖病　white tip disease of kelp　07.240
海带白烂病　white rot disease of kelp, white mold disease of kelp　07.243
海带柄粗叶卷病　thick stem and roll leave disease of kelp

07.242
海带夹苗机 gripper for kelp seeding 09.359
海带卷曲病 rolled disease of kelp 07.244
海带淋水育苗 laminaria breeding by sprinkling method 04.120
海带绿烂病 green rot of kelp 07.241
海带泡烂病 bubbly rot of kelp 07.245
海带切丝机 laminarian slitter 09.402
海带脱苗烂苗病 rotten seedling of kelp 07.239
海带养殖 laminaria culture 04.099
海带幼孢子体畸形分裂症 deformed division of kelp's sporophyte 07.238
海带幼体畸形病 deformity of immutyre kelp 07.237
海胆酱 sea-urchin paste 08.273
*海底森林 forest on sea bottom 04.165
海港 sea port 10.006
海浪 ocean wave 01.405
*海蛎干 boiled- dried oyster 08.220
海流 ocean current 01.394
海锚 sea anchor 03.127
*海米 dried peeled shrimp 08.213
海绵动物 sponges 01.029
海难 maritime distress 10.090
海盘虫病 haliotremasis 07.190
海螵蛸 cuttlefish bone 08.421
海区育苗 breeding in sea 04.094
*海人草酸 digenic acid, kainic acid 08.430
海事 marine accidents 10.092
海事处理 settlement of marine accidents 10.103
海兽油 marine mammal oil 08.384
海水养殖 mariculture, marine aquaculture 04.071
海水营养盐 nutrients in sea water 01.470
*海水鱼白点病 white spot disease of marine fish 07.177
海损 average 10.091
海滩 beach 01.364
海蜒 dried salted young anchovy 08.203
海图 chart 10.083
海涂翻耕机 seabeach cultivator 09.358
海湾 gulf, bay 01.360
海味品 seafood 08.004
海雾 sea fog 01.451
海峡 strait 01.361
海相 marine faces 10.068
海洋捕捞 marine fishing 03.335
海洋地质学 marine geology 01.359
海洋工程 ocean engineering 10.003
海洋环境容量 marine environmental capacity 11.043
海洋环境质量 marine environmental quality 11.082
海洋牧场 marine ranching 04.072
海洋权 marine rights 12.010
海洋生物 marine organism 01.026
海洋生物毒素 marine biotoxins 08.448
海洋水文学 marine hydrology 01.380
海洋碎屑 marine detritus 01.473
海洋微生物 marine microorganism 01.027
海洋药物 marine drug 08.417
海洋鱼类 sea fishes, marine fishes 01.220
海洋渔船 seagoing fishing vessel 09.007
海洋渔业 marine fishery 01.003
海洋渔业资源 marine fishery resources 02.005
海藻柄 stalk 01.333
海藻工业 seaweed industry 08.385
海藻胶 seaweed glue 08.386
海藻林 seaweed woods 04.165
海蜇皮 salted jellyfish body 08.260
海蜇头 salted jellyfish head 08.261
海珍品 choice rare sea food 08.005
含沙量 sediment concentration 10.062
含水率 moisture content 03.280
含水重量 weight in wet case 03.274
寒潮 cold wave 01.452
寒流 cold current 01.403
航次 voyage 03.378
航道 fairway, seaway 10.014
航海 navigate 10.084
航海技术 seamanship 10.085
航速 speed 10.094
航线 ship route 10.093
航[行]标[志] navigation mark 10.079
航行签证簿 navigation certificate 10.099
航行设备 navigation equipment 09.173
蚝豉 dried oyster 08.219
蚝油 oyster cocktail 08.358
耗氧量 oxygen consumption 04.243
核苷酸 nucleotide 05.005
核酸 nucleic acid 05.004
核糖核酸 ribonucleic acid, RNA 05.006

＊核糖核酸多聚酶 RNA polymerase 05.187
核型 karyotype, caryotype 05.015
核质杂交 cytoplasmic-nuclear hybridization 05.107
合子 zygote 05.023
河蚌育珠 fresh water pearl culture 04.209
河道养鱼 river fish culture, stream fish culture, fish culture in channel 04.261
河港 river port 10.008
河口 river mouth, estuary 01.362
河口港 estuary port 10.007
河口鱼类 estuarine fishes 01.232
河流鱼类 river fishes 01.231
河鲀毒素 tetrodotoxin, TTX 08.449
河蟹养殖 culture of Chinese mitten crab 04.353
河蟹育苗 crab seedling rearing 04.355
褐斑病 brown speckle disease 07.122
褐变 browning 08.060
褐藻胶 algin 08.387
褐藻胶造粒机 alfin pellet machine 09.403
褐藻酸丙二酯 propylene gliycol alginate 08.389
褐藻酸钠 sodium alginate 08.388
褐藻酸转化 algin conversion 08.390
黑变 darkening 08.061
黑潮 Kuroshio current 01.402
桁杆 beam 03.123
桁杆张网 two-stick swing net 03.039
桁拖网 beam trawl 03.025
桁拖渔船 beam trawler 09.016
横缝 T-joining 03.169
横骨架式 transverse framing system 09.123
横交 athwart cross 05.084
＊横口类 Elasmobranchii(拉) 01.124
横目使用 T-using 03.182
横向目数 T-meshes 03.136
横摇周期 rolling period 09.098
烘干能力 drying capacity 08.175
烘熟 hot-denaturation, bake-burning 08.183
虹彩细胞 iridocyte 01.205
虹鳟内脏真菌病 visceral mycosis of salmon 07.142
＊红潮 red tide 11.029
[红]海粉 dried sea hare ovary 08.427
红色肉 red meat 01.203
＊红线虫病 philometrosis 07.214
红鱼粉 red fish meal 08.364
红藻氨酸 digenic acid, kainic acid 08.430
喉板 gular plate 01.140
厚成期 adult stage 04.106
后备亲鱼 reserve parent fish 04.272
后代 progeny 05.108
后代测验 progeny test 05.109
后期仔鱼 postlarva 04.317
[后天]获得性遗传 inheritance of acquired characters 05.138
后转式尾门 backward swinging gangway 09.199
湖泊养鱼 lake fish farming, fish culture in lake 04.260
湖靛 blooming 07.255
湖沼鱼类 lake fishes, limnetic fishes 01.235
湖蛭病 limnotrachelobdellaiosis 07.220
弧菌病 vibriosis of fishes 07.110
护岸 revement 10.044
互补脱氧核糖核酸 complementary DNA, cDNA 05.021
互交 intercrossing, intermating 05.083
花节 pick, stitch 03.246
花节长度 stitch length 03.247
滑道 slipway 10.046
滑道门 ramp gate 09.197
滑坡体 landslide body 10.071
化肥污染 pollution by chemical fertilizer 11.016
化学保鲜 chemical preservation 08.143
化学沉淀处理 treatment by chemical precipitation 11.052
化学处理 chemical treatment 11.050
化[学]肥[料] chemical fertilizer 06.110
化学感受器 chemoreceptor 01.310
化学物质联合作用 joint action of chemicals 11.122
化学性污染 chemical pollution 11.023
化学修复 chemical remediation 11.147
化学诱变育种 chemical mutation breeding 05.236
化学增氧 chemical enhancement-oxygen 04.250
化学治疗 chemotherapy 07.053
坏死 necrosis 07.023
环礁 atoll 01.369
环境标准 environmental standard 11.134
环境费用 environmental costs 11.137
环境分析化学 environmental analytical chemistry 11.069
环境统计 environmental statistics 11.136

＊还原者 decomposer 02.065
[缓]慢冻[结] slow freezing 08.095
换能器 transducer, energy changer 09.490
换水孔 exchanging water hole 09.219
换水率 rate of water exchange 04.247
鲩内变形虫病 entamoebiasis 07.155
黄鳍鲷结节病 tuberculosis of black bream 07.118
黄鱼鲞 dried salted yellow croakers 08.208
挥发性盐基氮 total volatile basic nitrogen, TVB-N 08.038
回避反应实验 avoidance reaction experiment 11.119
回避率 rate of avoidance 11.120
回捕率 recapture rate 02.094
回潮 moisture regain 08.191
回潮率 moisture regain 03.276
回风 recirculation of humid hot-air 08.180
回归率 homing rate 02.101
回交 backcross 05.082
回淤率 infill factor, shoaling rate 10.067
洄游 migration 01.099
婚舞 nuptial dance 01.213
婚姻色 nuptial coloration 01.211
浑浊度 turbidity 11.073
混纺纱 mixed yarn 03.195
混合剪裁 mixed cut 03.157
混合精液授精 mixed sperm insemination 05.059
混合均匀度 mixture homogeneity 06.100
混合绳 mixed rope 03.309
混合式防波堤 composite breakwater 10.043
混合线 mixed netting twine 03.205
混合腌渍 multi-salting 08.245
混养 polyculture 04.026
活饵料 live food 06.031
活结网片 reef knotted netting 03.260
活络缝 loose joining 03.167
活性污泥 activated sludge 11.065
活性污泥法 activated sludge treatment 11.055
活鱼舱 live fish hold, fish well, well room 09.181
活鱼集装箱 live fish container 09.357
活鱼运输 transport of living fish 04.352
活鱼运输船 live fish carrier 09.053
活鱼运输设备 facilities for transporting live fish 09.356

J

基肥 basic manure 06.108
基片 basal piece 01.259
基因 gene 05.026
基因打靶 gene targeting 05.219
基因工程 gene engineering 05.218
基因库 gene pool, gene bank 05.031
基因图[谱] gene map 05.033
基因文库 gene library 05.032
基因型 genotype 05.173
基因转移 transgenosis, gene transfer 05.232
基因作图 gene mapping 05.034
＊机冰 artificial ice, ice manufactured by machinery 08.067
机舱 engine room 09.127
机动渔船 power-driven fishing vessel 09.068
机帆渔船 power-sail fishing vessel 09.070
机轮底拖网禁渔区线 line of closed fishing area for bottom trawl fishery by motorboat 12.031
机械传动绞机 mechanical winch 09.274
机械损伤 mechanical damage 07.256
机械通风干燥 mechanical ventilation drying 08.164
机械增氧 mechanical enhancement-oxygen 04.251
机熏 mechanical smoking 08.234
奇鳍 median fin, unpaired fin 01.182
畸形 deformity 07.035
积冰 icing 01.450
积水 hydrops 07.031
积温 accumulated temperature 01.463
肌肉坏死病 muscle necrosis 07.266
肌肉珍珠 muscle pearl, seed pearl 04.224
激光诱变育种 laser mutation breeding 05.235
激素效价 hormone titer 04.288
极限或养护参考点 limit or conservation reference points 02.153
集群性 sociability, gregariousness 01.103
集约养殖 intensive cultivation 04.004
挤出牵伸成网机 extrude draft net machine 09.469
＊几丁质 chitin 08.418
季风 monsoon 01.460
剂量效应 dose effect 05.262

寄生 parasitism 01.059
寄生物 parasite 07.041
计算捻度 calculational twist 03.236
记录式探鱼仪 recording fish finder 09.486
*继发性污染物 secondary pollutant 11.011
*夹苗 insert seedling 04.115
夹芯绳 combination rope 03.311
家系选择 line selection, family selection 05.164
加冰孔 ice hole 09.195
加工甲板 processing deck 09.183
加捻 twisting 03.221
加热排气 thermal exhaust 08.288
加压水杀菌 pressure sterilization with water 08.301
加压[蒸汽]杀菌 pressure sterilization 08.302
颊部 check 01.136
甲板机械 deck machinery 09.154
甲板室 deck house 09.126
*甲壳溃疡病 shell ulcer disease 07.122
*甲壳素 chitin 08.418
甲壳质 chitin 08.418
甲型中污生物带 α-mesosaprobic zone 11.088
甲胄鱼类 Ostracodermi(拉) 01.119
假封 false seam 08.295
假根 rhizoid 01.352
假根繁殖 rhizoid reproduction 04.158
假鳃 pseudobranch 01.167
假受精 pseudogamy, pseudopregnacy 05.063
假胀罐 false swelled can 08.326
架子网 framed stow net 03.035
间捕 intermediate fishing 04.350
间接冻结法 indirect freezing 08.098
间收 interharvesting 04.128
间歇式冻结装置 batch freezer 09.440
兼捕渔获物 bycatch, incidental catch 02.155
检疫 quarantine 07.074
剪[裁]边 cut ting edge 03.158
剪裁斜率 taper ratio 03.159
剪裁循环 cutting sequence 03.160
减目 losing 03.139
减数分裂 meiosis 05.184
减数引发 meiotic drive 05.185
减摇装置 stabilizer 09.165
减振器 absorber 09.106
健康养殖 healthy aquaculture 04.023
健忘性贝毒 amnesic shellfish poison, ASP 08.454
渐近体长 asymptotic length 02.114
渐渗杂交 introgressive cross, introgressive hybridization 05.096
建网 trap net, pound net, set net 03.049
僵直期 rigor stage 08.045
江蓠浅滩养殖 tide flat culture of gracilaria 04.160
江汛 river flood 04.326
降海鱼类 catadromous fishes 01.234
降海洄游 catadromous migration 02.099
降压 pressure release 08.308
礁盘渔场 coral reef fishing ground 03.352
*胶析 reversion 08.342
交叉污染 cross contamination 08.464
交叉遗传 criss-cross inheritance 05.144
交互捻 twist in different direction 03.230
交换遗传 crossing over inheritance 05.192
[交]混[回]响 reverberation 09.494
浇饼 cake formation of porphyra 08.406
铰合部 hinge 01.297
[角]鲨烯 squalene 08.433
角质鳍条 Ceratotrichia(拉) 01.179
*绞车 winch 09.273
绞[纲]机 winch 09.273
绞[纲]机组 winch-rope reel 09.279
绞机公称拉力 nominal winch pull 09.258
绞捻编网机 twist-netting machine 09.465
绞捻网片 twisting netting 03.266
绞盘 capstan 09.277
绞收速度 hauling speed 09.259
接触冻结 contact freezing 08.101
接触冷却 contact chilling 08.082
接触式冻结装置 contact freezer 09.435
结构号数 structure number 03.217
结牢度 knot stability, knot fastness 03.297
结强度 knot strength 03.287
*结网 braiding 03.129
解冻 thawing 08.115
解冻设备 thawing equipment 09.444
姐妹种 sister species, sibling species 05.128
*芥子珠 muscle pearl, seed pearl 04.224
金枪鱼围网渔船 tuna seine vessel 09.032
进出港航道 approach channel, entrance channel 10.015

进出港签证 entry and exit visa 10.098
进化论 evolutionism 05.182
禁渔期 closed fishing season 12.033
禁渔区 closed fishing zone 12.032
近海捕捞 inshore fishing 03.338
近海生物 neritic organism 01.038
近海渔业 offshore fishery 01.005
近交 inbreeding 05.067
近交衰退 inbreeding depression 05.076
近交系 I line, inbred line 05.071
近亲 consanguinity 05.195
＊近亲交配 inbreeding 05.067
浸出 solvent extraction 08.394
浸肥法 soaking fertilization 04.065
浸淋式冻结装置 spray freezer 09.431
浸浴感染 immersion infection 07.010
浸渍品 pickled product 08.274
茎化腕 hectocotylized arm 01.304
茎双穴吸虫病 posthodiplostomumiasis 07.202
鲸工船 whale factory ship 09.065
鲸蜡 spermaceti 08.426
鲸油 whale oil 08.383
＊精包 spermatophore 01.271
精巢分期 stages of testes development 04.277
精荚 spermatophore 01.271
精滤 refined filtration 08.397
精饲料 fine feed, concentrate 06.073
＊精养 intensive cultivation 04.004
精[鱼]油 refined oil 08.380
经编网片 raschel netting 03.264
经编织网机 knit-netting machine 09.467
经济型捕捞过度 economic over fishing 02.026
经口感染 peroral infection 07.049
＊颈蛭病 trachelobdellaiosis 07.220
静水力浮子 hydrostatic float 03.316
痉挛病 cramp disease 07.267
净初级生产量 net primary production 02.060
净吨位 net tonnage 09.091
净化中心 purification center 08.473
净能 net energy, NE 06.088
纠正措施 corrective action 08.457
厩肥 stable manure, barn yard manure 06.106
救生设备 life-saving appliance 09.169
居贻贝蚤病 mytilicolasis 07.224
局部贫血 local anemia 07.026
聚合酶链式反应 polymerase chain reaction, PCR 05.253
聚合杂交 convergent cross, polymerized cross 05.102
卷纲机 rope reel 09.278
卷绕直径 winding diameter 09.268
卷筒 drum 09.269
卷网机 net drum 09.295
橛缆 rope on fixed peg 04.079

K

卡钓 gorge line 03.059
卡拉胶 carrageenan 08.404
开捕期 allowable fishing season 12.034
＊开发率 exploitation rate 02.138
开口饲料 starter diet, starter feed 06.053
开式冷却系统 open cycle cooling system 09.138
糠虾幼体期 mysis stage 04.175
抗病性 disease resistance 05.208
抗寒性 cold resistance 05.209
抗结块剂 anticaking agent 06.043
抗菌剂 antibacterial agent 06.039
抗逆性 stress resistance 05.207
抗热性 thermal resistance 08.315
抗体 antibody 07.069
抗氧化剂 antioxidant 08.148
＊抗药性 pesticide resistance 07.063
抗营养素 antinutriment, antinutritional factor 06.028
抗原 antigen 07.070
烤鱼片 seasoned-dried fish fillet 08.206
颗粒密度 density of pellet 09.325
颗粒饲料 pellet feed, pellet diet 06.047
颗粒饲料表面质量 surface quality pellet feed 09.321
颗粒饲料成形率 forming rate of pellet feed 09.320
颗粒饲料机生产率 productivity of pellet feed processing machine 09.323
颗粒饲料机生产能力 productive capacity of pellet feed processing machine 09.324
颗粒饲料漂浮率 floating rate of pellet feed 09.322

颗粒饲料水中稳定性　stability quality of pellet feed in water　09.326
颗粒饲料压制机　pellet feed mill　09.330
颗粒遗传　particulate inheritance　05.140
*颏部　chin　01.137
颏孔　geniopores　01.139
壳冰机　shell ice machine　09.454
壳孢子囊　conchospore　01.355
*壳聚糖　chitosan　08.419
壳吸管虫病　acinetasis　07.181
可变螺距螺旋桨　variable pitch propeller, adjustable pitch propeller　09.147
可捕规格　catchable size　12.040
可捕量　allowable catch　02.021
*可捕系数　catch ability coefficient　02.140
*可采捕规格　allowable harvesting size　12.039
可溶性成分　soluble component　08.047
可溶性蛋白氮　extractable protein nitrogen　08.054
可食部分　edible part　08.011
克隆　clone　05.216
空纲　leg　03.090
空间分布　spatial distribution　01.110
空泡变性　vacuolar degeneration　07.022
空气冻结　air freezing　08.099
空气解冻　air thawing　08.117
*空气冷却器　air cooler, forced circulation air cooler　09.426
空网　abortive haul　03.381
空网率　abortive haul rate　03.382
孔蚀　pinholing　08.328
控制措施　control measure　08.456
口感　mouth feel　08.035
口器　mouth appendage　01.305
*口丝虫病　ichthyobodiasis　07.154
库道虫病　kudoasis　07.167
跨界渔业资源　straddling fisheries resources　02.008
块冰　ice block　08.068
[快]速冻[结]　quick freezing　08.096
[快]速冻[结]装置　quick freezing plant, deep freezing plant　09.428
框刺网　frame gillnet　03.011
框架张网　frame swing net, frame stake net　03.038
*矿物质　inorganic salts　06.024
矿物质饲料　mineral feed　06.074
溃烂病　ulcer disease　07.107
括纲　purse line　03.108
括纲吊臂　purse line davit　09.208
括纲绞机　purse line winch　09.282

L

拉尼娜　La Niña（西）　01.458
拉塞尔种群捕捞理论　Russell's fishing theory of population　02.046
拉丝机　monofilament manufacturing machine　09.480
喇叭丝　trumpet hyphae　01.342
蓝斑蟹肉　blue meat　08.335
蓝色革命　blue revolution　01.018
蓝蟹呼肠孤病毒状病毒病　reovirus-like virus disease of blue crab　07.096
蓝蟹疱疹状病毒病　herpes-like virus disease of blue crab　07.095
蓝蟹微粒子虫病　nosemiasis of crab　07.173
*蓝藻中毒　hemocytic enteritis, HE　07.254
拦门沙　bar　10.070
[拦]鱼坝　barrier dam　04.234
拦鱼堤　fish dykes　10.050
拦鱼电栅　blocking fish with electric screen　04.232
拦鱼设施　barricade　04.229
拦鱼网　net fish screen　04.231
拦鱼栅　fish screen, fish corral　04.233
缆绳　cable twisted rope　03.303
烂尾病　tail-rot disease　07.109
擂溃　grinding　08.340
擂溃机　mixing and kneading machine　09.381
冷藏　refrigerated storage　08.126
冷[藏]链　cold chain　08.131
冷藏网[帘]　cold net　04.152
冷藏鱼舱　refrigerated fish hold　09.180
冷藏运输船　catch refrigerated carrier　09.057
冷冻保藏　freezing-preservation　08.090
[冷]冻干[燥]　freeze-drying, lyophilization　08.160
冷冻食品　quick freezing food　08.134
冷冻食品 T-T-T　T-T-T of frozenfood　08.128
冷冻熟食品　precooked frozen food　08.135

冷冻水产品　frozen fish, frozen aquatic products　08.133
冷冻小包装　frozen dressed fishery products　08.136
冷风干燥　cold air drying　08.165
冷风机　air cooler, forced circulation air cooler　09.426
冷海水保鲜运输船　refrigerated seawater fresh-keeping fish carrier　09.054
冷海水舱　refrigerated seawater tank, cooling seawater tank　09.192
冷库　cold storage　08.130
冷凝器　condenser　09.420
冷却　cooling　08.080
冷[却]海水保鲜　preservation by chilled sea water　08.088
冷却介质　coolant　08.087
*冷却盘管　cooling coil　09.425
冷却速度　cooling rate　08.086
冷水性鱼类　cold water fishes　01.243
冷水性藻类　cold water algae　01.317
冷熏　cold-smoking　08.230
冷盐水鱼舱　brine cooling fish tank　09.182
离合器　clutch　09.140
理网机　net shifter　09.310
理鱼　arrangement of fish　08.022
鲤白云病　white cloud disease of carp　07.102
鲤春病毒血症　spring viremia of carp, SVC　07.080
鲤蠢病　caryophyllaeusiasis　07.208
*鲤痘疮病　carp pox　07.084
鲤科鱼类疖疮病　furunculosis of carps　07.106
丽克虫病　licnophoraosis　07.186
立式平板冻结机　vertical plate freezer　09.438
立体培养　stereoscopic cultivate　04.143
粒冰机　granular ice machine　09.455
力纲　belly line　03.095
联合国海洋法公约　United Nations Convention on the Law of the Sea　12.004
连接点　joint　03.251
连锁遗传　linkage inheritance　05.191
连续选择　successive selection, tandem selection　05.165
镰刀菌病　fusarium disease　07.144
链壶菌病　lagenidialesosis　07.145
链球菌病　streptococcicosis　07.115
良好操作规范　good manufacturing practices, GMP　08.461
良种繁育　elite breeding, propagation of elite tree species　05.265
两极虫病　myxidiasis　07.164
两片式拖网　two-panel trawl　03.022
列　row　03.134
裂头绦虫病　diphyllobothriumiasis　07.212
劣种　inferior breed, rogue　05.124
猎捕渔船　hunting boat　09.050
磷[素]肥[料]　phosphate fertilizer　06.116
磷脂　phospholipid　06.019
临界捻度　critical twist　03.237
临界体长　critical size　02.115
鳞　scale　01.192
鳞盘虫病　diplectanumiasis　07.195
鳞质鳍条　Lepidotrichia(拉)　01.180
淋巴囊肿　lymphocystis disease, LD　07.082
淋巴心脏　lamph heart　01.175
领海　territorial sea　12.009
6－硫代鸟嘌呤制剂　6-thioguanine preparation, 6-TG　08.435
硫化黑变　sulphur blackening　08.329
硫化物污染　sulphide stain　08.331
硫化锡斑　tin sulphide　08.330
流刺网　drift net　03.006
流刺网起网机　driftnet hauler　09.293
流[刺]网渔船　drift fisher　09.035
流刺网振网机　driftnet shaker　09.312
流化床冻结装置　fluidized bed freezer　09.433
*流化干燥　fluidizing drying　08.168
流式细胞计量术　flow cytometry, FCM　05.258
流水刺激　stimulation by running water　04.146
流水养鱼　fish culture in running water　04.266
*流网　drift net　03.006
*龙门架　gantry　09.198
龙头烤　dried bummelo　08.207
龙涎香　ambergris　08.425
笼壶渔具　basket and pot　03.061
笼养　cage cultivation　04.201
漏斗网衣　funnel　03.083
卤水　brine　01.472
卤鲜　half-salted refreshment　08.247
卤鲜品　half-fresh fish product　08.248
*陆棚　continental shelf　01.370
陆相　terrestrial faces　10.069

铝合金渔船　aluminum-framed fishing vessel　09.074
氯度　chlorosity　01.469
＊氯量　chlorosity　01.469
绿肥　green manure　06.105
卵巢分期　stages of gonad development　04.276
卵黄囊仔鱼　yolk-sac larvae　04.325
卵甲藻病　oodiniosis　07.146
卵裂卵　cleavage egg　04.305
卵生　oviparity　01.085
卵水　egg-water　04.297
卵胎生　ovoviviparity　01.086
＊卵涡鞭虫病　oodiniosis　07.146
卵子消毒　egg disinfection　04.295
轮捕轮放　multiple stocking and multiple fishing　04.348
轮回杂交　rotational crossing　05.101
轮养　rotational culture　04.029
螺层　spiral whorl　01.291
螺顶　apex　01.293
螺旋部　spire　01.292
螺旋带式冻结装置　spiral belt freezer　09.430
螺旋桨　screw propeller　09.146
罗伦氏瓮群　Lorenzini's ampullae　01.174
裸卵巢　gymnovarian　01.095
落潮　ebb, ebb tide　01.425
落地导向滑轮　deck bollard　09.204
络筒机　twisting winder　09.466

M

麻痹性贝毒　paralytic shellfish poison, PSP　08.451
码头　wharf, quay　10.024
码头前水深　water depth in front of wharf　10.023
满载吃水　loaded draft　09.087
鳗爱德华氏菌病　edwardsielliasis of eel　07.113
鳗赤鳍病　red-fin disease of eel　07.108
鳗红点病　red spot disease of eel　07.111
鳗居线虫病　anguillicolaosis　07.215
鳗匹里虫病　pleistophorosis of eel　07.170
鳗鲞　dried salted marine eel　08.210
慢性汞中毒　chronic mercury poisoning　11.130
锚　anchor　09.155
锚[泊]地　anchorage area, anchorage　10.020
锚纲　anchor rope　03.110
锚链　anchor chain　09.156
锚头鱼蚤病　lernaeosis　07.225
锚张网　anchored stow net　03.031
毛管虫病　trichophryiasis　07.178
毛细线虫病　capillariaosis　07.213
酶联免疫吸附测定　enzyme-linked immunosorbent assay, ELISA　05.249
酶香鱼　enzymatic salted fish　08.265
美国青蛙膨气病　tympanites of *Rana grylis*　07.132
密码子　codon　05.017
免除证书　Exemption Certificate　09.248
免疫　immunity　07.066
免疫血清　immune serum　07.068
免疫应答　immune response　07.067
苗绳　rope for inserting seedling　04.081
苗绳倒置　seedling rope inverting　04.126
苗种捕捞　seed catching　04.034
苗种培育　seed rearing　04.031
瞄准捕捞　aimed fishing　03.370
明骨　cartilage　08.211
螟蛹鲞　dried cuttlefish　08.209
模拟海味食品　simulated seafood　08.353
模拟海蜇皮　imitation jellyfish　08.407
模拟蟹肉　imitation crab meat　08.354
模拟鱼翅　artificial shark's fin　08.409
模拟鱼子　artificial fish egg　08.408
＊膜状体　membranate　04.134
摩擦鼓轮　warping end　09.270
＊墨鱼干　dried cuttlefish　08.209
牡蛎礁　oyster reef　01.375
母本　female parent　05.204
母体影响　maternal influence　05.148
母子式渔船　mother-ship with fishing dory　09.047
木[质渔]船　wooden fishing vessel　09.073
目脚　bar　03.250
目脚长度　bar size　03.253

N

＊纳精器　thelycum　01.272
耐波性　seakeeping qualities　09.102
＊耐热性　thermal resistance　08.315
耐药性　drug resistance　07.063
囊底纲　cod line　03.096
脑垂体促性腺素　gonadotropin hormone, GTH　04.286
内侧附肢　prosartema　01.255
内毒素　endotoxin　07.013
内骨骼　endoskeleton　01.311
内寄生物　endoparasite　07.042
内交　incross　05.070
内陆水域渔业　inland waters fishery　01.007
内陆水域渔业资源　inland water fishery resources　02.006
内捻　inner twist　03.233
内脏团　visceral mass　01.300
能见度　visibility　01.448
能量蛋白比　energy-protein ratio　06.084
能量饲料　energy diet　06.060
能[量转化]效[率]　energy exchange efficiency　06.061
能量转换率　energy conversion rate　06.081
泥浆泵　mud pump　09.353
泥内生物　endopelos　01.039
泥水分离机　mud-water separator　09.354
拟阿脑虫病　paranophrysiasis　07.182
拟变形虫病　paramoebiasis　07.157
拟饵复钩　lure multiple hooks　03.114
拟似盘钩虫病　pseudancylodiscoidiosis　07.189
年龄鉴定　age determination　02.120
年龄体长换算表　age-length key　02.118
年龄组成　age composition　02.117
年轮　annual ring　01.216
年渔获量　annual catch　03.375
黏孢子虫病　myxosporidiosis　07.159
黏度稳定性　stability of viscidity　08.393
黏罐　meat stick　08.322
黏合剂　pellet binder　06.044
＊黏结剂　pellet binder　06.044
黏体虫病　myxosomiasis　07.163
黏性卵　adhesive eggs, viscid eggs　04.294
黏液腔　mucilage cavity　01.344
黏液腺　mucous gland　01.214
＊S 捻　S-twist　03.226
＊Z 捻　Z-twist　03.225
捻度　amount of twist　03.220
捻度比　ratio of twist　03.241
捻回　twist　03.223
捻回角　twist angle　03.239
捻距　pitch of twist　03.240
捻缩　twist shrinkage　03.242
捻缩率　percentage of twist shrinkage　03.243
捻缩系数　coefficient of twist shrinkage　03.244
捻系数　twist factor　03.238
捻线　twisted netting twine　03.199
捻线机　twisting machine　09.477
捻向　twist direction　03.224
凝胶强度　gel strength　08.344
凝胶作用　gelation　08.341
牛首吸虫病　bucephaliasis　07.207
牛蛙爱德华氏菌病　edwardsiellosis of bullfrog　07.134
牛蛙红腿病　red leg of bullfrog　07.131
牛蛙脑膜炎脓毒性黄杆菌病　flavobacterisis of bullfrog　07.133
脓肿　abscess　07.032
浓缩[饲]料　concentrate feed　06.076
浓缩系数　concentration coefficient　11.110
浓缩鱼蛋白　fish protein concentrate, FPC　08.412
浓鱼汁　extract　08.445
农药污染　pesticide pollution　11.015
暖流　warm current　01.401
暖水性鱼类　warm water fishes　01.245
诺卡氏菌病　nocardiosis　07.116

O

偶鳍　paired fin　01.186

P

排绳角　rope arrangement angle　09.267
排湿　exhaust of moisture　08.178
排水量　displacement　09.092
盘冻　pan freezing　08.110
盘管式蒸发器　coil evaporator, grid evaporator　09.425
盘线装置　line winder　09.216
跑纲　bridle　03.107
跑纲绞机　hauling line winch　09.283
跑马病　circulating running disease　07.263
泡沫浮子　foam plastic float　03.319
胚胎　embryo　04.306
配额制度　quota system　12.028
配合力　combining ability　05.183
配合饲料　formulated feed, compound diet　06.033
配子　gamete　05.022
配子体　gametophyte　01.330
配子体世代　gametophyte generation　01.320
喷浆机　pulp shooting machine　09.335
喷淋冷却　spray cooling　08.084
喷淋式冻结　spray freezing　08.102
喷洒装置　sprinkler　09.220
喷水孔　spiracle　01.172
喷雾干燥　spray drying, atomized drying　08.167
棚架养殖　rack culture　04.083
膨化　puffing　08.024
膨化机　extruder　09.457
膨化[颗粒]饲料　expanded pellet diet　06.052
劈枝养殖　split branch culture　04.159
毗连区　contiguous zone　12.014
皮叶虫病　choricotyliosis　07.199
偏父遗传　patroclinal inheritance　05.142
偏母遗传　matrocliny　05.149
片冰　flake ice, slice ice, scale ice　08.071
片冰机　slice ice machine　09.451
片盘虫病　lamellodiscusiasis　07.193
漂浮生物　pleuston　01.034
漂洗　blanch　08.339
品系　strain, line　05.116
品系繁育　line breeding　05.121
品种　variety, breed　05.113
品种间杂交　intervarietal hybridization　05.097
品种鉴定　variety identification　05.134
品种退化　degeneration of variety　05.266
品种资源　variety resources　05.114
品族　herd of merit dams　05.130
平板冻结　plate freezing　08.105
平板冻结机　plate freezer　09.436
平潮　still tide　01.428
平衡囊　statocyst　01.256
*平衡泡　statocyst　01.256
平衡渔获量　equilibrium yield　02.033
平衡渔获量模型　equilibrium yield model　02.038
平均波高　mean wave height　01.408
平均资源量　average abundance　02.014
平面培养　flat cultivate　04.142
平酸罐头　flat sour can　08.333
平酸菌　flat-sour bacteria　08.334
平养　flat culture　04.123
平织网片　plain netting　03.268
平直部　flat part　01.350
泼肥法　sprinkling fertilization　04.064
泼孢子水采苗　seeding by sprinkling spore fluid　04.091
剖背机　splitting machine　09.370
匍匐枝繁殖　stolon reproduction　04.157
蒲福风级　Beaufort [wind] scale　01.446
曝气　aeration　11.063
曝气塘　aerated lagoon　11.064

Q

栖息习性　habituating bottom　01.056
鳍　fin　01.177
鳍棘　fin spine　01.181
鳍甲类　Pteraspida(拉)　01.120
鳍脚　clasper　01.191
鳍脚类　pinnipeds　01.314
鳍条　fin ray　01.178
[起]锚机　windlass, anchor windlass　09.157
起编　starting braiding　03.137
起网机　net winch　09.290
起网机组　net hauling system　09.296
启动子　promoter　05.251
Y 器官　Y-organ　01.276
气调贮藏　controlled atmosphere storage　08.149
气泡病　bubble disease　07.262
气泡幕　air bubble curtain　04.230
气味　odour　08.019
气温　air temperature　01.437
气象潮　meteorological tide　01.434
气压　atmospheric pressure　01.438
汽液分离器　gas-liquid separator　09.421
*牵切纱　spun yarn　03.191
牵引绞机　tractive winch　09.307
*千岛寒流　Oyashio current, Kurile current　01.404
前期仔鱼　prelarva　04.316
潜伏期　incubation period　07.052
潜流　undercurrent　01.395
潜绳养殖　sinking rope culture　04.164
潜在渔获量　potential yield　02.029
浅海层鱼类　neritic fishes　01.228
浅海养殖　shallow sea culture　04.085
嵌补　inlaying　03.186
枪乌贼类　long-finned squids　01.285
强度利用率　rate of utilization of strength　03.293
强风向　direction of strong wind　10.059
强制通风式冻结装置　air blast freezing plant, air blast freezer　09.432
樯张网　stake-set stow net　03.036
桥石养殖　recuperate site, bridge stone culture　04.199
切尖　tip cutting　04.127
茄汁水产罐头　canned aquatic product in tomato paste　08.281
侵袭性鱼病　invading diseases of fish　07.151
亲贝　parent shellfish　04.182
亲鳖　parent turtle　04.361
亲潮　Oyashio current, Kurile current　01.404
亲代　parental generation, P　05.202
*亲体补充量模型　stock-recruitment model　02.037
亲体池　brood pond　04.048
亲体培育　parents culture　04.047
亲体数量　parent stock　02.124
亲体与补充量关系模型　spawning stock recruitment relationship model　02.044
亲虾　parent shrimp, parent prawn　04.167
亲虾培育　parent shrimp rearing　04.168
亲蟹　parent crab　04.356
亲鱼　parent fish, brood stocks　04.270
亲鱼培育　parent fish rearing　04.273
*亲缘种　sister species, sibling species　05.128
青饲料　green fodder　06.067
青贮饲料　silage　06.068
轻度开发　under exploitation　02.145
轻熏品　light smoked fish　08.228
轻盐腌　light salting　08.252
氢化鱼油　hydrogenated fish oil　08.382
氢胀罐　hydrogen swelled can　08.327
*倾倒废弃物　dump　11.008
倾废　dump　11.008
倾斜试验　inclining test　09.096
清礁　rock cleaning　04.192
清洁海水　clean sea water　08.471
清塘　pond cleaning　04.237
清淤机　silt remover　09.349
清蒸水产罐头　canned aquatic product in natural style　08.282
*琼胶　agar　08.402
*琼胶糖　agarose　08.403
琼脂　agar　08.402
琼脂糖　agarose　08.403
秋苗　autumn seedling　04.110

秋汛　autumn fishing season　03.359
＊球虫病　coccidiasis　07.158
趋电性　galvanotaxis　01.105
趋光性　phototaxis,phototaxy　01.104
趋流性　rheotaxis　01.106
躯干　body, trunk　01.144
＊取样　sampling　11.070
取鱼部　bunt　03.074
去壳　shucking　08.469
去鳞机　scaling machine　09.367
去皮机　skinning machine　09.373
去头机　head-cutting machine　09.368
去头去内脏机　heading and gutting machine　09.369
全边傍剪裁　AN-cut　03.150
全长　total length　01.146
全雌型　allfemale type　01.090
全单脚剪裁　AB-cut　03.156
全宕眼剪裁　AT-cut　03.153
全浮动[筏式]养殖　floating [raft] culture　04.133
全骨鱼类　holostei　01.131
全价配合饲料　complete formula feed　06.034
＊全价饲料　complete formula feed　06.034
全能性　totipotency　05.217
全球定位系统　global positioning system, GPS　09.174
全球海上遇险与安全系统　Global Maritime Distress and Safety System, GMDSS　09.172
全人工采苗　complete artificial collection of seedling　04.036
全人工育苗　artificial seedling rearing　04.042
全日潮　diurnal tide　01.431
全鳃　holobranch　01.166
全同胞交配　full-sib mating, I-sib mating　05.068
全头类　Holocephali(拉)　01.125
全鱼粉　whole fish meal　08.365
缺体　nullisomic　05.043
群落　community　01.025
群落演替　community succession　02.108
群体　colony　02.080
群型种　cenospecies　05.129
群众渔业　small scale fishery　01.008

R

染色体　chromosome　05.008
＊染色体操作　chromosome manipulation　05.220
染色体工程　chromosome engineering　05.220
染色体基数　basic number of chromosome　05.009
染色体加倍　chromosome doubling　05.221
染色体组　chromosome set　05.014
＊染色体组型　karyotype, caryotype　05.015
绕缝　seaming lacing　03.166
绕线盘机　spool winder　09.463
热带风暴　tropical storm　01.453
热带鱼类　tropic fishes　01.239
热风干燥　hot-air drying　08.166
热力致死时间　thermal death time, TDT　08.314
热烫　heat shocking　08.470
热污染　thermal pollution　11.019
热熏　hot-smoking　08.231
热中心点　thermal center　08.094
人工繁殖　artificial propagation　04.041
人工放流　artificial releasing　02.149
人工孵化　artificial incubation　04.308
人工干燥　artificial drying　08.162
人工孤雌生殖　artificial parthenogenesis　05.066
人工海水　artificial sea water　01.471
人工苗种　artificial seed　04.043
人工生长基质　artificial substrate　04.038
人工选择　artificial selection　05.161
人工鱼礁　artificial fish reef　10.048
人工珍珠　artificial pearl　04.205
人绒毛膜促性腺素　human chorionic gonadotropin, HCG　04.284
人形鱼虱病　lernanthropusiasis　07.228
人造冰　artificial ice, ice manufactured by machinery　08.067
人造扇贝柱　simulated scallop adductor　08.355
人造虾仁　simulated prawn meat　08.356
日本鳗虹彩病毒病　Japanese eel iridovirus disease　07.085
日粮　ration　06.005
融冰槽　dip tank, thawing tank　09.449
融合遗传　blending inheritance　05.139
融霜　defrosting　08.113
溶解性固体　dissolved solid　11.078

溶解氧 dissolved oxygen, DO 11.079
容绳量 rope capacity 09.261
容绳量折算系数 convert coefficient of rope capacity 09.262
容网量 net capacity 09.263
容许浓度 allowable concentration, admissible concentration 11.102
柔鱼类 squids 01.283
肉食性 carnivorous 01.067
乳白体吸虫病 galactosomiasis 07.205
入渔 access fishing 12.022
入渔费 access fishing fee 12.020
入渔条件 access fishing condition 12.021
入渔制度 access fishing regime 12.019
软骨硬鳞鱼类 chondrostei 01.130
软骨鱼类 cartilaginous fishes, Chondrichthys(拉) 01.123
软骨藻酸 domoic acid 08.455
软罐头 soft can 08.280
软颗粒饲料 soft pellet diet 06.049
软壳病 soft shell disease 07.260
软体动物 Mollusca (拉) 01.281
＊软体动物养殖 mollusk culture, shellfish farming 04.179
软胀罐 soft swelled can 08.325

S

＊撒盐法 dry salting 08.243
鳃 gill 01.156
鳃耙 gill raker 01.164
鳃瓣 gill lamella 01.161
鳃盖 operculum 01.158
鳃[盖]膜 branchiostegal membrane 01.159
鳃弓 branchial arch 01.163
＊鳃孔 gill opening 01.157
鳃裂 gill cleft 01.157
鳃霉病 branchiomycosis 07.141
鳃囊 gill pouch 01.168
＊鳃片 gill lamella 01.161
鳃上器官 suprabranchial organ 01.169
鳃丝 branchial filament, gill filament 01.162
鳃条骨 branchiostegal ray 01.160
鳃峡[部] isthmus 01.138
三倍体 triploid 05.045
三重刺网 trammel net 03.010
三代虫病 gyrodactyliasis 07.191
三矾提干 curing jelly-fish with alum and salt thrice 08.255
三滚筒起网机 tricylinder hauling machine 09.317
三交 triple cross 05.093
三角帆蚌气单胞菌病 aeromonasis of *Hyriopsis cumingii* 07.129
三角帆蚌瘟病 *Hyriopsis cumingii* plague 07.097
三角网衣 gusset 03.085
三体 trisomics 05.042
＊散溶率 scatter ratio, scatter and disappear ratio 06.098
散失率 scatter ratio, scatter and disappear ratio 06.098
＊散腿刺网 without footline drift net 03.009
桑基鱼塘 mulberry fish pond 04.227
杀菌 sterilization 08.298
[杀菌]锅内常压冷却 cooling in retort without pressure 08.311
[杀菌锅]排气 venting 08.305
杀菌设备 sterilizer 09.375
杀菌时间 sterilizing time 08.307
沙内生物 endopsammon 01.040
晒池 sun-dried of the pond 04.239
晒干 sun drying 08.157
晒熟 sunburn 08.182
晒网[帘] sunning net 04.151
珊瑚礁 coral reef 01.374
珊瑚礁鱼类 coral fishes 01.229
珊瑚枝养殖 coral branch culture of eucheuma 04.163
商业无菌 commercial sterility 08.297
上层建筑 superstructure 09.125
上浮稚鱼 swim-up fry 04.321
上浮仔鱼 swim-up larvae, emergent larvae 04.324
上纲 headline 03.086
上钩率 hook rate 03.384
上进纲 upper hauling rope 09.265
上升流 upwelling 01.396
上升流渔场 upwelling fishing ground 03.344

稍部　tip part　01.351
少脂鱼　lean fish　08.016
舌网衣　flapper　03.084
舌状绦虫病　ligulaosis　07.211
摄食　feeding　01.073
＊摄食强度　degree of stomach contents, feeding intensity　02.123
射流式增氧机　jet aerator　09.343
设计吃水　designed draft　09.086
设计水位　design water level　10.061
设计支数　systematic count　03.210
深度基准面　datum level　10.056
深海层鱼类　bathybic fishes　01.225
深海散射层　deep scattering layer, DSL　01.388
深海渔场　deep sea fishing ground　03.348
＊深冷冻结装置　cryogenic freezer　09.441
＊深水散射层　deep scattering layer, DSL　01.388
深水养殖　deep water culture　04.086
神经性贝毒　neurotoxic shellfish poison, NSP　08.453
渗盐线　cut for salt penetration　08.254
声学调查　acoustic survey　02.092
生产者　producer　02.057
生干　drying fishery products without pretreatment　08.155
生干品　fresh-dried products　08.192
生化需氧量　biochemical oxygen demand, BOD　11.080
生活力　vitality　05.194
＊生活强度　vitality　05.194
生活史　life history, life cycle　01.321
生活污水　domestic sewage　11.036
＊生活周期　life history, life cycle　01.321
生境　habitat　11.003
生理性污染　physiological pollution　11.024
生态平衡　ecological balance, ecological equilibrium　11.142
生态容量　ecological capacity　02.055
生态习性　ecological habit　01.097
生态系　ecosystem　01.022
生态系养殖　ecosystem culture　04.009
生态修复　ecological remediation　11.144
生态学　ecology　01.021
生态渔业　ecological fishery　11.143
＊生物处理　biological treatment　11.045
生物放大　biomagnification　11.111
＊生物富集　bio-enrichment　11.109
生物工程　biotechnology　05.240
生物固氮作用　biological nitrogen fixation　06.115
生物积累　bio-accumulation　11.108
＊生物技术　biotechnology　05.240
生物监测　biological monitoring　11.083
生物降解　biodegradation　11.046
生物净化　biological purification　11.045
生物膜法　bio-membrane process　11.056
生物浓缩　bio-concentration　11.109
生物评价　biological assessment　11.096
生物区系　biota　02.090
生物圈　biosphere　02.131
生物碎屑　biological detritus　01.377
＊生物塘　oxidation pond　11.059
生物污染　biological pollution　11.026
生物修复　bio-remediation　11.145
生物学捕捞过度　biological over fishing　02.023
生物学特征　biological property　01.061
生物学最小型　biological minimum size　02.148
生物增氧　biological enhancement-oxygen　04.252
生物指数　biotic index　11.091
生物种多样性指数　species diversity index　11.093
生物转化　bio-transformation　11.107
生物转盘净化机　water purifier by biological rotating disc　09.346
生物转筒净化机　water purifier by biological rotating tube　09.347
生物转运　bio-transport　11.123
生长　growth　01.074
生长部　growing part　01.340
生长促进剂　growth stimulant　06.038
生长方程　growth equation　02.113
生长基质　substratum　04.037
生长率　growth rate　01.075
生长曲线　growth curve　01.077
生长系数　growth coefficient　01.076
生长线　growth line　01.295
生长效率　growth efficiency　02.068
生长型捕捞过度　growth over fishing　02.024
生殖隔离　reproductive isolation　05.168
生殖洄游　spawning migration　02.097
升温时间　come-uptime　08.306
绳股　rope strand　03.305

绳纱　rope yarn　03.304
绳网机械　rope-netting machinery　09.460
绳芯　core of rope　03.306
＊剩余产量模型　surplus yield model　02.038
剩余权利　residual rights　12.017
＊剩余渔获量　surplus yield　02.015
剩余资源量　surplus yield　02.015
施术贝　operated shellfish　04.213
施术法　operating method　04.215
施术工具　operating tools　04.214
湿度　humidity　01.440
湿法人工授精　wet method of artificial fertilization　04.301
湿法鱼粉加工设备　fish meal wet process machine　09.412
湿结强度　wet knot strength　03.289
湿强度　wet strength　03.286
湿式膨化机　cooking extruder　09.459
湿性饲料　moist diet　06.058
湿雪冰　slush ice　08.074
湿腌法　wet cure, brine cure　08.244
湿榨法　wet rendering　08.368
鰤幼鱼病毒性腹水病　virulent ascitesosis of yellowtail fingerling　07.087
鲺病　arguliosis　07.230
石花菜匍匐枝　agar stolon, gelidium stolon　04.156
石花菜养殖　gelidium culture　04.153
石决明　shell of abalone　08.420
石油污染　oil pollution　11.014
食品安全危害　food safety hazard　08.458
食品冷冻工艺　food refrigeration technology　08.129
[食品]质量控制　quality control　08.446
食物环节　food link　01.072
食物链　food chain　01.070
食物网　food web　01.071
食性　feeding habit　01.062
食用贝类　edible shellfishes　01.289
＊食用色素　dye, pigment, dyestuff　06.041
食用鱼粉　edible fish meal　08.366
食用鱼类　food fishes　01.240
实测回潮率　actual regain　03.279
实测捻度　actual twist　03.235
实测支数　actual count　03.211
实际号数　actual number　03.218
实用冷藏期　practical storage life　08.132
世代交替　alternation of generation　01.322
嗜盐生物　halophile organism　01.049
嗜子宫线虫病　philometrosis　07.214
适航性　seaworthiness　09.103
适口性　daintility　06.099
适温种　thermophilic species　01.052
室内采苗　indoor seeding, indoor seed collection　04.092
试捕　fishing trial　09.226
试份　test portion　11.072
试航　test run, trial trip, ship trial　09.225
试水　water testing　04.238
收缩率　shrinkage　03.298
收鲜船　buy boat, fresh fish collecting ship　09.052
手钓　hand line　03.052
手钓渔船　hand-liner　09.038
手纲　sweep line　03.100
＊授体　donor　05.229
受精　fertilization　04.296
受精率　fertilization rate　04.304
＊受精卵　zygote　05.023
受精素　fertilizin　05.058
受体　receptor　05.228
梳麻机　necking machine　09.476
输冰桥　over line bridge for ice transportation　10.037
输沙量　sediment runoff　10.063
熟蚝豉　boiled-dried oyster　08.220
熟化工艺　curing process　06.102
熟制品　cooked food　08.009
属间杂交　intergeneric cross　05.104
属具　accessory　03.119
束纤维强度　bundle strength　03.292
竖杆　stick　03.122
竖杆张网　two-stick stow net　03.040
竖鳞病　lepidorthosis　07.117
数量性状　quantitative character　05.176
数量遗传　quantitative inheritance　05.137
数学模型　mathematical model　10.077
衰老期　oldest stage, eldest stage　04.108
＊双鼻孔鱼类　Diplorhina（拉）　01.120
双船围网渔船　two boat seine vessel　09.024
双钩型织网机　double hook machine netting　09.462
双甲板渔船　two decked fishing vessel　09.078
双交　double cross　05.094

＊双壳贝类　Bivalvia　01.288
双亲遗传　amphilepsis　05.151
双死结网片　double English knotted netting　03.262
双体渔船　twin-hull fishing vessel　09.077
双拖渔船　two boat trawler, pair trawler, bull trawl　09.013
双向航道　double way channel　10.018
双穴吸虫病　diplostomumiasis　07.201
双阴道虫病　bivaginaosis　07.197
水不溶物　insoluble solid in water　08.048
水草收割机　weed cutting machine　09.336
水产捕捞学　piscatology　03.001
水产捕捞业　fishing industry　01.009
水产动物传染性疾病　infectious disease of aquatic animal　07.006
水产动物营养不良病　malnutrition disease of aquatic animal　07.257
水产加工业　aquatic products processing industry　01.011
水产皮革　aquatic leather　08.416
水产品　fish, fishery products　08.001
水产品保鲜　preservation of fishery products　08.063
水产品干燥设备　aquatic product dryer　09.386
水产品加工　fish processing　08.010
水产品加工机械　processing machinery　09.363
水产品水分活度　water activity of fish products　08.049
水产品质量指标　quality index of aquatic product　08.032
水产品综合利用　comprehensive utilization of aquatic products　08.411
水产食品　aquatic food　08.002
水产学　fishery sciences　01.001
水产养殖　aquiculture, aquaculture　04.002
水产养殖学　science of aquiculture, aquaculture science　04.001
水产养殖业　aquaculture industry　01.010
＊水产业　aquatic product industry　01.002
＊水产资源　fisheries resources　02.003
＊水产资源学　science of fisheries resources　02.001
水车式增氧机　waterwheel aerator　09.342
水处理机械　water processor machinery　09.338
＊水底植物　benthophyte　01.045
[水]电导率　specific conductivity　11.074
水动力沉子　hydrodynamic sinker　03.322
水动力浮子　hydrodynamic float　03.317
水发　steeping in water for reconstitution　08.188
水化学指标　chemical measurements of water　01.467
水环境容量　environmental capacity of water　11.042
水[环境]质[量]评价　water quality assessment　11.081
水解蛋白注射液　injection of fish protein hydrolyzate　08.415
水解冻　water thawing　08.116
水扣　loose　03.180
水库联合渔法　combinated multi-gear fishing in reservoir　03.385
水库养鱼　reservoir fish farming, fish culture in reservoir　04.262
水力挖塘机组　hydraulic pond-digging set　09.352
水霉病　saprolegniasis　07.140
水密　watertight　09.108
水平感染　level infection　07.051
水平探鱼仪　horizontal fish finder　09.485
水溶性蛋白质　soluble protein in water　08.051
水色　water color　01.392
水生生态系　aquatic ecosystem　11.095
水生生物　hydrobiont, hydrobios　01.019
水生生物急性毒性试验　acute toxicity test for aquatic organism　11.113
[水生生物]急性中毒　acute poisoning　11.124
水生生物慢性毒性试验　chronic toxicity test for organism　11.115
[水生生物]慢性中毒　chronic poisoning　11.126
水生生物群落　community of aquatic organism　11.094
水生生物学　hydrobiology　01.020
水生生物亚急性毒性试验　subacute toxicity test for aquatic organism　11.114
[水生生物]亚急性中毒　subacute poisoning　11.125
水生维管束植物　aquatic plant　01.043
＊水体环境负载容量　environmental capacity of water　11.042
[水体]环境评价　environmental appraisal, environmental assessment　11.135
水体施肥　fertilization in aquaculture　04.062
水体污染　water body pollution　11.022
水体污染源　pollution source of water body　11.047
水体自净　self-purification of water body　11.040
水团　water mass　01.389
水位　water level, water stage　10.060

水温　water temperature　01.391
水污染　water pollution　11.005
水污染毒性的生物评价　biological assessment of water pollutant toxicity　11.085
水系　water system　01.390
水下灯绞机　underwater light winch　09.309
水下清淤机　underwater silt remover　09.350
水线　waterline　09.093
水样　water sample　11.071
水俣病　minamata disease　11.131
水域生产力　aquatic productivity　02.056
水域生态平衡　aquatic ecological equilibrium　02.071
水域生态效率　aquatic ecological efficiency　02.070
水域生态演替　aquatic ecological succession　02.069
水域自然保护区　natural conservation areas of waters　12.049
水质　water quality　11.004
水质分析　water quality analysis　11.068
水质改良机　water improving machine　09.339
水质管理　water quality management　04.242
水质监测　water quality monitoring　11.067
水质净化机　water purifier　09.345
水中稳定性　water stability　06.097
水肿　edema　07.030
＊瞬时捕捞死亡率　instantaneous fishing mortality rate　02.139
＊瞬时生产率　growth coefficient　01.076
＊瞬时死亡率　instantaneous mortality rate　02.133
＊瞬时自然死亡率　natural mortality coefficient　02.136
顺岸式码头　coastwise wharf, coastwise quay　10.030
丝状体　filament　01.348
丝状体培育　conchocelis breeding　04.136
丝状细菌病　filamentous bacterial disease　07.127
丝状细菌附着症　filament bacterial felt　07.249
死结网片　English knotted netting　03.261
死亡率　mortality　02.132
四倍体　tetraploid　05.046
四分孢子　tetraspore　01.327
四分孢子体　tetrasporophyte　01.328
四极虫病　chloromyxiasis　07.165
似棘头吻虫病　acanthocephalorhynchoidesiosis　07.216
饲草　forage　06.069
饲料　feed, feedstuff　06.001
饲料打浆机　green feed blender　09.331
饲料加工机械　feed processing machinery　09.329
＊饲料利用率　feed conversion rate, FCR　06.083
饲料配方　feed formula　06.080
饲料添加剂　feed additive　06.035
饲料系数　feed coefficient　06.082
＊饲料消耗定额　feed coefficient　06.082
饲料转化率　feed conversion rate, FCR　06.083
饲料资源　feed resource　06.075
松紧度　tightness　03.245
＊松鳞病　lepidorthosis　07.117
塑料浮子　blowing float　03.318
溯河洄游　anadromous migration　02.100
溯河鱼类　anadromous fishes　01.233
酸化法　acidization　08.401
酸碱度　pH value　01.474
随机交配　random mating, panmixis　05.077
髓部　pith part　01.341
髓丝　pith filament　01.343
碎冰　crushed ice, brash ice　08.070
碎冰机　ice crusher　09.450
碎冰楼　icing tower　10.038
碎波　breaker　01.416
碎鱼机　hasher　09.404
隧道式冻结装置　tunnel freezing plant, freezing tunnel　09.429
缩结系数　hanging ratio　03.179
缩水率　water shrinkage　03.299
索饵场　feeding ground　02.106
索饵洄游　feeding migration　02.098
索具　rigging　03.300

T

胎生　viviparity　01.087
苔菜　dried sea grass　08.225
＊苔条　dried sea grass　08.225
苔藓虫素　bryostatin　08.434
台风　typhoon　01.454
滩涂　infertidal mudflat　01.365
滩涂养殖　intertidal mudflat culture　04.084
＊碳水化合物　carbohydrate, saccharide　06.020

探捕 exploratory fishing 03.364
探鱼能力 fish finding capacity 09.493
探鱼仪 fish finder 09.483
探针 probe 05.256
糖类 carbohydrate, saccharide 06.020
* 套编网片 raschel netting 03.264
套养 intercropping 04.027
特[克斯] tex 03.214
特种养殖 culture of special species 04.359
提纯 purification 05.267
体长 body length, standard length 01.147
体长限制 size limit 12.037
体长组成 length composition 02.116
体内标志 internal tag 02.095
体盘长 disc length 01.150
体外标志 external tag 02.096
体细胞杂交 somatic hybridization 05.106
体增热 heat increment, HI 06.089
天敌 natural enemy 07.064
天平钓 balance line 03.053
天然冰 natural ice 08.066
天然饵料 natural food 06.029
天然干燥 natural drying 08.161
天然苗种 natural seeding, wild fry 04.033
天然珍珠 natural pearl 04.204
天文航海 celestial navigation 10.087
调速器 speed governor 09.137
调味干制品 dried seasoned-products 08.196
调味水产罐头 canned seasoned aquatic product 08.284
跳封 jumped seam 08.294
跳盖 blow-off 08.320
贴补 covering 03.187
停药时间 withdrawal time 08.467
挺水植物 emerged plant 01.046
同步发育型[卵母细胞] synchronous oocyte development 01.091
同化效率 assimilation efficiency 02.067
* 同类相残 cannibalism 01.069
* 同体受精 self-fertilization, autofertilization 05.055
* 同系交配 incross 05.070
同向捻 twist in same direction 03.229
同源多倍体 autopolyploid 05.048
同源二倍体 auto-diploid 05.041
同源染色体 homologous chromosome 05.012
同种相残 cannibalism 01.069
桶腌 salting in barrels 08.241
投饵 feeding 04.066
投饵场 feeding area, feeding ground 04.240
投饵量 daily ration, feeding quantity 04.067
投饵率 feeding rate 04.068
投饵台 feeding hack, feeding platform, feeding tray 04.069
投石养殖 stone throwing culture 04.198
投饲机 feeder 09.334
头槽绦虫病 bothriocephaliasis 07.210
头甲类 Cephalaspida(拉) 01.121
头胸部 cephalothorax 01.247
头胸甲 carapace 01.248
头足类 cephalopod 01.282
透光带 photic zone 01.378
透明冰 clear ice 08.076
透明度 transparency 01.393
秃海胆病 alopecia of sea urchin 07.139
突变 mutation 05.152
突[堤式]码头 jetty 10.031
土池育苗 seedling rearing in earth ponds 04.046
吐沙 conditioning 08.472
* 吐铁 salted paper bubble 08.266
推进器 propeller 09.145
推进装置 propelling plant, propulsion device 09.129
推移质 bed load 10.064
蜕皮激素 ecdyson 01.277
退捻 twist off 03.222
退行性变化 regressive change, degenerative change 07.034
臀鳍 anal fin 01.184
拖刺网 dragging gillnet 03.008
* 拖钓 troll line, trolling line 03.055
拖力 towing power 03.380
拖速 towing speed 03.379
拖网 trawl 03.021
拖网加工渔船 processing trawler 09.021
拖网监测仪 trawl monitor 09.497
拖网绞机 trawl winch 09.280
拖网渔船 trawler 09.011
拖围兼作 trawling-seining combination 03.383
拖围兼作渔船 combination purse seiner-trawler 09.046
脱臭 deodorization 08.371

脱胶 degelation 08.343
脱盘 removing from the pan 08.111
脱盘机 frozen fish block dumping machine 09.443
脱色 decolorization 08.025
脱水 dehydration 08.026
脱盐 desalting 08.257
脱氧核糖核酸 deoxyribonucleic acid, DNA 05.007
脱氧剂 deoxidant 08.144
脱乙酰壳多糖 chitosan 08.419

W

挖塘机 fish pond excavator 09.348
蛙类养殖 culture of frog 04.362
歪尾 crookedcercal 01.154
*歪型尾 crookedcercal 01.154
外毒素 exotoxin 07.012
外骨骼 exoskeleton 01.312
外海捕捞 offshore fishing 03.337
外寄生物 ectoparasite 07.043
外来种群 allochthonous population, exotic population 02.083
外捻 outer twist 03.232
外鳃 external gill 01.170
外套膜 mantle 01.298
外套腔 mantle cavity 01.299
弯体病 body-curved disease 07.265
完全肥料 complete fertilizer 06.117
*完全饲料 complete formula feed 06.034
晚礵 late rocks 04.140
腕 arm 01.303
网板 otter board 03.124
网板架 gallows 09.203
网板拖网 otter trawl 03.024
网板展弦比 aspect ratio 03.334
网舱 net hold 09.191
网导 lead net 03.077
网底 net bottom 03.079
网盖 square net 03.071
[网]结 knot 03.248
网具 fishing net 03.003
网口纲 opening rope 03.109
网口高度仪 net mouth height monitor 09.496
网口扩张仪 net mouth spreading monitor 09.499
网帘 net screen 04.150
网目 mesh 03.249
网目长度 mesh size 03.252
*网目尺寸 mesh size 03.252
网目内径 inner diameter of mesh 03.254
网目强度 mesh strength 03.294
网目限制 mesh regulation 12.041
网目选择性 mesh selectivity 03.328
网囊 cod-end 03.073
网囊抽口绳 zipper line 03.099
网囊束纲 splitting strop 03.097
网片 meshes 03.128
网片编结 braiding 03.129
网片长度 netting length 03.257
网片尺寸 size of netting 03.256
网片定形机 net setting machine 09.470
网片断裂强度 netting breaking strength 03.295
网片方向 netting direction 03.255
网片横向 T-direction 03.131
网片剪裁 cutting 03.147
网片宽度 netting width 03.258
网片染色机 net dyeing machine 09.471
网片撕裂强度 netting tearing strength 03.296
网片脱水机 net dehydrator 09.472
网片斜向 AB-direction 03.132
网片纵向 N-direction 03.130
网坡 slope, ladder 03.078
网墙 leader 03.075
网圈 hoop 03.076
网身 body main net 03.072
网梭 netting shuttle 03.270
网台 net platform 09.209
网头纲绞机 seine painter winch 09.284
网图 net diagram 03.068
网位仪 net monitor 09.498
网线 netting twine, fishing twine 03.196
网箱 net cage 04.015
网箱沉浮装备 net cage positioner 09.362
网箱起吊设备 hoist for net cage 09.360
网箱清洗设备 net cage rinser 09.361

网箱养鱼　cage fish culture, fish culture in net cage　04.259
网箱养殖　culture in net cage　04.014
网袖　wing　03.069
网衣　netting　03.080
网衣补强　reinforcing　03.173
网衣缝合　joining　03.162
网衣缩结　netting hanging　03.178
网衣修补　mending　03.183
网衣装配　mounting　03.177
网翼　wing　03.070
*网渔具模型试验相似律　model test principles of fishing gears　03.332
网渔具模型试验准则　model test principles of fishing gears　03.332
旺发　peak period of fishing season　03.361
微孢子虫病　microsporidiasis　07.168
微被膜饲料　micro-coated diet, MCD　06.057
微波干燥　microwave drying　08.171
微波解冻　microwave thawing　08.118
微冻保鲜　preservation by partial freezing　08.089
微胶囊饲料　micro-encapsulated diet, MED　06.055
*微粒饲料　micro diet, microparticle diet　06.054
微量元素　microelement　06.027
微量元素添加剂　micro mineral additive　06.046
微黏结饲料　micro-bound diet, MBD　06.056
微生物类饲料　microorganisms feed　06.071
微型饲料　micro diet, microparticle diet　06.054
*微藻类　microalgae　01.316
危害分析和关键控制点　hazard analysis and critical control point, HACCP　08.459
韦伯器　Weberian apparatus, Weberian organ　01.176
桅　mast　09.160
*桅杆　mast　09.160
围刺网　surrounding gillnet　03.007
围栏养殖　enclosure culture, net enclosure culture　04.019
围网　purse seine　03.012
围网底环　purse ring　03.121
围网绞机　purse seine winch　09.281
围网起网机　purse seine hauling machine　09.291
围网探鱼船　fish detection vessel　09.029
围网渔场　purse seine fishing ground　03.351
围网渔船　seine vessel　09.022
维生素　vitamin　06.023
维生素缺乏病　vitamin deficiency　07.258
维生素添加剂　vitamin additive　06.045
萎瘪病　anemia　07.264
萎缩　atrophy　07.019
伪指环虫病　pseudodactylogyrosis　07.188
尾孢虫病　henneguyiasis　07.161
尾柄　caudal peduncle　01.152
尾部　tail　01.145
尾部起网机　tail hauling machine　09.318
尾滚筒　stern barrel, stern roll　09.210
尾滑道　stern ramp　09.196
尾滑道拖网渔船　stern ramp trawler　09.018
尾节　telson　01.267
尾鳍　caudal fin　01.185
尾扇　tail fan　01.268
尾拖渔船　stern trawler　09.014
尾肢　uropoda　01.266
尾轴　stern shaft　09.144
胃饱满度　degree of stomach contents, feeding intensity　02.123
胃含物分析　analysis of stomach content　02.122
卫生标准操作程序　sanitation standard operation procedure, SSOP　08.462
卫星导航设备　satellite navigation equipment　09.176
卫星导航系统　satellite navigation system　09.175
温流水养鱼　fish culture in thermal flowing water　04.267
温室　green house　04.024
温水性鱼类　temperate water fishes　01.244
温盐深记录仪　salinity temperature depth recorder, STD　09.505
温跃层　thermocline　01.386
文蛤弧菌病　vibriosis of clam　07.128
吻部　snout　01.135
*稳心高　metacentric height　09.099
*稳性高　metacentric height　09.099
卧式螺旋沉降式离心机　decaner　09.409
卧式平板冻结机　horizontal plate freezer　09.437
乌贼类　cuttlefishes　01.284
污染防治　pollution control　11.138
污染分布　pollution distribution　11.086
污染[评价]指数　pollution index, contamination index　11.092

污染物 pollutant 11.009
污染物排放标准 standard for discharge of pollutants 11.141
污染源 pollution source 11.006
污水 sewage 11.034
无氮浸出物 nitrogen free extract, NFE 06.021
无光带 aphotic zone 01.379
＊无颌类 Agnatha（拉） 01.133
无环围网 non-ring purse seine 03.017
＊无基牡蛎 cultchless oyster 04.202
无机肥料 inorganic fertilizer, mineral fertilizer 06.118
无机废水 inorganic waste water 11.031
无机污染物 inorganic pollutant 11.012
无机盐 inorganic salts 06.024
无节幼体期 nauplius stage 04.173
无结网片 knotless netting 03.263
无菌包装 aseptic package 08.296
无囊围网 non-bag purse seine 03.015
无霜期 duration of frost-free period 01.461
无下纲刺网 without footline drift net 03.009
无线电通信设备 radio communication equipment 09.171
无性杂交 asexual hybridization 05.105
物理处理 physical treatment 11.048
物理图谱 physical map 05.035
物理性污染 physical pollution 11.025
物理修复 physical remediation 11.146
＊物种多样性指数 species diversity index 11.093

X

舾装 outfiting 09.114
舾装设备 outfit of deck and accommodation 09.116
舾装数 equipment number 09.115
吸盘 sucker 01.339
吸湿性 hydroscopicity, hydroscopic property 03.272
吸水率 water content 03.281
吸水性 water imbibition 03.273
稀释剂 diluent 06.079
稀有种 rare species 02.075
＊喜盐生物 halophile organism 01.049
洗帘 screen washing 04.121
洗卵法人工授精 washing method of artificial fertilization 04.302
洗鱼机 fish washer 09.364
系泊 berthing 09.158
系泊试验 mooring trial 09.224
系泊装置 mooring arrangement 09.159
＊系船设备 mooring arrangement 09.159
系间杂交 line cross 05.098
系谱 pedigree 05.132
系统发育 phylogeny, phylogenesis 05.247
＊细胞贝 piece shell, graft shell 04.219
细胞工程 cell engineering 05.257
[细胞]核移植 nuclear transplantation 05.227
细胞培养 cell culture 05.243
细胞器 organelle 05.259
细胞亲和性 cellular affinity 05.263
＊细胞融合技术 cell fusion technique 05.106
细胞系 cell line 05.245
细胞移植 cell transplantation 05.226
细胞质遗传 cytoplasmic inheritance 05.147
细胞株 cell strain 05.244
细菌性败血症 bacterial septicemia 07.103
细菌性肠炎 bacterial enteritis 07.104
细菌性烂鳃病 bacterial gill-rot disease 07.098
细菌性肾脏病 bacterial kidney disease, BKD 07.112
细菌总数 total bacteria count 11.027
虾黑鳃病 black gill disease 07.268
虾酱 shrimp paste 08.271
虾类 decapod 01.246
虾类养殖 shrimp culture 04.166
虾米 dried peeled shrimp 08.213
虾米脱壳机 dried shrimp peeling machine 09.394
虾苗 shrimp seed 04.171
虾苗培育 shrimp seed rearing 04.172
虾皮 dried small shrimp 08.215
虾片 prawn crisp 08.212
虾仁分级机 shrimp meat grading machine 09.392
虾仁机 shrimp peeling machine 09.390
虾仁清理机 shrimp meat cleaning machine 09.391
虾拖网渔船 shrimp trawler 09.017
虾油 shrimp sauce 08.357
虾疣虫病 bopyrusiasis 07.233
狭腹鱼蚤病 lamproglenasis 07.226

狭食性　stenophagy　01.063
狭温种　stenothermal species　01.054
狭盐种　stenohaline species　01.051
下纲　foot line　03.087
下海刺激　stimulation in the sea　04.147
下降流　downwelling　01.397
下脚料　offal　08.013
下进纲　lower hauling rope　09.266
夏花　summerlings　04.339
夏眠　aestivation　01.102
夏苗　summer seedling　04.111
夏汛　summer fishing season　03.358
＊夏蛰　aestivation　01.102
鲜度　freshness　08.033
鲜度指标　index of fish freshness　08.034
鲜海胆黄　fresh sea-urchin gonad　08.262
鲜活饵料　fresh food　06.065
鲜销　marketing fresh fish　08.031
＊咸淡水鱼类　brackish fishes　01.232
咸黄泥螺　salted paper bubble　08.266
咸鳓鱼　salted Chinese herring　08.264
咸鱼成熟　ripeness of salted fish　08.256
咸鱼子　salted fish roe　08.267
舷边导向滑轮　wing bollard　09.206
舷边动力滚筒　side power roller　09.316
舷敷网　stick-held lift net　03.042
舷拖渔船　side trawler　09.015
舷外撑杆　outrigger, off-board pole　09.207
舷外挂机　outboard motor　09.166
显微操作　micromanipulation　05.261
显微注射　microinjection　05.255
显性基因　dominant gene　05.027
显性突变　dominant mutation　05.153
显性性状　dominant character　05.177
现役亲鱼　active parent fish　04.271
陷阱渔具　entrapping gear　03.046
限性遗传　sex-limited inheritance　05.145
限制性氨基酸　limiting amino acid　06.013
[线]股　strand　03.197
线粒体脱氧核糖核酸　mitochondrial DNA, mtDNA　05.254
线密度　line density　03.212
线芯　core　03.204
相对捕捞能力　relative fishing power, relative fishing capacity　03.372
相对湿度　relative humidity　01.441
相对性状　relative character　05.180
镶边　edging　03.174
向光面　phototropic face　01.336
硝态氮　nitrate nitrogen　06.113
消费者　consumer　02.062
消化率　digestibility　06.090
消化能　digestible energy, DE　06.086
蛸类　octopus　01.286
小孢子　microspore　01.353
小潮　neap tide　01.427
＊小触角　antennule　01.253
小瓜虫病　ichthyophthiriasis　07.183
小片　small pieces of net　04.218
小片贝　piece shell, graft shell　04.219
＊小鳍　accessory fin　01.189
小型渔船　small fishing vessel　09.006
效价　titer　05.248
效应浓度　effective concentration　11.103
楔形藻病　licmophorasis　07.148
协同效应　synergistic effect　11.104
挟具　clamping apparatus　03.066
斜缝　R-joining　03.171
斜管虫病　chilodonelliasis　07.175
斜平养殖　oblique flat culture　04.124
斜坡式防波堤　sloping breakwater, mound type breakwater　10.041
斜坡式码头　sloping wharf　10.033
卸鱼量　volume of unload fish　10.013
卸鱼码头　fish landing　10.026
蟹工船　crab factory ship　09.064
＊蟹糊　crab paste　08.272
蟹酱　crab paste　08.272
蟹笼绞机　crab pot hauler　09.289
蟹苗　crab seed　04.354
蟹奴病　sacculinasis　07.231
＊新复口吸虫病　posthodiplostomumiasis　07.202
新鱼蚤病　neoergasiliasis　07.223
信风　trade winds　01.459
信号设备　signal appliance　09.177
信使核糖核酸　messenger RNA, mRNA　05.020
行　column　03.133
性比　sex ratio　01.079

性[别]决定　sex determination　05.169
性别控制　sex control　05.170
性成熟　sexual maturity　01.081
性成熟度　maturity　01.082
*性成熟期　mature stage　01.082
性成熟系数　mature coefficient　01.083
性逆转　sex reversal　05.171
性染色体　sex chromosome　05.013
性腺发育周期　gondola development cycle　01.084
[性腺]分化型　differentiated gonochorist　01.089
[性腺]未分化型　undifferentiated gonochorist　01.088
性状　character, trait　05.174
胸鳍　pectoral fin　01.187
雄核发育　androgenesis　05.064
雄性不育　male sterility　05.065
雄性附肢　appendix masculina　01.270
雄性交接器　petasma　01.269
休眠　dormancy　01.100
休闲渔业　recreational fisheries　01.012
修剪　pruning　03.184
修正强度　corrected strength　03.291
袖端纲　wingtip line　03.091
需氧生物处理　aerobic biological treatment　11.054
需氧污染物　aerobic pollution　11.020
许氏绦虫病　khawiasis　07.209
蓄冷袋　cold storing bag　08.078
续航力　endurance　09.104
*悬浮固体　suspended solid　11.037
悬浮物　suspended solid　11.037
*悬挂式围网起网机　power block　09.292
悬移质　suspended load　10.065
旋缝虫病　spirosuturiasis　07.162
旋转网台　turn platform　09.211
选择　selection　05.159
r 选择　r selection　02.088
K 选择　K selection　02.089
选择育种　breeding by selection, selective breeding　05.212
选择指数　selection index　05.166
穴居生物　burrowing organism　01.041
雪冰　snow-ice　08.073
雪卡毒素　ciguatoxin　08.450
血簇虫病　haemogregarinasis　07.180
血粉　dried blood, blood meal　06.064
血居吸虫病　sanguinicolosis　07.200
*血蓝蛋白　hemocyanin　01.278
血青素　hemocyanin　01.278
血清学技术　serological technique　05.241
血栓　thrombus　07.029
血细胞肠炎　hemocytic enteritis, HE　07.254
熏材　smoking material, smoldering wood　08.237
熏干　smoking drying　08.159
熏液　smoke oil, smoldering liquid　08.236
熏制　smoked-curing　08.226
熏制品　smoked product　08.227
*循环水养殖　circulating water culture　04.268
驯化　domestication, acclimatization　04.254
巡塘　pond inspection　04.241
汛期　flood period　01.466

Y

压榨　pressing　08.395
牙鲆弹状病毒病　Hirame rhabdovirus disease　07.088
亚种　subspecies　01.024
腌制　salting　08.238
腌制海胆黄　salted sea-urchin gonad　08.263
腌制品　salted product　08.239
盐度　salinity　01.382
盐发　popped aquatic product in hot-salt　08.190
盐干品　dried salted products　08.194
盐溶性蛋白质　soluble protein in salt solution　08.052
盐霜　salt bloom　08.258
盐水冻结　brine freezing　08.104
盐[水]楔　salt water wedge　01.384
*盐水渍法　wet cure, brine cure　08.244
盐跃层　halocline　01.387
盐渍平衡　salting equilibrium　08.246
罨蒸　intermittent drying　08.181
岩礁养殖　on-bottom culture, rock-base culture　04.087
岩礁鱼类　rocky fishes　01.224
延绳钓　long line　03.056
延绳钓机　longline machine　09.304
延绳钓渔船　longline fishing boat　09.039

延绳式养殖 long line culture 04.125
炎症 inflammation 07.033
沿岸流 coastal current, littoral current 01.398
沿岸渔船 inshore fishing vessel 09.010
沿岸渔业 inshore fishery 01.006
掩网 cast net 03.044
厣 operculum 01.306
眼板 ocular plate, eye plate 01.252
眼柄 eye stalk 01.251
眼柄摘除 eyestalk ablation 04.169
眼间隔 interorbital space, interorbital width 01.141
眼径 eye diameter, diameter of orbit 01.142
厌氧生物处理 anaerobic biological treatment 11.058
厌氧塘 anaerobic pond 11.060
厌氧消化池 anaerobic tank 11.061
*厌氧消化法 anaerobic biological treatment 11.058
氧化处理 oxidation treatment 11.053
氧化塘 oxidation pond 11.059
氧化塘法 oxidation pond process 11.057
氧亏 oxygen deficit, saturation deficit 04.245
氧盈 oxygen surplus 04.246
氧债 oxygen debt 04.244
养成池 growing pond 04.011
*养分代谢热能 heat increment, HI 06.089
养蛤埕 clam bed 04.197
养鱼池 fish pond 04.228
养殖贝类 cultivated shellfish 04.180
养殖筏 culturing raft 04.076
养殖工作艇 culture working boat 09.051
养殖规程 aquaculture regulation, aquaculture routine 04.021
养殖机械 aquacultural machinery 09.319
养殖技术 cultivation techniques 04.020
养殖模式 aquaculture model 04.022
养殖水面使用权 use right of waters for aquaculture 12.047
养殖水面所有权 ownership of waters for aquaculture 12.046
养殖周期 culture cycle 04.070
药饵 medicated 07.061
药物防治 medical treatment 07.059
药用贝类 medicinal shellfishes 01.290
药用鱼类 medicinal fishes 01.237
药浴 dipping bath 07.060
野生贝苗 wild spat 04.185
野杂鱼 wild fishes 04.327
叶轮式增氧机 paddle aerator 09.341
叶状体 thallus 01.331
叶状幼体期 phyllosoma stage 04.357
曳纲 warp 03.102
曳纲滑轮 warp block 09.200
曳纲束锁 towing block 09.202
曳纲张力仪 towing warp tensiometer 09.501
曳鲸孔 hauling whale rope hole 09.222
曳绳钓 troll line, trolling line 03.055
曳绳钓起线机 trolling gurdy 09.301
曳绳钓渔船 trolling boat, troller 09.037
腋鳞 axillary lobe 01.202
夜行性 nocturnal habit 01.107
液氮冻结 liquid nitrogen freezing 08.103
液体分离器 suction trap, suction accumulator 09.422
*液体鱼蛋白饲料 fish silage 08.444
液相转化 liquid phase conversion 08.392
液熏 liquid smoking 08.232
液压绞机 hydraulic winch 09.276
一次污染物 primary pollutant 11.010
一龄鱼种 yearlings 04.337
一年生海带 annual laminaria 04.100
*一条龙式养殖 long line culture 04.125
贻贝油 mussel sauce 08.360
颐部 chin 01.137
遗传 heredity, inheritance 05.003
遗传标记 genetic marker 05.201
*遗传操作 genetic manipulation 05.215
遗传多态性 genetic polymorphism 05.135
[遗传]翻译 translation 05.188
遗传工程 genetic engineering 05.215
遗传力 heritability 05.193
*遗传率 heritability 05.193
遗传密码 genetic code 05.016
遗传漂变 genetic drift 05.238
遗传图谱 genetic map 05.036
遗传物质 genetic material 05.200
遗传效应 genetic effect 05.198
遗传信息 genetic information 05.019
*遗传型 genotype 05.173
[遗传]转录 transcription 05.186
移植 transplantation 04.253

乙型中污生物带　β-mesosaprobic zone　11.089
疫苗　vaccine　07.065
益生素　probiotic　06.040
异斧虫病　heteraxiniasis　07.196
异沟虫病　heterobothriumiasis　07.198
异精雌核发育　allogynogenesis　05.062
异[型杂]交　outcross　05.072
异养生物　heterotroph　02.066
异源多倍体　allopolyploid　05.049
翼端纲　wingtip line　03.092
翼鳞　alae scale　01.201
缢蛏泄肠吸虫病　vesicocoeliumosis of sinonovacula　07.206
音响渔法　acoustic fishing　03.369
阴干刺激　dry in the shade stimulation　04.119
阴凉围网　shade-purse seine　03.014
银白化幼鱼　smolt　04.323
引进种　introduced variety　05.118
引物　primer　05.252
引扬纲　quarter rope　03.098
＊引诱剂　attractant　06.042
引种　introduction　05.117
隐鞭虫病　cryptobiasis　07.153
隐核虫病　cryptocaryoniosis　07.177
隐埋索槽　recessed channel　09.205
隐秘种　hidden species　05.127
隐性基因　recessive gene　05.028
隐性突变　recessive mutation　05.154
隐性性状　recessive character　05.178
营养繁殖　vegetative reproduction　04.155
营养级　trophic level　02.127
营养生长　vegetative growth　04.102
营养素　nutrient　06.003
营养性饲料添加剂　nutritional feed additive　06.036
营养需要　nutritional requirement　06.004
营养障碍　nutritional disturbance　07.036
硬骨鱼类　bony fishes, Osteichthyes(拉)　01.126
硬颗粒饲料　hard pellet diet　06.048
硬鳞　ganoid scale　01.194
硬胀罐　hard swelled can　08.324
涌浪　swell　01.419
幽门垂　pyloric caeca　01.209
＊幽门盲囊　pyloric caeca　01.209
优势种　dominant species　02.076
鱿鱼钓机　jigging machine　09.302
鱿鱼钓渔船　squid angling boat　09.040
鱿鱼干　dried squids　08.221
油发　popped aquatic product in hot-oil　08.189
油浸水产罐头　canned aquatic product in oil　08.283
油码头　oil dock　10.028
油水分离设备　oil-water separating equipment　09.153
油炸机　fryer　09.389
油脂酸败　rancidity　08.042
游钓鱼类　game fishes　01.242
游钓渔船　algin fishing boat　09.043
[游]动孢子　zoospore　01.347
游纲　pendant　03.101
＊游乐渔业　recreational fisheries　01.012
＊游离卵巢　gymnovarian　01.095
有毒鱼类　ichthyotoxic fishes　01.238
有核珍珠　nucleated pearl　04.212
有环围网　ring purse seine　03.016
有机氮　organic nitrogen　06.112
有机肥料　organic manure　06.104
有机废水　organic waste water　11.032
＊有机碎屑　organic detritus　01.377
有机污染物　organic pollutant　11.013
有结网片　knotted netting　03.259
有囊围网　bag seine　03.018
有效波高　significant wave height　01.409
有效种群分析　virtual population analysis, VPA　02.039
有性杂交　sexual hybridization　05.095
右捻　S-twist　03.226
诱变剂　mutagen　05.237
诱变育种　mutation breeding　05.233
诱导产卵　induced spawning　04.281
诱发突变　induced mutation　05.156
诱食剂　attractant　06.042
[诱鱼]灯船　fish luring light vessel　09.028
幼贝　young mollusk, young shellfish　04.194
幼龄期　juvenile stage　04.103
幼轮　young ring　01.219
幼苗出库　bringout seedling from storage　04.097
幼苗暂养　temporary culture of seedling　04.098
幼虾　juvenile shrimp　04.177
幼鱼　young fish　04.319
幼鱼斑稚鱼　parr　04.322
幼鱼捕捞比例限额　limitations on ratio of catched juven-

iles 12.038
淤积量 siltation volume 10.066
淤血 extravasated blood 07.025
鱼泵 fish pump 09.311
鱼鳔胶 isinglass 08.437
鱼病学 ichthyopathology 07.001
鱼波豆虫病 ichthyobodiasis 07.154
鱼舱 fish hold 09.178
鱼叉 spear 03.065
鱼巢 artificial spawning nest, fish spawning nest 04.290
鱼翅 dried shark's fin 08.201
鱼唇 dried shark's lips 08.202
鱼蛋白胨 fish peptone 08.414
鱼道 fish passage 10.052
鱼痘疮病 fish pox disease 07.084
鱼肚 dried fish maw 08.200
鱼段机 piece cutter 09.371
鱼肥 fish manure 08.443
鱼粉 fish meal 08.362
鱼粉舱 fish meal room 09.188
鱼粉除臭设备 fish meal deodorizing plant 09.414
鱼粉干燥机 dryer of fish meal 09.408
鱼粉压榨机 screw presser 09.406
[鱼粉]自燃 autocombustion 08.373
鱼肝消化设备 fish liver digester 09.415
鱼肝油 fish liver oil 08.375
鱼肝油酸钠制剂 sodium morrhuate preparations 08.424
鱼肝油丸机 fish liver oil capsulizing machine 09.416
鱼肝油制剂 fish liver oil preparations 08.423
鱼糕 fish cake 08.347
鱼沟 fish ditch 04.265
鱼怪病 ichthyoxeniosis 07.232
鱼光鳞 pearl essence 08.441
鱼酱 fish paste 08.270
鱼胶 fish glue 08.436
鱼精蛋白 protamine 08.422
鱼精粉 mixed fish soluble meal 08.442
鱼卷 fish roll 08.349
鱼卷机组 fish meat rolling machines 09.384
鱼类 fishes 01.112
鱼类病理学 fish pathology 07.002
鱼类催产剂 inducing agent for fish, pitocin 04.283
[鱼类毒性试验]应用系数 application factor for toxicity test with fish 11.118
鱼类肥满度 fish fullness 02.119
鱼类分类学 taxonomy of fishes 01.115
鱼类罐头的成熟 ripeness of canned fish 08.316
鱼类流行病学 fish epidemiology 07.005
鱼类免疫学 fish immunology 07.003
鱼类区系 fish fauna 02.072
鱼类生产力 fish productivity 02.110
鱼类生长 fish growth 02.112
鱼类生理学 physiology of fishes 01.118
鱼类生态监测仪 fish ecological monitor 09.503
鱼类生态学 ecology of fishes 01.116
鱼类生物学 biology of fishes 01.117
鱼类生殖群体类型 types of spawning stock 02.091
鱼类水解蛋白 fish protein hydrolysate, FPH 08.413
鱼类形态学 morphology of fishes 01.114
鱼类性腺成熟度 maturity of fish gonad 04.274
鱼类性腺发育周期 cycle of gonad development in fishes 04.275
鱼类学 ichthyology 01.113
鱼类养殖 fish culture, fish farming, piscine culture 04.256
鱼类养殖学 science of fish culture 04.257
鱼类药理学 fish pharmacology 07.004
鱼类遗传学 genetics of fishes, fish genetics 05.001
鱼类育种学 fish breeding 05.002
鱼类肿瘤 tumours of fish 07.236
鱼类资源 fish resources 02.004
鱼梁 weir 03.048
鱼鳞粉 pearl white 08.440
鱼鳞胶 fish glue from scale 08.439
鱼溜 fish pit 04.264
鱼卤 pickle 08.259
鱼露 fish gravy, fish sauce 08.361
鱼卵孵化器 fish hatcher 09.355
鱼卵静水孵化 fish egg incubating in still water 04.309
鱼卵淋水孵化 sprinkle incubating method of fish eggs 04.310
鱼卵流水孵化 fish egg incubating in running water 04.311
鱼卵脱黏孵化 deviscidity incubating method of fish eggs 04.312
鱼糜 surimi 08.337
鱼糜成型机 fish meat forming machine 09.383
鱼糜弹性 elasticity of minced fish 08.345

鱼糜制品　surimi product　08.336
鱼面　fish noodle　08.346
鱼苗　fish fry　04.330
鱼苗成活率　survival rate of fish fry　04.334
鱼苗出池　fry out the ponds　04.332
鱼苗计数　fry numeration, fry counting　04.333
鱼苗计数器　fig counter　09.502
鱼苗培育　fry rearing　04.331
＊鱼脑　cartilage　08.211
[鱼]脑垂体　pituitary gland, hypophysis　04.285
鱼排　fish steak　08.350
鱼皮胶　fish glue from skin　08.438
鱼片　fish fillet　08.030
鱼片烘烤机　fish fillet baking machine　09.387
鱼片机　filleting machine　09.372
鱼品　fish products　08.003
鱼品加工间　fish processing room　09.186
鱼群集散　fish gathering and dispersing　02.104
鱼群计数器　fish counter　09.495
鱼群映像　fish school trace　09.489
鱼群侦察　fish detection　03.371
[鱼]人工授精　artificial insemination　04.299
鱼肉采取机　fish meat separator　09.376
鱼肉弹性　fish flesh elasticity　08.037
鱼肉调质机　fish meat quality controlling machine　09.378
鱼肉火腿　fish ham　08.352
鱼肉精滤机　fish meat strainer　09.377
鱼肉漂洗装置　defatted and bleaching　09.379
鱼肉脱水机　dehydrator　09.380
鱼筛　fish grader, sorting box　04.344
鱼虱病　caligusiasis　07.227
鱼松　dried fish floss　08.199
鱼梯　fish ladder　10.053
[鱼体]僵直　rigor mortis　08.044
[鱼体]死后变化　post mortem change　08.043
鱼体中心温度　center temperature of fish　08.108
[鱼]头部　head　01.134
鱼丸　fish ball　08.348
鱼塭撒苗养殖　culturing by sowing-seeding in pen　04.162
鱼鲜度测定仪　torrymeter　09.506
鱼香肠　fish sausage　08.351
鱼腥味　fishy odour　08.020
鱼眼　mast man　03.365
[鱼]硬脂　stearin　08.381
鱼油　fish oil　08.374
鱼油舱　fish oil tank　09.189
鱼油碟式离心机　fish oil disc centrifuge　09.410
[鱼]预处理　pretreatment of fish　08.021
＊鱼圆　fish ball　08.348
鱼闸　fish lock　04.235
鱼汁　stick water　08.370
鱼蛭病　piscieolaiosis　07.219
鱼种　fish fingerling　04.335
[鱼种]锻炼　harden　04.342
鱼种场　fish nursery　04.341
鱼种池　fingerling pond　04.340
鱼种培育　nurture of fish fingerlings　04.336
鱼贮饲料　fish silage　08.444
鱼子酱　caviar　08.268
[鱼]自然受精　natural insemination　04.298
鱼醉菌病　ichthyophonosis　07.143
渔场　fishing ground　03.340
渔场海况预报　forecast of fisheries oceanographic conditions　03.341
渔场环境　fishing ground environment　02.053
渔场类型　fishing ground type　03.342
渔场图　fishing chart　03.353
渔场学　fishery oceanography　02.052
渔船　fishing vessel　09.001
渔船登记　fishing vessels register　10.100
渔船动力控制指标　control indices for fishing boat power　12.043
渔船动力装置　fishing vessel power unit　09.128
渔船驾驶　fishing vessel driving　10.078
渔船检验　fishing vessel survey　09.227
渔船检验证书　fishing vessel survey certificate　09.253
渔船建造规范　rules for the construction of fishing vessel　09.228
渔船渔具限额　quotas for fishing boat and fishing gear　12.042
渔筏　fishing raft　09.031
渔法　fishing method　03.366
渔港　fishery port, fishing harbor　10.004
渔港工程　fishing harbor engineering　10.005
渔港管理　fishing port management　10.096
渔港监督　fishing port superintendence　10.095

渔港监督艇 fishing port supervision boat 09.067
渔港陆域 land area of fishing harbor 10.036
渔港总体规划 master plan of fishery port 10.011
渔获量 catch yield 02.019
渔获量预报 catch forecast 02.020
渔获量指示仪 catch indicator 09.500
渔获曲线 catch curve 02.035
渔获物 catch 03.374
渔获物处理间 fish catch handling room 09.187
渔具 fishing gear 03.002
渔具材料 fishing gear material 03.188
渔具舱 fishing gear storage 09.190
渔具力学 mechanics of fishing gear 03.271
渔具力学模拟 fishing gears mechanic simulation 03.329
渔具模型风洞试验 model test of fishing gears in wind tunnel 03.330
渔具模型水池试验 model test of fishing gears in tank 03.331
渔具水动力 hydrodynamics of fishing gears 03.333
渔捞甲板 fishing deck 09.194
渔笼 fishing pot 03.062
渔情 fishing condition 03.362
渔情预报 fishing condition forecast 03.363
渔区 fishing area 03.354
渔艇 skiff 09.030
渔需物资 fishery materials 01.017
渔汛 fishing season 03.355
渔汛预报 forecast fishing season 03.356
渔业 fishery 01.002
渔业安全通信网 fishery radio communication network for safety 12.053
渔业船舶 fishery vessel 09.003
渔业船员考试 fishery seamen's examination 10.102
渔业调查船 fishery research vessel 09.059
渔业法 law of fisheries 12.002
渔业法规 laws and regulations of fisheries 12.001
渔业辅助船舶 fishery auxiliary vessel 09.002
渔业工程 fishery engineering 10.001
渔业供应船 fishery tender, fishery supply ship 09.066
渔业管理 fishery management 01.013
渔业规划 fishery program 01.014
渔业海洋学 fisheries oceanography 02.002
渔业环境 fisheries environment 11.002
渔业环境保护 fisheries environmental protection 11.133
渔业环境毒理学 environment toxicology of fishery 11.097
渔业环境监测 fisheries environment monitoring 11.066
渔业基地 fishery base 10.002
渔业基地船 fishery mother ship, fishery depot vessel 09.063
渔业机械 fishery machinery 09.254
渔业加工船 fishery factory ship 09.061
渔业经济 fishery economic 01.016
渔业救助船 fishery rescue ship 09.058
渔业区划 fishery regionalization 01.015
渔业权 fishing right 12.013
渔业生物学 fishery biology 02.049
渔业生物学测定 biological determination of fishery 02.051
渔业生物学取样 sampling of fishery biology 02.050
渔业实习船 fishery training vessel 09.060
渔业水域 fisheries water 11.001
* 渔业水域环境监测 fisheries environment monitoring 11.066
渔业水质标准 water quality standard of fishery 11.140
渔业水质基准 water quality criteria of fishery 11.139
渔业污染事故 accident polluting fishery 11.148
渔业无线电管理 administration of fishery radio communication 12.052
渔业协定 fishery agreement 12.012
渔业指导船 fishery guidance ship 09.055
渔业资源 fisheries resources 02.003
渔业资源保护 fishery protection of stock 12.024
渔业资源调查 fishery resources survey 02.048
渔业资源管理 fishery resources management 12.023
渔业资源监测 fishery resources monitoring 02.016
渔业资源评估 fisheries stock assessment 02.017
渔业资源学 science of fisheries resources 02.001
[渔业]资源增殖 enhancement of fishery resources 02.150
渔业资源[增殖保护]费 fee for multiplication and conservation of fish resources 12.025
渔用航标 navigation marker, navigation mark for fishing 10.080
* 渔用声呐 horizontal fish finder 09.485
渔用纤维材料 fibril materials for fishing purpose

03.189
渔用仪器　fishery instrument　09.481
渔政船　fisheries administration ship　09.056
渔政管理　fisheries administrative management　12.048
育苗池　nursery pond　04.056
育苗帘　breeding screen　04.093
育苗器　breeding device　04.039
育苗室　seedling rearing room　04.045
育种　breeding　05.210
育种值　breeding value　05.211
预防性参考点　precautionary reference points　02.152
预封　first operation　08.291
*预混合饲料　premix feed　06.077
预混料　premix feed　06.077
预冷　pre cooling　08.085
预冷室　pre-refrigerating room　09.184
预热处理　preheating　08.286
原生动物　protozoan　01.028
*原生污染物　primary pollutant　11.010
原始资源量　virgin abundance, virgin biomass　02.012
原尾　protocercal　01.153
原位杂交　*in situ* hybridization　05.081
*原型尾　protocercal　01.153
*原汁水产罐头　primary taste canned aquatic product　08.282
*原植体　thallus　01.331
原种　stock, original seed　05.122
圆口鱼类　lampreys, Cyclostomes(拉)　01.133
圆鳞　cycloid scale　01.196
圆鳞盘虫病　cycloplectanum　07.194
缘编　hem braiding　03.176
缘纲　bolt line, bolt rope　03.094
缘网衣　selvedge　03.082
远红外干燥　ultra-ultrared drying　08.172
远洋捕捞　distant fishing　03.336
远洋渔船　ocean fishing vessel　09.009
远洋渔业　long-distant fishery　01.004
远缘杂交　distant hybridization, wide cross　05.099
远缘杂种　distant hybrid, wide hybrid　05.206
越冬场　over-wintering ground　02.107
越冬池　wintering pond　04.013
越冬洄游　over wintering migration　02.102
允许值　tolerance　08.466

Z

杂合子　heterozygote　05.025
杂交　cross, hybridization　05.078
杂交优势　heterosis, hybrid vigor　05.196
杂交优势强度　heterosis intensity　05.197
杂交育种　cross breeding, hybridize breeding　05.214
杂交组合　crosscombination　05.079
杂食性　omnivory　01.068
杂种　hybrid　05.123
杂种不育性　hybrid sterility　05.112
*甾醇类　steroids　06.018
*载冷剂　coolant　08.087
[载]色素细胞　chromatophore, pigment cell　01.204
载体　carrier　06.078
载重线　load line　09.120
再生　regeneration　01.109
暂养　temporary culture, relaying　04.030
暂养池　storage pond, holding pond　04.012
糟制　pickled fish with grains and wine　08.277
糟制品　fish pickled with grains and wine　08.278
藻膏　algae paste　08.410
藻礁　algal reef　01.376
藻类　algae　01.315
藻类毒害　toxicity of algae　07.253
藻类养殖　algae culture　04.089
藻类养殖学　science of algae culture, phycoculture　04.088
早礓　early rocks　04.138
蚤状幼体期　zoea stage　04.174
增减目比率　gaining-losing ratio　03.141
增减目线　gaining-losing locus　03.140
增减目周期　gaining-losing cycle　03.142
增目　gaining　03.138
增生　hyperplasia　07.037
增压器　exhaust-gas turbo changer　09.136
增氧　enhancement oxygen, oxygenation　04.249
增氧动力效率　oxygen transfer efficiency　09.328
增氧机械　aerator　09.340
增氧能力　oxygen transfer rate　09.327

扎边　binding　03.175
轧螺蚬机　shellfish crusher　09.332
榨饼松散机　cake tearing machine　09.407
榨液　press liquid　08.369
炸鱼　explosive fishing　12.045
摘虾头机　shrimp heading machine　09.393
斩拌机　cutting and blending machine　09.382
张网　stow net　03.030
涨潮　flood, flood tide　01.424
胀罐　swelled can　08.323
沼气肥　marsh gas manure, biogas manure　06.109
沼泽生物　marsh organism　01.042
珍稀濒危水生野生动物　precious rare and endangered aquatic animal　12.050
珍稀濒危野生水生动物保护　conservation of precious rare and endangered aquatic animal　12.051
珍珠　pearl　04.203
珍珠贝　pearl oysters, pearl shell　04.208
珍珠层粉　nacreous layer powder　08.429
珍珠成因　cause of pearl formation　04.210
珍珠粉　pearl powder　08.428
珍珠核　pearl nucleus　04.211
珍珠母贝　mother pearl shellfish　04.207
珍珠囊　pearl sac　04.216
珍珠养殖　pearl culture　04.206
真骨鱼类　teleostei　01.132
真空封罐　vacuum sealing　08.292
真空干燥　vacuum drying　08.170
真空解冻　vacuum thawing　08.120
真空冷冻干燥设备　vacuum freeze-drying equipment　09.434
真空冷却　vacuum chilling　08.083
真空排气　vacuum-exhaust　08.289
真实消化率　true digestibility, TD　06.092
＊针虫病　lernaeosis　07.225
针杆藻病　synedrasis　07.149
阵风　gust　01.447
蒸发器　evaporator　09.424
蒸汽喷射排气　steam-jet exhaust　08.179
蒸汽调质　steam regulation of texture, conditioning of texture　06.101
蒸煮机　precooker　09.405
整倍体　euploid　05.050
整经机　warping machine　09.468
整体模型试验　overall model test, three dimensional model test　10.075
整体稳定性　overall stability　10.072
正反交　reciprocal crosses　05.088
正反交杂种　reciprocal hybrid　05.089
正尾　homocercal　01.155
＊正型尾　homocercal　01.155
正圆珍珠　round pearl　04.220
症状　symptom　07.016
支数　count　03.207
支线　branch line　03.117
支线传送装置　branch line conveyer　09.214
支线起线机　branch line winder　09.298
＊支柱式养殖　pillar type culture　04.131
脂肪变性　fatty degeneration　07.021
脂类　lipids　06.014
脂鳍　adipose fin　01.190
汁水真空浓缩设备　stick water vacuum concentrating plant　09.411
织网机　netting machine　09.461
职务船员　officer and engineer　10.101
直接冻结法　direct freezing　08.097
直立式防波堤　vertical breakwater　10.042
直立式码头　vertical-face wharf, quay wall　10.032
植物性饲料　plant feed　06.066
植物营养物质污染　plant nutrient pollution　11.021
F 值　F value　08.313
K 值　K value　08.039
TMA 值　value of trimethylamine　08.041
VBN 值　value of volatile basic nitrogen　08.040
指标或管理参考点　target or management points　02.154
指环虫病　dactylogyriasis　07.187
指示生物　indicator organism　11.084
指示种　indicator species　02.074
致癌　carcinogenicity　11.129
致病性　pathogenicity　07.014
致毒机理　mechanism of toxication　11.105
致畸　teratogenicity　11.127
致死剂量　lethal dose　07.056
致死浓度　lethal concentration, LC　11.098
致突变　mutagenicity　11.128
致细胞病变[效应]　cytopathogenic effect, CPE　07.039
制冰池　ice-making tank　09.448
制冰机　ice-maker　09.445

制股机　stranding machine　09.479
制块冰设备　block ice plant　09.446
制冷压缩机　compressor　09.419
制冷装置　refrigerating plant　09.418
制绳机　cabling machine　09.473
制系机　yarn collecting machine　09.478
稚贝　juvenile mollusk, juvenile shellfish　04.193
稚参溃烂病　rotten disease of young sea cucumber　07.138
稚鱼　juvenile　04.318
质地　texture　08.017
质粒　plasmid　05.260
质量性状　qualitative character　05.175
质量遗传　qualitative inheritance　05.136
栉鳞　ctenoid scale　01.197
中层拖网　mid-water trawl　03.028
中层拖网渔船　phantom trawler　09.020
*中肠腺白浊病　baculoviral midgut gland necrosis　07.093
中肠腺坏死杆状病毒病　baculoviral midgut gland necrosis　07.093
中带部　fascia　01.335
中海层鱼类　mesopelagic fishes　01.227
中和处理　neutralization treatment　11.051
中华鱼蚤病　sinergasilliasis　07.222
中间培育　intermediate rearing　04.057
中间宿主　intermediate host　07.046
中间轴　intermediate shaft　09.143
中上层鱼类　pelagic fishes　01.222
中上层鱼渔场　pelagic fishing ground　03.346
中礴　middle rocks　04.139
*α-中污生物带　α-mesosaprobic zone　11.088
*β-中污生物带　β-mesosaprobic zone　11.089
中型渔船　middle fishing vessel　09.005
*中性孢子　neutral spore　01.356
中盐腌　medium salting　08.251
中脂鱼　medium fat content fish, medium-fatty fish　08.014
终宿主　final host, definitive host　07.045
种　species　01.023
种海带　main laminaria　04.109
种间杂交　species hybridization, species cross　05.103
种群　population　02.079
种群动态　population dynamics　02.085
种群繁殖力　population fecundity　02.087
种群密度　population density　02.086
种群生态学　population ecology　02.081
*种群数量变动　population dynamics　02.085
种群特性　population characteristics　02.084
种质资源　germplasm resources　05.115
种紫菜　main laver　04.144
种子箱　seed box　04.149
重金属中毒　heavy metal poisoning　11.132
重稳距　metacentric height　09.099
重熏品　heavy smoked fish　08.229
重盐腌　heavy salting　08.250
周年产卵　year-round spawning　04.279
轴系　shafting　09.142
[轴系]扭振　torsional vibration　09.107
昼夜垂直移动　diel vertical migration　01.060
*珠星　pearl organ, nuptial tubercle　01.212
竹签夹苗养殖　culturing by insert in bamboo sticker　04.161
煮干　drying boiled aquatic products　08.158
煮干品　dried boiled aquatic products　08.193
主机　ship engine, main engine　09.130
[主机]额定功率　power-rating　09.132
[主机]转速　revolution　09.134
主权权利　sovereignty right　12.016
助渔仪器　fishing aid equipment　09.482
贮液器　receiver　09.423
筑埂机　fish pond ridger　09.351
驻波　standing wave　01.415
专属经济区　exclusive economic zone, EEZ　12.015
专属渔区　exclusive fishery zone, EFZ　12.018
*专性活体营养　obligatory parasitism　07.048
专性寄生　obligatory parasitism　07.048
转换效率　conversion efficiency　02.147
转基因　transgene　05.230
转基因水产品　transgenic fish　08.006
转基因水产食品　transgenic seafood　08.007
转基因学　transgenics　05.231
转录酶　transcriptase　05.187
桩纲　stake rope　03.111
桩张网　peg stow net　03.034
锥体虫病　trypanosomiasis　07.152
追星　nuptial tubercle, pearl organ　01.212
坠石　weight stone　04.082

着色剂　dye, pigment, dyestuff　06.041
资源量　standing crop, present abundance　02.013
资源密度指数　density index of resources　02.018
紫菜瘤肿病　tumour of laver　07.250
紫菜饼干燥机　laver drying machine　09.401
紫菜采集机　laver harvester　09.397
紫菜赤腐病　red rot of laver　07.247
紫菜壶状菌病　chytrid blight of laver　07.248
紫菜淋水育苗法　laver breeding by sprinkling method　04.148
紫菜绿变病　greening disease of laver　07.251
紫菜切洗机　laver cutting and washing machine　09.398
紫菜丝状体　conchocelis of porphyra　04.135
紫菜丝状体鲨皮病　shark skin disease of porphyra filament　07.246
紫菜脱水机　laver dehydrator　09.400
紫菜养殖　laver culture　04.129
紫菜叶状体　thallus of porphyra　04.134
紫菜制饼机　laver wafer machine　09.399
仔虾期　post larval　04.176
仔鱼　larva fish　04.315
子代　filial generation　05.205
子二代　second finial generation, F_2　05.111
子一代　first finial generation, F_1　05.110
＊自残　autotomy　01.108
自动充填结扎机　club packaging machine　09.385
自动理鱼机　fish automatic feeder　09.366
自发突变　spontaneous mutation　05.155
自交　selfing　05.073
自交不育　self-infertility, self-sterility　05.075
自交系　selfing line　05.074
自净作用　self-purification　11.041
自切　autotomy　01.108
自然发热　spontaneous heating　08.372
自然繁殖　natural propagation　04.032
自然肥力　natural fertility　06.120
自然光育苗法　natural light seedling rearing method　04.114
自然纳苗　stocking by natural, receive natural seed　04.040
自然死亡　natural death　02.134
自然死亡率　natural mortality rate　02.135
自然死亡系数　natural mortality coefficient　02.136
自然通风干燥　natural draft drying　08.163
自然选择　natural selection　05.160
自溶　autolysis　08.046
自体受精　self-fertilization, autofertilization　05.055
＊自养生物　producer　02.057
自由丝状体　free conchocelis　01.358
自由组合定律　law of independent assortment　05.190
综合防治　integrated control　07.072
综合线密度　resultant linear density　03.216
综合养鱼　integrated fish farming, comprehensive culture　04.269
综合养殖　integrated culture　04.226
总氮　total nitrogen　11.076
总吨位　gross tonnage　09.090
总可捕量制度　Total Allowable Catch System, TAC System　12.027
总磷　total phosphorus　11.077
总能　gross energy, GE　06.085
总鳍鱼类　fringe-finned, tassel finned fishes, Crossopterygii(拉)　01.127
总死亡系数　total mortality coefficient　02.133
总线密度　total linear density　03.215
总有机碳　total organic carbon, TOC　11.075
总允许渔获量　total allowable catch, TAC　02.031
纵缝　N-joining　03.168
纵骨架式　longitudinal system of framing　09.122
纵横缝　NT-joining　03.170
纵目使用　N-using　03.181
纵向目数　N-meshes　03.135
足鳃　podobranchia　01.275
足丝　bussus　01.301
＊阻力伞　sea anchor　03.127
组胺　histamine　08.057
组胺中毒　histamine poisoning　08.058
组织培养　tissue culture　05.242
＊组织渗液　drip　08.121
组织损伤　tissue lesion　07.017
钻冰机　ice drill　09.314
醉制　pickled fish in wine　08.275
醉制品　fish pickled by wine　08.276
最大冰晶生成带　zone of maximum ice crystal formation　08.124
最大持续渔获量　maximum sustainable yield, MSY　02.034
最大船宽　extreme vessel breadth　09.084

最大风速　maximum wind speed　01.444
最大经济渔获量　maximum economic yield, MEY　02.027
最低致死量　minimum lethal dose, MLD　11.101
＊最适持续渔获量　optimum yield, OY　02.028
最适开捕体长　optimum catchable size　02.030
最适渔获量　optimum yield, OY　02.028
最小抑菌浓度　minimal inhibitory concentration, MIC　07.055
＊最小致死量　minimum lethal dose, MLD　11.101
左捻　Z-twist　03.225